中南财经政法大学出版基金资助出版

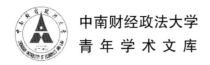

中南财经政法大学
青 年 学 术 文 库

面向下一代认知无线网络的联合感知与传输技术研究

尹稳山　著

WUHAN UNIVERSITY PRESS
武汉大学出版社

图书在版编目(CIP)数据

面向下一代认知无线网络的联合感知与传输技术研究/尹稳山
著.—武汉：武汉大学出版社,2022.10
中南财经政法大学青年学术文库
ISBN 978-7-307-22875-7

Ⅰ.面… Ⅱ.尹… Ⅲ.无线网—研究 Ⅳ.TN92

中国版本图书馆 CIP 数据核字(2022)第 013989 号

责任编辑:韩秋婷　　　责任校对:李孟潇　　　版式设计:马　佳

出版发行：**武汉大学出版社**　　(430072　武昌　珞珈山)
　　　　　(电子邮箱：cbs22@ whu.edu.cn　网址：www.wdp.com.cn)
印刷:湖北金海印务有限公司
开本:720×1000　　1/16　　印张:16　　字数:236 千字　　插页:2
版次:2022 年 10 月第 1 版　　　2022 年 10 月第 1 次印刷
ISBN 978-7-307-22875-7　　　定价:58.00 元

前　言

在固定的无线频谱资源分配管理制度下，不同的无线频带被政府相关职能部门分配给不同的授权用户使用，而没有获得频谱使用许可的用户则不能使用这些频带。随着社会经济的持续高速发展，具有良好空间传播特性的 6GHz 以下频段的无线频谱资源日益稀缺。然而，研究人员通过实际测量得到的大量统计数据显示，在 6GHz 以下频段内，已授权的绝大多数频带在绝大部分区域的绝大部分时间内都处于闲置的状态，即便是在热点区域（Hot Spot）。因此，动态的无线频谱资源使用方式和固定的无线频谱资源分配管理制度之间的矛盾是导致频谱资源稀缺的主要原因之一。为了缓解这一矛盾，业界提出在下一代无线通信系统中使用基于认知无线电（Cognitive Radio，CR）的动态频谱共享（Dynamic Spectrum Sharing，DSS）来提高无线频谱资源利用率。

通常将拥有频谱资源使用许可的用户称为主用户，而将没有频谱资源使用许可的用户称为次用户。为保护主用户的合法权益，次用户可以在不对主用户造成有害干扰的前提下伺机使用主用户的频谱资源传输数据。在 CR 系统中，可以通过三种模式实现 DSS，即下垫模式（Underlay Mode，UM）、叠加模式（Overlay Mode，OM）与交织模式(Interweave Mode，IM)。基于 UM，次用户可以与主用户共存，只要次用户对主用户造成的干扰温度(Interference Temperature)不超过指定的阈值。基于 OM，次用户协助主用户传输数据，以在主用户完成数据传输后获得传输机会。基于 IM，次用户通过频谱感知(Spectrum Sensing)获得主用户的活动状态，并在感知到主用户空闲时在其授权频带上传输数据、在感知到主用户忙时释放主用户频带。

相对于 UM 与 OM，业界认为基于 IM 的认知无线电系统可实现性更强，因而得到广泛而深入的研究，并成为第五代(5G)蜂窝移动通信的关键技术之一。频谱感知技术为动态频谱接入提供可用的空闲频谱资源，是基于 IM 的认知无线电系统的关键使能技术之一。从不同的角度出发，频谱感知技术有多种不同的分类。首先，根据是否使用主用户的先验信息，可将频谱感知技术分为特征感知技术与盲感知技术。其次，根据参与频谱感知的用户数量，可将频谱感知技术分为单用户频谱感知技术与多用户协作频谱感知技术。再次，根据频谱感知的带宽大小，可将频谱感知技术分为窄带频谱感知技术与宽带频谱感知技术。虽然频谱感知技术研究取得了丰硕的成果，但大部分研究注重提高频谱感知性能，而忽略了频谱感知与数据传输的内在联系。

由于没有频谱使用权，次用户在主用户频带上传输业务数据时，其获得的服务质量(Quality of Service，QoS)通常难以得到保障。虽然基于 IM 的认知无线电系统的初衷是通过动态频谱共享提升频谱利用率，从而缓解频谱资源稀缺的问题，但是在实际应用中，只有为次用户提供一定 QoS 保障的认知无线电系统才是有实际意义和应用价值的系统。因此，本书不仅考虑频谱感知技术的一般性问题，研究提升频谱感知性能的最优频谱感知技术，而且考虑物理层频谱感知与数据传输之间的内在联系及其对 QoS 的影响，旨在一定的系统参数配置条件下，为次用户提供最优的服务质量。研究结果表明，相对于单纯的频谱感知技术研究，本书所提出的服务质量最优化的物理层联合感知与传输技术研究能够显著提升次用户的服务质量。

本书共分 8 章。第 1 章介绍研究背景与意义，以及相关理论基础。第

2 章研究噪声功率不确定时能量检测器的性能。第 3 章研究基于空间与时间分集的多天线频谱感知。第 4 章研究针对陆地数字电视广播(Digital Video Broadcasting-Terrestrial，DVB-T)信号的导频辅助检测器。第 5 章研究基于似然比准则的正交频分复用(Orthogonal Frequency Division Multiplex，OFDM)信号检测技术。第 6 章研究针对延迟与吞吐量的持续频谱感知方案。第 7 章研究放大转发中继辅助主用户传输场景下的次用户联合感知与传输方案。第 8 章研究频谱感知判决驱动的自适应频谱感知技术。本书第 2 章至第 5 章研究频谱感知技术，第 6 章至第 8 章研究最优化用户服务质量的物理层联合感知与传输技术。

　　限于作者水平，书中难免有不当之处，敬请广大读者和同行专家批评指正。

目　　录

1 研究背景与意义

通信对经济发展和文明进步有着重大的推动作用，其发展水平已经成为国家经济与文化发展水平的重要标志。在社会经济发展的过程中，随着人类活动范围的不断增大，以及信息种类和信息量的持续高速增长，人们迫切需要交换各种信息。人类对信息通信需求的持续增长推动着人们不断地尝试通过各种媒介进行有效而可靠的消息传递。例如，在人类社会早期，语音、姿势、符号、钟鼓、狼烟等听觉、视觉信号被用于进行低效率的消息传递。为了提升信息通信的有效性和可靠性，人们一直在不停地探索。一方面，为了传递更多的消息，人们使用这些信号的复杂组合进行通信。另一方面，为了更可靠地进行消息传递，人们在信号传递的路途中设置多个驿站。

近代以来，随着电的发明以及电磁理论的奠定，信息与通信技术飞速发展。在 19 世纪初，意大利科学家 Alessandro Volta 发明了 Volta 电池。这不仅意味着人类已经走进了电的时代，也意味着人类通信技术面临新的变革。美国科学家 Samuel Morse 于 1832 年发明了电报，并于 1838 年和 1844 年分别在 5 公里和 64 公里的线路上成功传输。随后，在 19 世纪 70 年代，出生于英格兰的科学家 Alexander Graham Bell 获得了美国电话专利。虽然有线电话的问世极大地促进了通信技术的发展，但是人类对通信方式的研究进程并未因此而终止。1864 年，英国科学家 James Clerk Maxwell 在总结前人工作的基础上，确定了电流与磁场之间的关系，并从数学的角度证明电磁波可以通过自由空间传播。1888 年，出生于德国的 Heinrich Rudolf Hertz 在实验室内通过电磁波实验验证了 Maxwell 电磁理论的正确性。随后，出生于意大利的工程师 Guglielmo Marconi 在 1895 年建立了一个无线通信系统，并且实现了远距离的无线信号传输。Guglielmo Marconi 无线通信试验的成功意味着人类迈进了无线通信的新纪元。

1.1 无线通信的发展历史与现状

分组无线电是继 Morse 电报、Baudot 电传打印机与传真之后的第四代主要数字无线通信模式。在无线通信过程中发送分组数据可以有效地提高系统的能量效率与传输速率，并且记录分组所经历的路径信息。1971 年，美国夏威夷大学开发了世界上第一个分组无线电网络 ALOHANET。ALOHANET 将分组数据和无线广播相结合，引起美国国防部高级研究计划署（Defense Advanced Research Projects Agency，DAPRA）在这一领域巨大的人力和财力投入。但是由于 ALOHANET 成本较高，而且所获得的约为 20kbits/s 的接入速率与期望的接入速率相差甚远，20 世纪 70 年代许多厂商把注意力转移到能够以 10Mbit/s 的速率传输的以太网。直到 1985 年，美国联邦通信委员会开放工业、科学和医疗频段（Industrial Scientific and Medical，ISM）并且允许无许可的无线设备在 ISM 频带运行，这才把通信厂商的注意力再次引导到无线通信领域。

自 1895 年 Guglielmo Marconi 实现无线电信号传播以来，无线通信技术经历了一个多世纪的迅猛发展，涌现出了大量成功的商业无线通信系统。这些无线通信系统包括蜂窝电话系统、广播电视系统、无绳电话系统、超宽带 UWB（ultrawideband）通信系统、卫星导航系统、微波通信系统、雷达通信系统、无线寻呼通信系统、个人通信系统 WPAN（Wireless Personal Area Network）、区域通信系统 WLAN（Wireless Local Area Network）、广域通信系统 WiMAX（World Interoperability for Microwave Access）、蓝牙通信系统、Zigbee 通信系统、WiFi（Wireless Fidelity）通信系统、卫星通信系统等。在这些无线通信系统中，有些已经退出历史舞台，有些已经发展成熟并且得到广泛的应用，而另外一些还在不断的演进过程中。此外，无线通信领域不断地研究和开发一些新的无线通信系统，以满足经济社会发展对无线通信持续增长的需求，并为人们提供更好的服务体验。在这些无线通信系统中，最成功而且应用最广泛的系统是无线蜂窝移动通信系统。蜂窝的实质是将一个区域划分成不同小区，在相邻小区使用不同的频率传输数据，以避免相邻小区之间的同频干扰。到目前为止，第五代无线蜂窝移动系统已经在全世界范围内得到广泛应用，而第六代无线蜂窝通信技术的研发已经提上日程。

第一代蜂窝移动通信系统(1G)是基于模拟信号的无线通信系统，主要为移动终端用户提供语音电话业务。早在 1979 年，日本的 NTTC 公司(Nippon Telegraph and Telephone Corporation)将世界上第一个商业蜂窝通信系统投入到东京城区使用。在随后的五年里，NTTC 网络不断扩大并覆盖了整个日本，形成了第一个覆盖全国的第一代无线蜂窝通信网络。1981 年，丹麦、芬兰、挪威与瑞典等多个国家同时将 NMT(Nordic Mobile Telephone)通信系统投入使用。因此，NMT 网络是第一个具有国际漫游特征的无线移动蜂窝通信网络。1983 年，美国将贝尔实验室开发的 AMPS(Advanced Mobile Phone System)通信系统在芝加哥市投入使用，该系统使用摩托罗拉公司的 DynaTAC 移动电话。1985 年，英国研制出全接入通信系统 TACS(Total Access Communication System)，该系统标准被引入我国并于 1987 年投入商用。超出人们预料的是，在 1984 年，芝加哥市的蜂窝通信系统容量已经不能满足用户的需求。为了缓解这一问题，美国联邦通信委员会(Federal Communications Commission，FCC)将蜂窝通信系统的原定带宽从 40MHz 扩展到 50MHz。然而，无线通信带宽的有限增长速度无法赶上用户数量的增长速度。此时，研究并开发具有更高容量和更好性能的蜂窝通信系统迫在眉睫。

第二代蜂窝移动通信系统(2G)是基于数字信号的无线通信系统，主要为移动终端用户提供语音电话业务和低速数据传输业务。相对于第一代蜂窝移动通信系统，第二代蜂窝移动通信系统的优势在于：一是可以对数字语音信号进行加密，语音通信更可靠；二是复用效率更高，能够有效提高

3

频谱效率；三是移动台的发射功率降低，能量效率得到有效提高；四是能够为移动终端用户提供数据服务。根据多址方式，第二代蜂窝移动通信系统又可分为时分复用多址（Time Division Multiple Address，TDMA）蜂窝移动通信系统与码分复用多址（Code Division Multiple Address，CDMA）蜂窝移动通信系统。最早开通的第二代蜂窝移动通信系统是 Radiolinja 公司于 1991 年在芬兰开通的 GSM（Global System for Mobile Communications）系统。GSM 标准描述了一个针对全双工语音电话的数字电路交换网络。当前，基于 TDMA 的 GSM 蜂窝通信系统在世界六大洲的各个国家均有使用，并且拥有世界上 80% 的客户。此外，在美国与亚洲部分国家使用的由 Qualcomm 公司研发的基于 CDMA 的 IS-95（Interim Standard-95）通信系统拥有全球约 17% 的客户。我国于 1993 年开通了第一个 GSM 系统，并于 2002 年由中国联通公司开通了 CDMA 商用网络。随着数字技术和因特网技术的快速发展，提供低速率数据传输业务的第二代蜂窝移动通信系统已经不能满足人们对高速率数据传输服务的日益增长的需求。

第三代蜂窝移动通信系统（3G）是基于 CDMA 的数字无线通信系统，旨在为移动终端用户提供无线因特网接入服务。国际电信联盟（International Telecommunication Union，ITU）在 2000 年发布的 IMT-2000（International Mobile Telecommunications-2000）技术要求规定了第三代蜂窝通信系统所需要实现的基本技术指标。除了提供无线移动因特网接入服务外，第三代蜂窝通信系统还需要在移动的环境中为用户提供广域无线语音电话、视频电话以及移动电视等服务。为了实现 IMT-2000 规定的技术指标，所有的第三代蜂窝通信业务都需要满足最低可靠性和速度要求。此外，第三代蜂窝通信系统规定了基本峰值数据率。许多第三代蜂窝通信系统提供的实际速率都高于这一要求，以利于提高自身在市场上的竞争力。由国际 3GPP（3rd Generation Partnership Project）组织于 2001 年第一次标准化的通信系统 UMTS（Universal Mobile Telecommunications System）在欧洲、日本以及中国（以不同的接口）投入使用，UMTS 通信系统采用 W-CDMA（Wideband CD-MA）作为无线电接入技术。由 3GPP2 组织的于 2002 年第一次标准化的通信系统 CDMA2000 在北美和韩国投入使用，CDMA2000 通信系统与 IS-95 通信系统使用相同的基础设施。由我国自主研发的 TD-SCDMA(Time Division Synchronous CDMA)系统采用扩频技术，适用于人口密集的区域。此外，EDGE(Enhanced Data rate for GSM Evolution)系统以及 WiMAX P1 (Worldwide Interoperability for Micorwave Access Profile 1.0)系统也满足 IMT-2000 的技术规范。

　　第四代蜂窝移动通信系统(4G)是基于正交频分复用多址(Orthogonal Frequency-Division Multiple Access，OFDMA)和多天线技术的数字无线通信系统，系统旨在为移动用户提供无线超宽带因特网接入服务。国际电信联盟无线电通信部(ITU-R，ITU-Radio communications sector)在 2008 年用 IMT-A(IMT-Advanced)技术要求描述了第四代蜂窝通信的指标。除了超宽带移动网络接入以外，第四代蜂窝通信系统预期提供的服务包括 VoIP (Voice over Internet Protocol)业务、游戏服务、高清移动电视、视频会议以及三维电视。第四代蜂窝通信系统要求为高速移动的通信提供 100Mbit/s 的峰值速率，为低速移动的通信提供 1Gbit/s 的峰值速率。虽然韩国在 2006 年开通的移动 WiMAX 系统以及北欧 Scandinavia 半岛在 2009 年投入使用的第一版 LTE 系统都自称为第四代蜂窝通信系统，但这些系统提供的峰值速率远小于 1Gbit/s。因此，这些系统实际上是否属于第四代移动蜂窝通信系统在业内有广泛争议。美国的 Sprint Nextel 公司自 2008 年起开始部署移动 WiMAX，而 MetroPCS 公司是第一个到 2010 年为止提供 LTE 服务的运营商。到目前为止，符合 IMT-A 技术要求的第四代蜂窝通信系统有 LTE-A (Long Term Evolution-Advanced)与 WiMAX P2(WiMAX Profile 2.0)。经过多个标准版本的持续演进，LTE-A 蜂窝通信系统的研发已经成熟，并在全球范围内大规模投入商用。现有的 LTE 系统分为时分双工(Time Division Duplex)LTE 系统与频分双工(Frequency Division Duplex)LTE 系统，即 LTE-FDD 与 LTE-TDD。LTE-FDD 与 LTE-TDD 的主要区别在于物理层的空中接口采用不同的双工方式。

　　第五代蜂窝移动通信系统(5G)是基于毫米波和超大规模天线阵列的超

可靠低时延通信 URLLC（Ultra Reliable Low Latency Communication）系统。随着无线通信技术的飞速发展，具有良好传播特性的 6GHz 以下频段的无线频谱资源日益稀缺。然而为了支持 URLLC 业务，需要宽频带的支持。为了有效缓解频谱资源稀缺的问题，第五代(5G)蜂窝移动通信系统在接入层采取了多种的措施：一是开发 6GHz 以上空间传播特性较差的毫米频段，拓展无线频谱带宽；二是采用高度密集的无线接入网，通过降低小区覆盖范围提升小区容量与用户数据传输速率；三是利用先进的非正交多址技术（Non-orthogonal Multiple Access）、编码与调制技术、超大规模天线阵列技术、动态频谱共享技术、双工技术、多载波技术等，提升频谱效率。毫米波是指波长为 1~10 毫米的波段，对应的电磁波频率范围为 30~300GHz。毫米波的优点是频谱带宽宽、传输速率高，缺点是在大气传播过程中损耗大，而且穿透性差。然而毫米波的波长短，适合部署大规模天线阵列，并通过波束赋形有效提升覆盖范围。此外，通过超密集组网也可以有效解决毫米波通信穿透性差的问题。为满足 URLLC 业务的需求，第五代蜂窝移动通信系统也采取了多种网络技术，包括超密集网络、软件定义网络、网络功能虚拟化、云计算、网络切片等。目前，5G 通信系统已经在全球范围内开始部署和商用。

自从第一代蜂窝通信系统开通以来，几乎每隔十年就会出现新一代的蜂窝通信系统。每代通信系统都以新的频带、更高的数据率，以及与前一代通信系统不兼容的传输技术等为特征。实际上，随着旧一代蜂窝通信系统的演进，其性能甚至优于新一代第一版蜂窝通信系统的性能。无线通信技术的发展，不仅体现了通信领域的科学家在不断最求卓越的通信技术，更体现了人们日益增长的通信需求。

1.2 认知无线电的兴起与核心技术

1.2.1 认知无线电的兴起

在 1991 年提出软件无线电（Software Defined Radio，SDR）之后，Joseph

Mitola III 博士于 1998 年创造了"认知无线电"（Cognitive Radio，CR）这一术语，用来表示包括机器学习、视觉，以及自然语言处理在内的计算智能到软件无线电的集成。Mitola 博士认为，认知无线电是具有自我意识的无线电，能够自治地习得新且有用的无线信息接口与使用行为，不仅感知射频频谱，而且通过计算机视觉、语音识别与语言分析在用户所处环境中觉察和理解用户。具体而言，理想的认知无线电系统应该具备七种能力：一是感知射频、音频、视频、温度、加速度、位置等信息的能力；二是觉察传感器域所传递的场景信息的能力；三是评估场景并在必要时快速响应的能力；四是确定按时间计划实施的备选方案的规划能力；五是在备选方案中确定最佳方案的决策能力；六是在射频通信、人机通信、机器与机器通信环境中落实方案的执行能力；七是从上述过程所获得的经验中学习的能力。综上可见，认知无线电系统是一个极其复杂的高度智能化的自治系统。就目前的通信技术与人工智能技术发展水平而言，实现理想的认知无线电技术基本上是不可能的。

虽然理想认知无线电难以实现，但是其先进的思想理念已经对信息与通信行业产生深刻影响，并引起广泛的关注与深入的研究。相应地，认知无线电的概念也由理想的广义概念向具体可实现的狭义概念演进。众所周知，宝贵而且有限的无线频谱资源是进行无线通信的血液。虽然无线蜂窝移动通信系统的不断更新换代带来了持续增加的系统容量和传输速率，与其他无线通信系统一样，这种增长的代价之一就是额外的无线传输带宽。在当前固定的频谱管理分配政策下，绝大部分频带已经被分配给特定的用户使用。随着无线通信技术的迅猛发展，有良好传播特性的 6GHz 以下无线频谱资源大部分已经被分配完毕，可用的无线频谱资源日益匮乏。然而，实际测量表明，大部分已分配的 6GHz 以下频谱在大部分区域的绝大部分时间内都处于空闲状态，即便是在无线蜂窝网的热点区域。因此，缺乏灵活性的频谱资源管理策略是造成频谱资源紧张的主要原因之一。

为提高频谱利用率，缓解频谱资源紧张问题，业界引入了"认知无线"，并提出使用动态频谱接入提升已分配的频谱资源的利用率。与 Mitola

博士提出的抽象的认知无线电概念不同的是，针对频谱资源稀缺问题的认知无线电概念更加具体。电器与电子工程师学会(Institute of Electrical and Electronic Engineers, IEEE)终身会士 Simon Haykin 认为，认知无线电是一个智能的无线通信系统，它能觉察自身的周围环境，使用通过理解和建立的方法来从环境中学习，并通过改变相应的运行参数，例如发射功率、载波频率、以及调制方式等，来实时地调整自身的内部状态以适应即将出现的射频激励中的统计变化。认知无线电的两个主要目标是随时随地的高可靠通信与无线电频谱的高效利用。虽然 Mitola 与 Haykin 在定义中都强调了认知无线电的智能属性，但是截至目前，认知无线电的智能属性还没有得到充分研究和开发。

相对于传统网络，认知无线电网络有两类用户，一类用户没有频谱使用许可，被称为次用户(Secondary User, SU)；另一类用户拥有法定的频谱使用许可，被称为主用户(Primary User, PU)。考虑到主用户在大部分区域的大部分时间都处于空闲状态，次用户可以在不对主用户造成有害干扰的条件下接入主用户的频带，从而提高频谱利用率，缓解频谱资源紧张的问题。为了保护主用户的法定权益，CR 系统不能对主用户系统造成有害干扰。在这一约束下，学术界普遍认为有三种方式可以实现 CR 系统：数据库，频谱共享，以及动态频谱接入。为了不对主用户系统造成有害干扰，在基于数据库的 CR 系统中，次用户系统通过建立并查询存储主用户活动状态的数据库来确定空闲的频谱资源，并在主用户空闲时伺机接入主用户频带；在基于频谱共享的 CR 系统中，次用户利用主用户收发机与次用户发射机之间的信道状态信息(Channel State Information, CSI)，在确保对主用户系统的干扰水平低于给定阈值的条件下与主用户同时使用主用户的授权频带；而在基于动态频谱接入的 CR 系统中，次用户在确保对主用户的干扰概率低于给定的阈值条件下通过频谱感知获得主用户频谱的使用状态信息，并在检测到主用户空闲时伺机接入主用户的频带。在实际中，建立主用户系统活动状态的数据库需要耗费巨额成本；此外，由于主用户系统不会因次用户系统的引入而作相应的调整，主用户和次用户之间通常

缺乏通信，这意味着次用户难以获得主用户接收机和次用户发射机之间的
CSI。综合考虑复杂性、可行性和成本，基于动态频谱接入的认知无线电系
统更加容易实现。

1.2.2　认知无线电的核心技术

　　认知无线电系统的基本功能决定了认知无线电技术的核心技术。基于
动态频谱接入的认知无线电系统进行通信的基本过程就是通过在授权频带
上进行频谱感知来发现可用的无线频谱资源，选择并且接入最佳的可用信
道，以及在次用户之间协调信道接入。相应地，认知无线电技术的核心技
术包括三个方面：频谱感知技术、媒体接入控制(Medium Access Control,
MAC)技术与频谱管理技术。

　　频谱感知模块位于 CR 系统的物理(Physical，PHY)层。CR 系统的最重
要的功能之一就是测量、感知、学习，以及认知与无线电信道特征、频谱可
用性、干扰和噪声温度、无线电运行环境、用户需求与应用相关的参数。在
CR 网络中，频谱感知为次用户网络提供可用的频谱资源，因而在基于动
态频谱接入的 CR 网络中起着至关重要的作用。感知可用频谱资源最有效
的方法就是检测 CR 发射设备的覆盖范围内是否有主用户接收机正在接收
数据。在主用户接收机向主用户发射机反馈信号的情况下，次用户能够检
测到主用户接收机的活动状态；但是如果主用户接收机不向主用户发射机
反馈信号，例如广播电视接收机，次用户很难检测到主用户接收机的活动
状态。因此，现有的频谱感知算法致力于通过检测主用户发射机信号来确
定空闲的频谱资源。通常，次用户系统的频谱感知功能可以通过盲频谱感
知算法和特征频谱感知算法来实现。盲频谱感知算法既不需要关于主用户
信号特征的先验信息，也不需要有关主用户和次用户之间的 CSI，常用的
盲频谱感知算法包括能量检测器(energy detector)和协方差检测器(covari-
ance detector)。特征频谱感知算法利用主用户信号的内在特征和 CSI 感知
主用户信号的活动状态，常用的特征频谱感知算法包括匹配滤波器
(matched filter)和循环平稳特性检测器(cyclostationary feature detector)等。

受到路径损耗，阴影衰落和多径信道的影响，单个次用户的本地频谱感知结果往往不可靠。为此，次用户之间可以通过相互协作来开发用户间的空间分集，从而提高次用户网络的频谱感知性能。

　　媒体接入控制模块位于 CR 系统的数据链路层。媒体接入控制通过确定哪个次用户在何时接入无线信道来使多个认知无线电用户共享频谱资源。常用的信道接入多址方式包括基于用户间协商的时分多址(time-division multiple access，TDMA)与频分多址(frequency-division multipe access，FDMA)，以及码分多址(code-division multiple access，CDMA)等固定的接入方式，基于用户间竞争的载波侦听多址(carrier sensing multiple access，CSMA)的随机接入方式，以及部分时间协商接入而部分时间竞争接入的混合接入方式。在 CR 网络中，多个次用户共享动态的无线频谱资源，因而认知 MAC 需要在主用户的保护约束条件下支持频谱机会的识别与多个信道的动态接入。相应地，认知 MAC 的任务包括频谱感知调度和信道接入控制。频谱感知调度模块确定各个次用户频谱感知的对象，应该考虑各个频段感知结果的可靠性，频谱感知的时间长度与频度。频谱感知结果越可靠，主用户受到的有害干扰越小；频谱感知时间长度越长，频谱感知结果越可靠，而频谱利用率下降；频谱感知频度越高，主用户能够受到的保护越及时，而次用户的传输时延也越大。根据不同的 CR 网络架构，认知 MAC 协议可分为集中式认知 MAC 协议和分布式认知 MAC 协议。集中式的认知 MAC 协议又可以分为多信道集中式认知 MAC 协议和多蜂窝集中式认知 MAC 协议。多信道集中式认知 MAC 协议伺机分配多个空闲的授权信道给一组次用户，以最大化得到利用的空闲信道总数。多蜂窝集中式认知 MAC 协议将空闲的主用户频带划分为一组个正交的子信道，并且将这组子信道分配给一组次用户，以最大化得到服务的次用户总数。分布式认知 MAC 协议又可分为单电台 MAC 协议和多电台 MAC 协议。单电台 MAC 协议使用单个无线电台，而多电台 MAC 协议支持多部无线电收发机。

　　频谱管理模块位于认知无线系统的网络层，它控制物理层和数据链路层。频谱管理协调无线电频率资源使用，从而提高频谱利用率和社会效益。随着认知无线电技术日趋成熟，大量认知无线电网络将在少数无线频带上共存，导致各个授权频带上的认知无线电网络密度不断提升，次用户间的潜在干扰也不断提高。在基于动态频谱接入的认知无线电网络中，频谱管理的目标就是在不对主用户造成有害干扰的前提下，降低次用户间的干扰，进而提高频谱效率和次用户的服务质量。频谱管理的对象包括频谱感知控制、信道资源分配、共存性管理、功率控制、频谱切换等。次用户除了通过自身的频谱感知功能获取频谱外，也可以通过租赁的方式从主用户获得可用的谱资源，并且通过频谱聚合(spectrum aggegation)同时使用这两类位于不同频率范围的频谱资源。通过频谱感知获取频谱资源的频谱管理方式称为非协作频谱共享，而通过租赁获取频谱资源的频谱管理方式称为协作频谱共享。在非协作频谱共享的过程中，频谱管理算法控制频谱感知的目标频带，以及频谱感知的频度。在协作频谱共享的过程中，多个不同的次用户网络通过博弈获取频谱资源的使用权。获得可用频谱资源后，首先需要协调多个不同次的用户网络间的频谱资源分配，其次协调单个次用户网络内的频谱资源分配。在多个次用户网络之间，各个次用户网络通过虚拟的频谱资源货币参与竞拍，以赢取可用的频谱资源；而在单个次用户网络内，次用户通过媒体接入控制来使用已分配的可用频谱资源。

1.3 认知无线电技术的标准化与应用

认知无线电系统建立在 SDR 的基础上，是一个具有人工智能的 SDR系统。国际电信联盟无线通信委员会(International Telecommunications U-nion-Radio，ITU-R)规定 CR 系统应该具有三个方面的基本功能：获取知识的能力，调整运行参数与协议的能力，以及学习的能力。首先，CR 系统能够通过感知获取无线环境知识(例如频谱使用状况、环境干扰水平)，通过定位获取地理环境知识(例如地理位置与节点分布)，通过查询数据库获取已建立的策略知识(例如同带干扰水平与邻带干扰水平)，通过搜索获取自身状态知识(例如流量分布与传输功率)，以及通过统计获取用户需求知识(例如用户偏好与用户业务)。其次，根据获取的知识，CR 系统能够动态并且自治地调整运行参数与协议，以实现预先定义的目标。一方面，根据获取的信息与预定目标判定需要调整的系统参数(如功率，频带)与无线接入协议。另一方面，根据判决结果对系统进行重新配置。最后，CR 系统能够从获得的运行结果中学习经验。

1.3.1 标准化进程

认知无线电技术问世后经历了迅猛的发展，主要体现在认知无线电技术的标准化进程上。由于认知无线电技术的愿景是提高频谱利用率和无线通信系统容量，许多频谱管理机构、设备制造商，以及科研院所都积极加入到认知无线电技术的研发中。众所周知，不同的无线频段上信号的传播特性不同。因此，不同的无线频段上的通信技术标准也各不相同。认知无线电系统要在不同的频段上运行，也应该执行与频段相应的技术标准。虽然理想的认知无线电能够在所有的无线电频段运行，当前许多频谱管理机构，例如 FCC 和英国通信管理局(Office of Communications, Ofcom)，仅考虑在广播电视频段使用认知无线电。这主要是因为，数字广播电视频段的无线电信号具有良好的传输特性，例如路径损耗低、穿透性强等；并且，数字广播电视频段的频谱利用率非常低。因此，许多国际标准化组织，例如 ITU、IEEE 802、欧洲电信标准协会(European Telecommunications Standards Institute, ETSI)以及欧洲计算机制造商协会(Euopean Computer Manufactruers Association, ECMA)都致力于制定在数字广播电视频段运行的认知无线电技术标准。

ITU-R 的工作组(Working Party, WP)1B 和 5A 都在准备描述认知无线电系统概念和管理度规的报告。ITU-R WP 1B 在 2012 年国际无线电会议日程项 1.19 中"考虑管理度规与管理度规之间的相关性，以在 ITU-R 研究结果的基础上，引入软件无线电和认知无线电系统"。ITU-R WP 1B 除了对软件无线电系统和认知无线电系统做了定义外，还总结了与软件无线电和认知无线电系统相关的技术和操作研究，以及 ITU-R 提案。此外，ITU-R

WP 1B 考虑了认知无线电系统与软件无线电系统的应用场景，以及它们之间的关系。ITU-R WP 5A 正在准备"陆地移动服务中的认知无线电系统"工作草案报告。该报告将规范认知无线电系统在陆地移动服务中的定义、描述与应用。ITU-R WP 5A 的主题包括陆地移动认知无线电系统的技术特征与功能、潜在效益、应用场景、潜在应用、操作技术、共存技术等。

IEEE 802 局域网(Local Area Networks，LAN)/城域网(Metropolitan Area Networks，MAN)标准委员会和 IEEE 动态频谱接入标准协调委员会(Standards Coordingnation Committee，SCC)41 的多个工作组致力于制定认知无线电技术标准。IEEE 802.22 是第一个考虑认知无线电技术的 IEEE 工作组。该工作组于 2004 年组建，并且致力于制定运行在数字广播电视频段的无线区域网(Wireless Reagional Area Networks，WRAN)的物理层(physical，PHY)和 MAC 层标准，以使认知无线电系统在不对数字广播电视服务造成有害干扰的条件下与数字广播电视系统共享频带，从而为乡村区域提供宽带无线接入服务。IEEE SCC41(前身为 IEEE P1900)工作组致力于为不兼容的无线网络之间的网络管理开发架构方面的概念与规范，为无基础设施的无线网络之间的互操作性提供横向和纵向的管理方法，为 3G/4G 网络、WiFi 网络、WiMAX 网络之间的动态频谱接入开发基于策略的网络管理。IEEE SCC41 组建了许多个工作组，包括 P1900.1、P1900.2、P1900.3、P1900.4、P1900.5 与 P1900.6 等。P1900.1 为下一代无线电系统和频谱管理提供精确的术语与概念定义。P1900.2 为分析运行在统一频带的不同无线电系统间的共存和干扰提供指导。P1900.3 规定测试和分析具有动态频谱接入功能的认知无线电系统所使用的技术。P1900.4 定义网络资源管理器、设备资源管理器等，使得网络设备能够进行分布式判决的组块，以优化异质无线网络的无线电资源使用。P1900.5 与 P1900.6 分别解决策略语言和射频感知问题。除了 IEEE 802.22 外和 IEEE SCC 41 以外，IEEE 802.11、802.19、802.21 也都在制定认知无线电标准。

ETSI 可配置无线电系统(Reconfigurable Radio Systems，RRS)技术委员会(Technical Committee，TC)围绕认知无线电系统的动态频谱共享开展了战略研究工作。ETSI 在 2009 年 7 月发布了技术报告(Technical Report, TR)102 682《RSS 的管理与控制功能架构》。该报告收集所有以提高频谱和无线电资源利用率为目标的管理和控制机制,从而提供定义 RRS 功能架构的合理性研究。ETSI 在 2009 年 9 月出版了 TR 102 863《认知导频信道》。该报告对 RRS 认知导频信道概念的定义与开发的合理性进行了研究,在异质无线电接入环境中支持端到端的连接。ETSI 在 2010 年 3 月出版了 TR 102 802《认知无线电系统概念》。该报告规范了认知无线电系统的技术概念,涵盖了有基础设施和无基础设施的无线电网络。ETSI 在 2010 年 3 月出版了 TR 102 803《认知无线电和软件无线电系统的潜在管理问题》。该报告总结了 ETSI TC RRS 与认知无线电和软件无线电相关的研究。ETSI RRS TC 组建了四个工作组(Working Group, WG)。WG1 致力于系统问题,并且从系统角度针对通用的框架提出建议,以保证各个工作组之间的一致性,避免出现重复。WG2 致力于 SDR 技术,特别是无线电设备架构,并且针对 SDR/认知无线电设备提出通用的参考架构、相关接口等。WG3 致力于认知管理和控制,收集并定义针对 RRS 并且与频谱管理和联合无线电资源管理相关的系统功能,开发针对 RRS 管理和控制的功能架构。WG4 致力于公共安全,收集并且定义相关的 RRS 需求,为 RRS 在公共安全和防御的应用定义系统形态。ETSI RRS TC 的重心包括:IEEE 外的 SDR 标准,针对欧盟管理框架需求的认知无线电/SDR,以及适应于欧洲数字广播电视频带特征的认知无线电/SDR。截至目前,ETSI 已经给出了多个技术报告,完成多个技术规范与技术标准的制定工作。

由于中低频段的优质频谱资源日益稀缺,为了在蜂窝移动通信系统中部署有动态频谱接入能力的认知无线电,3GPP 于 2014 年在第 65 次 RAN (Radio Access Network)全体会议上提出开启授权辅助接入 LAA(Licensed Shared Access)的研究工作。基于 LAA,蜂窝移动通信系统系统可以通过载波聚合(Carrier Aggegation)同时使用 LTE 自身的授权频段以及非授权频段。次用户在接入非授权频带之前,需要先通过载波侦听(Listen Before Talk)机制进行空闲信道评估(Clear Channel Assessment)。在进行空闲信道评估时,次用户至少能够使用能量检测器判定信道是否被其他用户所占用。由于非授权信道的可用性无法得到保障，LAA 需要支持非连续传输。除了支持载波侦听以及非连续传输以外，LAA 还支持载波选择与发射功率控制等功能。LAA 评估了在非授权频带上运营 LTE 的需求，定义了相关应用场景，给出了相应的解决方案，评估了相应方案的性能及其对该频段上其他系统的影响。目前，LAA 主要考虑在频谱使用率低的 5GHz 频段与 WIFI 网络的共存问题，并要求在 5GHz 频段新增 LAA 后对现有 WIFI 的影响不超过新增 WIFI 对现有 WIFI 的影响。自 2014 年以来，LAA 已经经过多次演进，其相应的功能正在不停地扩充和完善。

ECMA 技术委员会 48 的任务组 1 已经发布了在电视频段运行的认知无线电系统标准。EMCA 392 标准于 2009 年出版，它描述了运行在广播电视频段且针对个人/便携认知无线网络的媒体接入控制层和物理层。EMCA 392 既支持频谱感知，也支持基于地理位置的数据库。此外，ECMA 规范了一系列主用户保护机制。

1.3.2 主要应用场景

在广义认知无线电的概念被提出的时候，认知无线电技术是针对军方和公共安全领域高端应用的技术。随后，认知无线电技术才被推广到民用的广域蜂窝网和短距离通信系统。早期的民用认知无线电研究主要是为了在 5GHz 免许可频带提高设备的效率；随后，这些研究才发展到低频率频段。实际上，除了 1.3.1 节中介绍的标准外，许多其他标准，例如 Zigbee（IEEE 802.15.4），以及 WiMAX（IEEE 802.16）都应用了一定程度的认知无线电技术。

认知无线电技术不仅可以被没有频谱使用许可的次用户使用，还可以被拥有频谱使用许可的主用户使用。对于没有频谱使用许可的次用户而言，认知无线电系统能够提供可用的频谱资源，从而节省频谱租赁成本；认知无线电系统还能够为次用户提供一定的服务。对于持有频谱使用许可的主用户而言，可以利用认知无线电系统开发新的频谱机会，从而扩展通信带宽,并且提高系统容量;此外,通过在低频率波段寻找频谱机会,主用户网络的覆盖范围能够得到有效扩大。因此,认知无线电技术具有广泛的潜在应用场景。

单纯从网络技术的角度看,认知无线电技术可应用于智能格状网络(Smart Grid Networks)、公共安全网络(Public Safty Networks)、无线医疗网络(Wireless Medical Networks)、无线蜂窝网络(Wireless Cellular Networks)、认知战略网络(Cognitive Tactical Networks)、物联网(Internet-of-Things)、以及乡村无线接入网等。从网络运营商的角度看,认知无线电技术可以被应用于同质网络(Heterogeneous Networks)和异质网络(Homogeneous Networks)。不管是在同质网络还是在异质网络中,网络的服务、接入技术、拓扑结构、无线电设备、运行频率都可能不同。在这些网络中,应用认知无线电技术能够为运营商带来广阔的盈利空间。

在同质网络中,同一个运营商运营多个不同的无线电接入网络。这些无线电接入网络的基站类型可能各不相同。其中一类基站是传统基站,传统基站采用特定的无线电接入技术为终端提供无线连接。另外一种基站是可配置基站,可配置基站通过调配自身参数和无线接入技术可以在运营商的所有授权频段内运行。同样,运营商服务的终端类型也可能各不相同。其中一类终端是传统终端。传统终端仅能够使用特定的无线接入技术接入传统基站。另外一种终端是可配置终端。可配置终端通过调配自身参数和接入技术,不仅能够接入传统基站,还可以接入可配置基站。因此,可配置终端也能够在运营商的所有授权频段内运行。同质网络的潜在场景之一就是运营商运营的各个网络采用接入技术互不相同的传统基站,而终端为传统终端和可配置终端。当某个无线电接入网络过载而其他无线电接入网络空闲时,运营商可以通过协调可配置终端接入空闲的无线接入网络来缓解过载无线接入网的负荷。同质网络的第二个应用场景就是运营商采用可配置基站与传统终端。传统终端可以通过可配置基站接入采用不同接入技术的网络。

在异质网络中,不同运营商运营不同的无线接入网络。当某个运营商运营的网络过载且没有备用无线频谱，而其他运营商运营的网络无线频谱资源空闲时，负荷过载的运营商可以通过频谱交易向频谱空闲的运营商购买频谱资源，从而缓解过载无线接入网频谱资源紧张的问题。异质网络运营商可能拥有授权的频谱资源，也可能通过频谱感知搜索可用的无线频谱。

1.4　频谱感知技术的理论基础

次用户通过感知无线电环境获得可用的无线频谱资源，因此频谱感知技术得到了广泛的研究。在频谱感知过程中，感知的主体为次用户频谱感知电台，感知的对象为主用户信号。频谱感知技术包括盲感知技术与特征感知技术。盲频谱感知技术既不需要有关主用户的先验信息，也不需要主用户和次用户之间的信道状态信息，因而适用于所有类型的信号；而特征频谱感知技术利用主用户信号内部的特征，而且通常依赖主用户和次用户之间的精确信道状态信息，因而只适用于具有某种特征的一类信号。

1.4.1　频谱感知系统模型

在认知无线电网络中，频谱感知的实质就是次用户根据其在目标频带观测到的信号 $x(t)$ 判定主用户信号 $s(t)$ 是否在该频带出现，即在二元假设之间做一个选择。

$$x(t) = \begin{cases} n(t), & \mathcal{H}_0 \\ hs(t)+n(t), & \mathcal{H}_1 \end{cases} \tag{1-1}$$

式中 $n(t)$ 为零均值的加性高斯白噪声（AWGN，Additive White Gaussian Noise）；h 表示主用户和次用户间的信道增益；$\mathcal{H}_0$ 表示主用户空闲的假设；$\mathcal{H}_1$ 表示主用户忙的假设。

次用户利用频谱感知算法对式（1-1）中的观测信号 $x(t)$ 进行一系列处理之后输出检验统计量 Λ，并根据检验统计量 Λ 和预先给定的判决门限 λ 进行感知判决，即：

$$\Lambda = \frac{1}{N_{02}} \int_0^{\mathrm{T}} x^2(t)\,\mathrm{d}t \underset{\mathcal{H}_0}{\overset{\mathcal{H}_1}{\gtrless}} \lambda \qquad (1\text{-}2)$$

其中 N_{02} 是 AWGN 的双边功率谱密度（Power Spectral Density，PSD）。如果 Λ 大于判决门限 λ，则判定主用户信号出现；否则，判定主用户频带空闲。

频谱感知技术的性能指标包括检测时间长度 T、检测概率 $P_d=P(\Lambda \geq \lambda \mid \mathcal{H}_1)$、虚报概率 $P_f=P(\Lambda \geq \lambda \mid \mathcal{H}_0)$，以及检测灵敏度等。检测时间长度是指一次频谱感知所耗的时长。检测时间长度越大，可用于次用户数据传输的时间越短。检测概率表示主用户信号出现，且次用户正确检测到主用户信号出现的事件概率。检测概率越高，意味着次用户对主用户的保护越好。虚报概率表示主用户空闲，但次用户错误地判定主用户信号出现的事件概率。虚报概率越高，频谱利用率越低。灵敏度为次用户感知电台能够或者需要感知的主用户信号最低强度。灵敏度越高，感知电台的成本越高。

1.4.2　盲频谱感知技术

（1）能量检测器

如果次用户没有关于主用户信号的先验信息，并且噪声功率先验已知，能量检测器是检测任意零均值且统计独立信号的最优频谱感知方案。能量检测器通过测量接收信号强度来决定信道是否空闲。次用户首先将观测到的基带信号送入低通滤波器以滤除带外信号。其次，对低通滤波器的输出信号进行平方运算。最后，在观测时长内通过积分器对平方运算后的信号进行积分，并输出检验统计量。如果检验统计量大于给定的判决门限，则判定主用户占用其授权信道；反之则判定主用户空闲。

根据采样定理，能量检测器可以用式（1-1）中信号 $x(t)$ 的样本表示为：

$$\Lambda = \frac{1}{\sigma_n^2} \sum_{i=1}^N |x[i]|^2 \qquad (1\text{-}3)$$

其中，$x[i]$ 为 $x(t)$ 在 $t=\dfrac{i}{2W}$ 时刻的样本值；$N=2TW$ 为样本数量，T 为频谱

感知时间长度，W 为信号带宽；$\sigma_n^2 = N_{02}W$ 为理想的噪声功率。根据中心极限定理，当样本数量 N 足够大时，检验统计量 Λ 在 $\mathcal{H}_0$ 的假设下服从均值为 $N\sigma^2/\sigma_n^2$ 方差为 $N\sigma^4/\sigma_n^4$ 的高斯分布，即 $\Lambda \mid \mathcal{H}_0 \sim \mathcal{N}(N\sigma^2/\sigma_n^2, N\sigma^4/\sigma_n^4)$；且在 $\mathcal{H}_1$ 的假设下服从均值为 $N(\sigma^2/\sigma_n^2+\gamma)$ 方差为 $N(\sigma^2/\sigma_n^2+\gamma)^2$ 的高斯分布，即 $\Lambda \mid \mathcal{H}_1 \sim \mathcal{N}(N(\sigma^2/\sigma_n^2+\gamma), N(\sigma^2/\sigma_n^2+\gamma)^2)$，其中 $\gamma = \mid h \mid^2 \sigma_s^2/\sigma_n^2$ 表示信噪比(Signal to Nois Ratio，SNR)，σ_s^2 为信号的功率，σ^2 为噪声的实际功率。根据检验统计量的概率分布，在 $\sigma^2 = \sigma_n^2$ 时，可以分别得到能量检测器的检测概率 P_d 与虚报概率 P_f，即：

$$P_d = Q\left(\frac{\lambda}{\sqrt{N}(1+\gamma)} - \sqrt{N}\right) \tag{1-4}$$

$$P_f = Q\left(\frac{\lambda}{\sqrt{N}} - \sqrt{N}\right) \tag{1-5}$$

其中，$Q(x) = \dfrac{1}{\sqrt{2\pi}} \displaystyle\int_0^\infty \exp(-t^2/2)\,\mathrm{d}t$。根据式(1-5)可得 $\lambda = (Q^{-1}(P_f) + \sqrt{N})\sqrt{N}$，将其代入式(1-4)，可以得到 $N = [\gamma^{-1}Q^{-1}(P_f) - (1+\gamma^{-1})Q^{-1}(P_d)]^2$，其中 $Q^{-1}(x)$ 为 $Q(x)$ 的逆函数。这意味着，在噪声实际功率理想已知的情况下，即 $\sigma^2 = \sigma_n^2$，可以通过增加感知时间 T 或者样本大小 N 来检测信噪比 γ 任意小的信号。

实际应用中，噪声功率 σ^2 通常是通过测量获得的。受接收机内部电子热噪声以及环境噪声的影响，通过测量与估计获得的噪声功率 σ^2 通常是不确定的，其值在一定范围内均匀分布。假设 σ^2 均匀地分布在区间 $[\sigma_n^2/\rho, \rho\sigma_n^2]$ 内，即 $\sigma^2 \in [\sigma_n^2/\rho, \rho\sigma_n^2]$，其中 $\rho > 1$ 表示噪声功率不确定水平。在噪声功率不确定时，检测概率和虚报概率分别变为：

$$P_d = \min_{\sigma^2 \in [\sigma_n^2/\rho, \rho\sigma_n^2]} Q\left(\frac{\lambda}{\sqrt{N}(\sigma^2/\sigma_n^2+\gamma)} - \sqrt{N}\right) = Q\left(\frac{\lambda}{\sqrt{N}(1/\rho+\gamma)} - \sqrt{N}\right) \tag{1-6}$$

$$P_f = \max_{\sigma^2 \in [\sigma_n^2/\rho, \rho\sigma_n^2]} Q\left(\frac{\lambda}{\sqrt{N}\sigma^2/\sigma_n^2} - \sqrt{N}\right) = Q\left(\frac{\lambda}{\sqrt{N}\rho} - \sqrt{N}\right) \tag{1-7}$$

由于噪声功率不确定，式(1-6)中的检测概率对应于噪声实际功率范围内的最小检测概率，而式(1-7)中的虚报概率对应于噪声实际功率范围内的最大虚报概率。根据式(1-7)可以得到 $\lambda=(Q^{-1}(P_f)+\sqrt{N})\rho\sqrt{N}$，将其代入式(1-6)可以得到：

$$N=\left[\frac{Q^{-1}(P_f)\rho-(1/\rho+\gamma)Q^{-1}(P_d)}{\gamma-(\rho-1/\rho)}\right]^2 \qquad (1\text{-}8)$$

从式(1-8)中可以看到，当信噪比 $\gamma\rightarrow(\rho-1/\rho)$ 时，$N\rightarrow\infty$，这就是所谓的"信噪比墙"（SNR Wall）。式(1-8)意味着，当信噪比小于或等于 $\rho-1/\rho$ 时，增加样本数量不能可靠地检测到主用户状态，因此能量检测器在实际应用时受到相应的制约。

（2）协方差检测器

接收机接收到的有用信号样本具有相关性，而噪声样本通常是统计独立的。协方差检测器利用有用信号统计协方差和噪声统计协方差之间的差异来检测主用户信号的活动状态。协方差检测器利用有限长脉冲响应滤波器 $f(k)$，$k=1,2,\cdots,K$ 对观测到的信号 $x(i)$ 进行滤波，即：

$$\tilde{x}(i)=\sum_{k=0}^{K}f(k)x(i-k), \quad i=0,1,\cdots \qquad (1\text{-}9)$$

式中，$\sum_{k=0}^{K}|f(k)|^2=1$。为方便讨论，令 $\tilde{s}(i)=\sum_{k=0}^{K}f(k)s(i-k)$，$\tilde{n}(i)=\sum_{k=0}^{K}f(k)n(i-k)$，并且定义：

$$\mathbf{x}(i)=[\tilde{x}(i),\tilde{x}(i-1),\cdots,\tilde{x}(i-L+1)]^T \qquad (1\text{-}10)$$

$$\mathbf{s}(i)=[\tilde{s}(i),\tilde{s}(i-1),\cdots,\tilde{s}(i-L+1)]^T \qquad (1\text{-}11)$$

$$\mathbf{n}(i)=[\tilde{n}(i),\tilde{n}(i-1),\cdots,\tilde{n}(i-L+1)]^T \qquad (1\text{-}12)$$

$$\mathbf{H}=\begin{bmatrix} f(0) & f(0) & \cdots & f(K) & 0 & \cdots & 0 \\ 0 & f(0) & f(0) & \cdots & f(K) & \cdots & 0 \\ \vdots & \vdots & & \vdots & \vdots & & \vdots \\ 0 & 0 & \cdots & f(0) & f(1) & \cdots & f(K) \end{bmatrix}_{L\times(L+K)} \qquad (1\text{-}13)$$

根据式(1-9)~(1-13)，可以得到次用户观测信号 $\mathbf{x}(i)$、主用户信号 $\mathbf{s}(i)$，以及噪声 $\mathbf{n}(i)$ 的统计协方差矩阵，分别为：

$$\mathbf{R_x} = E\left[\mathbf{x}(i)\mathbf{x}^{\dagger}(i)\right] \tag{1-14}$$

$$\mathbf{R_s} = E\left[\mathbf{s}(i)\mathbf{s}^{\dagger}(i)\right] \tag{1-15}$$

$$\mathbf{R_n} = E\left[\mathbf{n}(i)\mathbf{n}^{\dagger}(i)\right] \tag{1-16}$$

利用式(1-14)~式(1-16)，可以得到$\mathbf{R_x} = \mathbf{R_s} + \mathbf{R_n}$，并且$\mathbf{R_n} = \sigma_n^2 \mathbf{G}$，其中$\mathbf{G} = \mathbf{HH}^{\dagger}$表示正定的Hermitian矩阵，该矩阵可以分解为$\mathbf{G} = \mathbf{Q}^2$。定义$\tilde{\mathbf{R}}_x = \mathbf{Q}^{-1}\mathbf{R_x}\mathbf{Q}^{-1}$，$\tilde{\mathbf{R}}_s = \mathbf{Q}^{-1}\mathbf{R_s}\mathbf{Q}^{-1}$。那么，$\tilde{\mathbf{R}}_x = \tilde{\mathbf{R}}_s + \sigma_n^2\mathbf{I}_L$。如果主用户空闲，可以得到$\tilde{\mathbf{R}}_s = 0$，这意味着$\tilde{\mathbf{R}}_x$的非对角元素都为零；如果主用户信号出现，可以得到$\tilde{\mathbf{R}}_s \neq 0$，这意味着$\tilde{\mathbf{R}}_x$的非对角元素至少有一个不为零。在实际中通常使用有限的样本估计观测信号的统计协方差矩阵。用$\rho(l)$表示信号样本的自相关函数，那么：

$$\rho(l) = \frac{1}{N_s}\sum_{m=0}^{N_s-1}\tilde{x}(m)\tilde{x}^*(m-l), \quad l = 0, 1, \cdots, L-1 \tag{1-17}$$

利用式(1-17)，样本的协方差矩阵$\mathbf{R_x}$可以近似为：

$$\mathbf{R_x}(N_s) = \begin{bmatrix} \rho(0) & \rho(1) & \cdots & \rho(L-1) \\ \rho^*(1) & \rho(0) & \cdots & \rho(L-2) \\ \vdots & \vdots & & \vdots \\ \rho^*(L-1) & \rho^*(L-2) & \cdots & \rho(0) \end{bmatrix} \tag{1-18}$$

定义$T_1 = \frac{1}{L}\sum_{n=1}^{L}\sum_{m=1}^{L}|r_{nm}|$，$T_2 = \frac{1}{L}\sum_{n=1}^{L}|r_{nn}|$，其中$r_{nm} = \left[\mathbf{Q}^{-1}\mathbf{R_x}(N_s)\mathbf{Q}^{-1}\right]_{nm}$，协方差检测器的检验统计量之一可以表示为$\Lambda = T_1/T_2$。基于协方差的频谱感知的性能接近能量检测器，但是它不需要先验的噪声功率知识，不受噪声不确定性的影响，因而性能比较稳定。然而，受限于随机矩阵理论的当前水平，协方差检测器检验统计量的概率分布尚不明确，感知判决门限往往需要根据经验获取。

1.4.3　特征频谱感知技术

(1)匹配滤波器

当次用户拥有主用户信号的先验信息时，最优的频谱感知方案是匹配滤波器，因为匹配滤波器能够最大化接收信号的信噪比。匹配滤波器通过将已知的信号与未知的接收信号进行相关运算来判定未知信号中是否有已知的信号。

匹配滤波器的主要优点在于，它能够利用信号内在的相关性，从而以较少的感知时间长度获得较高的检测性能。匹配滤波器的缺点在于，需要针对每一类主用户信号设计一个专用的频谱感知接收机。在认知无线电网络中，如果次用户难以获得关于主用户信号的先验信息，匹配滤波器的使用范围非常有限。但是如果次用户拥有主用户信号的先验信息，例如导频信号，匹配滤波器的应用仍然是有可能的。具体而言，可利用数字电视信号中的导频分量检测数字电视信号是否出现。

（2）循环平稳特性检测器

相对于能量检测器，循环平稳特性检测器不易受噪声功率不确定性的影响。如果信号的自相关函数具有周期性，那么该信号是循环平稳的，并且可以在低信噪比的情况下利用循环平稳特性来检测信号。循环平稳特性检测器利用信号内在的循环平稳性进行频谱感知，一般利用二阶周期平稳性，即广义平稳(Wide Sense Stationary，WSS)信号 $x(t)$ 自相关函数的周期性 $R_{xx*}(t, \tau) = R_{xx*}(t+kT_0, \tau)$，该自相关函数可以展开为 $R_{xx*}(t, \tau)$ $= \sum_{\alpha \in A} R_{xx*}^{\alpha}(\tau) e^{j2\pi\alpha t}$，其中 $R_{xx*}^{\alpha}(\tau) = \dfrac{1}{T_0} \int_{-T_0/2}^{T_0} R_{xx*}(t, \tau) e^{-j2\pi\alpha t} \mathrm{d}t$ 为周期自相关函数，$\alpha = m/T_0$ 为循环频率。对于平稳的噪声过程，其周期自相关函数仅在循环频率 $\alpha = 0$ 时不为零，而对于其他广义平稳的随机信号，周期自相关函数在 $\alpha = m/T_0$ 时是不为零的。在实际中进行频谱感知时，用信号样本值来估计周期自相关函数，即：

$$\hat{R}_{xx*}^{\alpha}(v) \triangleq \frac{1}{T_0} \sum_{i=1}^{T_0} x(i) x^*(i+v) e^{-j2\pi\alpha i} = R_{xx*}^{\alpha}(v) + \Delta_{xx*}^{\alpha}(v) \qquad (1\text{-}19)$$

式中，$R_{xx*}^{\alpha}(v)$ 为周期自相关函数的真实值；$\Delta_{xx*}^{\alpha}(v)$ 为周期自相关函数的估计误差。

考虑一组固定的时延 $\{v_1, v_2, \cdots, v_K\}$，并且定义：

$$\hat{\mathbf{r}}_{xx^*} = [\operatorname{Re}\{\hat{R}_{xx^*}^\alpha(v_1)\}, \cdots, \operatorname{Re}\{\hat{R}_{xx^*}^\alpha(v_N)\}, \operatorname{Im}\{\hat{R}_{xx^*}^\alpha(v_1)\}, \cdots,$$
$$\operatorname{Im}\{\hat{R}_{xx^*}^\alpha(v_N)\}]_{1\times 2K} \tag{1-20}$$

$$\mathbf{r}_{xx^*} = [\operatorname{Re}\{R_{xx^*}^\alpha(v_1)\}, \cdots, \operatorname{Re}\{R_{xx^*}^\alpha(v_N)\}, \operatorname{Im}\{R_{xx^*}^\alpha(v_1)\}, \cdots,$$
$$\operatorname{Im}\{R_{xx^*}^\alpha(v_N)\}]_{1\times 2K} \tag{1-21}$$

$$\boldsymbol{\Delta}_{xx^*} = [\operatorname{Re}\{\Delta_{xx^*}^\alpha(v_1)\}, \cdots, \operatorname{Re}\{\Delta_{xx^*}^\alpha(v_N)\}, \operatorname{Im}\{\Delta_{xx^*}^\alpha(v_1)\}, \cdots,$$
$$\operatorname{Im}\{\Delta_{xx^*}^\alpha(v_N)\}]_{1\times 2K} \tag{1-22}$$

根据式(1-20)~式(1-22)，式(1-19)中的周期自相关函数估计值 $\hat{R}_{xx^*}^\alpha(v)$ 可以进一步简化为 $\hat{\mathbf{r}}_{xx^*} = \mathbf{r}_{xx^*} + \boldsymbol{\Delta}_{xx^*}$，而且 $\lim\limits_{T_0\to\infty}\sqrt{T_0}\,\boldsymbol{\Delta}_{xx^*} \sim N(\mathbf{0}, \boldsymbol{\Sigma}_{xx^*})$，其中：

$$\boldsymbol{\Sigma}_{xx^*} = \begin{bmatrix} \operatorname{Re}\left\{\dfrac{Q+Q^*}{2}\right\} & \operatorname{Im}\left\{\dfrac{Q-Q^*}{2}\right\} \\ \operatorname{Im}\left\{\dfrac{Q+Q^*}{2}\right\} & \operatorname{Re}\left\{\dfrac{Q^*-Q}{2}\right\} \end{bmatrix} \tag{1-23}$$

并且 Q 与 Q^* 的第 (m, n) 个分量可以用信号样本序列估计：

$$\hat{Q}(m, n) \overset{\Delta}{=} S_{2f_{\tau_m}, \tau_n}(2\alpha; \alpha) \tag{1-24}$$

$$\hat{Q}^*(m, n) = S^*_{2f_{\tau_m}, \tau_n}(2\alpha; \alpha) \tag{1-25}$$

$$S_{2f_{\tau_m}, \tau_n}(2\alpha; \alpha) = \frac{1}{T_0 L} \sum_{s=-(L-1)/2}^{(L-1)/2} \left[W(s) F_{T,v_n}\left(\alpha - \frac{2\pi s}{T_0}\right) F_{T,v_m}\left(\alpha + \frac{2\pi s}{T_0}\right) \right] \tag{1-26}$$

$$S^*_{2f_{\tau_m}, \tau_n}(2\alpha; \alpha) = \frac{1}{T_0 L} \sum_{s=-(L-1)/2}^{(L-1)/2} \left[W(s) F^*_{T,v_n}\left(\alpha + \frac{2\pi s}{T_0}\right) F_{T,v_m}\left(\alpha + \frac{2\pi s}{T_0}\right) \right] \tag{1-27}$$

式中，$W(s)$ 为长为 L 的频谱窗口，L 为奇数；$F_{T,\tau}(w) = \sum\limits_{t=0}^{T-1} x(t)x(t+\tau)\mathrm{e}^{-jwt}$。

选择广义似然比函数作为检验统计量，那么：

$$\Lambda = T_0\,\hat{\mathbf{r}}_{xx^*}\,\hat{\boldsymbol{\Sigma}}_{xx^*}^{-1}\,\hat{\mathbf{r}}_{xx^*}^{\mathrm{T}} \tag{1-28}$$

式中，$\hat{\boldsymbol{\Sigma}}_{xx^*}$ 为 $\boldsymbol{\Sigma}_{xx^*}$ 的估计值，可以通过将式(1-24)与式(1-25)代入式

(1-23)获得。通过对周期自相关函数进行傅里叶变换可以得到相应信号的循环频谱。由于不同信号的循环频谱在不同的频点上出现峰值，循环平稳特性检测器不受随机噪声和干扰的影响。但是，从式(1-19)~式(1-28)可以看出，循环平稳特性检测器需要进行信号的相关运算，计算复杂度高。此外，循环平稳特性检测器需要知道先验的主用户信号循环频率。一旦先验循环频率出现误差，循环平稳特性检测器性能就会急剧下降。

虽然文献中报道了许多有效可靠的频谱感知算法，但是频谱感知技术仍然面临着许多挑战。第一，噪声功率不确定性。一些频谱感知算法需要精确的噪声功率值，这是难以实现的。此外，在信噪比极低的情况下，一些频谱感知方案难以正确判定主用户活动状态。第二，信道不确定性。认知无线电系统通常难以获得主用户收发机之间的 CSI，也无法获得与主用户接收机之间的 CSI。此外，认知无线电系统的操作频带非常广泛，不同频道上的信号传播特性各不相同。第三，干扰不确定性。认知无线电网络不仅受到工作在同一频带的其他无线通信系统的干扰，也受到来自工作在邻带的其他无线通信系统的干扰。第四，信号源难以区分。随着认知无线电技术的发展，不同的认知无线电网络将不断涌现。由于这些认知无线电网络采用不同的无线传输协议并且可能位于不同的地理区域，某个认知无线电网络可能将其他认知无线电网络的信号误判为主用户信号。这会降低不同次用户网络在动态频谱接入中的公平性。

2 噪声功率不确定时能量检测器的性能

2.1 引言

能量检测器结构简单，因而容易实现。然而，在信噪比（SNR）较低时，其检测性能易受噪声功率不确定性的影响。许多现有的学术研究假定主用户信号是未知的确定性信号，并且噪声功率是先验已知的。在文献[124]中，作者研究了信道衰落对能量检测器性能的影响。在文献[125]中，作者分析了 AWGN 信道和衰落信道中，能量检测器的接收机操作特性（Reciever Operating Character，ROC）曲线覆盖的面积。在文献[126]中，作者获得了最大化信道吞吐量的最优协作频谱感知参数设置。其中，各个次用户采用能量检测器单独判决，并且把各自判决结果发送到融合中心进行数据融合。在文献[127]中，作者引入了一种节点选择方案以获得选择分集。观测到最高主用户信噪比的节点被选出来，并利用能量检测器进行频谱感知。其他的一些理论研究包括，例如，在文献[128]中，作者联合优化能量检测器的频谱感知时间与次用户的传输功率，以最大化次用户的吞吐量；在文献[129]中，作者使用删减的（censored）能量检测器来实现协作感知；在文献[130]中，作者在主用户得到充分保护并且频谱利用率得到明显提升的条件下，优化了能量检测器的感知门限。

在实际频谱感知过程中，需要估计噪声功率。用于噪声功率估计的时间越长，估计的结果越精确。然而，用于噪声功率估计的时间长度是有限的，并且总是存在一定程度的噪声功率不确定性。在文献[131]中，作者研究了噪声功率不确定时能量检测器的频谱感知性能。其中，噪声功率过估计的方法被用于将虚报概率限制在一定的水平以下。然而，这也降低了检测概率。在认知无线电网络中，较低的检测概率意味着对主用户较高的干扰，这是不被主用户容忍的。文献[115]以及[132]引入了一种噪声功率不确定性模型。然而，相应的感知门限选取依赖于经验数据，这对于实现基于能量检测器的频谱感知而言非常不便。此外，在文献[124]-[127]中，作者假定主用户信号是确定的，并且利用信号能量与噪声功率谱密度(Power Spectrum Density，PSD)之比来分析能量检测器的性能。然而，对于给定的信号能量与噪声功率谱密度之比，能量检测器的检测性能随着频谱感知时间长度的增加而下降。这违背了物理事实，因为随着频谱感知时间长度的增加，次用户可以获得更多有关主用户信号的信息，从而获得更好的感知性能。此外，主用户信号通常是随时间而改变的，因而不是确定的。

在本书中，我们利用信号功率与噪声功率的比值(Signal power to Noise power Ratio，SNR)来评估能量检测器的性能。首先，在噪声功率确知时，我们分别获得了针对未知确定性信号和随机高斯信号的检测概率与虚报概率的闭式解。然后，利用文献[115]与文献[132]中的噪声不确定性模型，我们获得了噪声功率不确定时能量检测器的平均检测概率与平均虚报概率的闭式解。根据所获得的平均虚报概率，我们得到了基于奈曼-皮尔逊准则(Neyman-Pearson)的精确判决规则。在噪声功率确知以及噪声功率不确定的情况下，我们分别分析了针对未知确定性信号与随机高斯信号的能量检测器的检测性能。理论分析与仿真结果显示，在噪声功率不确定时，能量检测器的检测性能随着噪声功率不确定性的增加而下降。此外，与文献[131]中噪声功率过估计的方法相比，采用我们获得的判决规则，能量检测器的性能可以得到提升。

本章的剩余部分按照这样的结构展开：2.2节描述系统模型；2.3节推导出判决规则，并分别在噪声功率不确定和先验已知时，分析针对未知确定性信号与随机高斯信号的能量检测器的检测性能；2.4节给出仿真结果；

2.5 节对本章进行简要的总结。

2.2 系统模型

频谱感知的任务是在以下两个假设之间做出判决：

$$x(t)=\begin{cases}n(t), & \mathcal{H}_0 \\ n(t)+hs(t), & \mathcal{H}_1\end{cases} \tag{2-1}$$

式中，$x(t)$ 为次用户接收到的连续时间基带信号；$n(t)$ 是均值为零方差为 σ_n^2 的加性高斯白噪声，即 $n(t) \sim \mathcal{N}(0, \sigma_n^2)$；$h$ 为主用户与次用户之间的块衰落信道；$s(t)$ 是独立于 $n(t)$ 的主用户信号；$\mathcal{H}_0$ 表示主用户信号没有出现的假设；$\mathcal{H}_1$ 表示主用户信号出现的假设。需要指出，在式（2-1）中，假定主用户信号 $s(t)$ 与噪声 $n(t)$ 相互独立，且都是实值的。然而，基于这个假设的结论也适用于复值信号。

式（2-1）中的基带信号 $x(t)$ 经过低通滤波、平方，以及积分处理后，输出的检验统计量可以表示为：

$$V=\frac{1}{N_{02}}\int_0^T x^2(t)\,\mathrm{d}t \tag{2-2}$$

式中，N_{02} 是 AWGN 的双边功率谱密度（PSD）；T 是能量检测器的观测时间长度。

在频谱感知算法的实际执行过程中，我们通常使用离散的数字样本来计算检验统计量，而不是连续的时间信号。假设主用户信号 $s(t)$ 的带宽为 W。根据奈奎斯特采样定律，令 $x[i]=x(t)\mid_{t=i/2W}=x(i/2W)$ 表示连续时间信号 $x(t)$ 在 $t=i/(2W)$ 时刻采集到的第 i 个样本点，式（2-2）中的检验统计量 V 可以重新表示为：

$$V=\frac{1}{N_{02}}\times\frac{1}{2W}\sum_{i=1}^{L}x^2[i] \tag{2-3}$$

式中，$L=2TW$ 为时间 T 与带宽 W 的乘积，表示在时长 T 内采集到的样本数量。由于 $2WN_{02}=\sigma_n^2$，对于给定的频谱感知判决门限 λ，基于式（2-3）的感知判决规则为：

$$V = \frac{1}{\sigma_n^2} \sum_{i=1}^{L} x^2[i] \underset{\mathcal{H}_0}{\overset{\mathcal{H}_1}{\gtrless}} \lambda \tag{2-4}$$

也就是说，如果 $V > \lambda$，判定主用户信号出现；否则，判定主用户信号没有出现。

为方便讨论，我们利用信号的 ENR（Energy to Noise PSD Ratio）来表示信号能量与噪声功率谱密度之比，定义为 $\rho = (h^2/N_{02}) \int_0^T s^2(t)\,\mathrm{d}t$。根据奈奎斯特采样定理，ENR 可简化为 $\rho = h^2 \sum_{i=1}^{L} s^2[i]/(2WN_{02}) = h^2 \sum_{i=1}^{L} s^2[i]/\sigma_n^2$。在本章中，我们 SNR 来分析能量检测器的性能，而不是 ENR。SNR 定义为：

$$\gamma = \frac{h^2}{\sigma_n^2} \frac{1}{L} \sum_{i=1}^{L} s^2[i] \tag{2-5}$$

从 ENR 的定义可以看出，ENR 和 SNR 间的关系可以表示为 $\rho = 2TW\gamma$。ENR 随着感知时间 T 的增加而无限增加。但是在发射功率恒定的情况下，主用户信号的 SNR 不会随时间增加。显然，对于给定的 ENR ρ，SNR γ 随着 T 的增加而下降。

在式（2-4）中，通常假定在观测样本 $x[i]$ 中噪声 $n[i]$ 的功率 σ_n^2 是先验已知的。但是，实际中噪声功率是通过估计获得的。假设噪声 $n[i]$ 的实际功率为 σ_a^2，在噪声功率确定时，$\sigma_a^2 = \sigma_n^2$；而在噪声功率不确定时，$\sigma_a^2 = \alpha\sigma_n^2$，其中 α 为噪声功率不确定性系数。一种被广泛接受与采用的噪声功率不确定性模型认为，随机变量 $\beta = 10 \log_{10}\alpha$ 均匀地分布在 $[-U, U]$ 之间。这意味着 β 的概率密度函数（PDF）可以表示为：

$$f(\beta) = \begin{cases} \dfrac{1}{2U}, & -U < \beta < U \\ 0, & 其他 \end{cases} \tag{2-6}$$

其中 U 为噪声不确定性因子，通常为 $1 \sim 2\mathrm{dB}$。

2.3 噪声功率不确定时能量检测器的判决规则

在本节，我们分别推导出针对未知确定性主用户信号与随机高斯分布的主用户信号的能量检测器的频谱感知判决规则。

2.3.1 未知确定性信号

我们将在两种情况下推导判决规则并分析能量检测器的频谱感知性能：①噪声功率先验已知；②噪声功率具有不确定性。

(1)噪声功率先验已知

在噪声功率确定时，可以得到 $\sigma_a^2 = \sigma_n^2$。在 $\mathcal{H}_0$ 的假设下，$x[i] = n[i] \sim \mathcal{N}(0, \sigma_a^2)$。因而，$x[i]/\sigma_n = n[i]/\sigma_n \sim \mathcal{N}(0, 1)$。这意味着在 $\mathcal{H}_0$ 的假设下，式(2-3)中的检验统计量 V 是一个自由度为 L 的中心卡方随机变量，其 PDF 为：

$$f_V(x \mid \mathcal{H}_0) = \frac{1}{2^{L/2}\,\Gamma(L/2)} x^{L/2-1} \exp\left(-\frac{x}{2}\right) \tag{2-7}$$

式中，$\Gamma(a) = \int_0^\infty t^{a-1}\mathrm{e}^{-t}\mathrm{d}t$ 为伽马函数。

在 $\mathcal{H}_1$ 的假设下，$x[i] = n[i] + hs[i]$。由于 $s[i]$ 是未知的确定性信号，我们可以得到 $x[i] \sim \mathcal{N}(hs[i], \sigma_a^2)$，并且 $x[i]/\sigma_n \sim \mathcal{N}(hs[i]/\sigma_n, 1)$。因此，式(2-4)中检验统计量 V 是一个自由度为 L，非中心参数为 ρ $= \sum_{i=1}^{L} h^2 s^2[i]/\sigma_n^2$ 的非中心卡方随机变量。根据式(2-5)中的信噪比定义 γ，非中心参数可以表示为 $\rho = L\gamma$。从而在 $\mathcal{H}_1$ 的假设下，检验统计量 V 的 PDF 可以表示为：

$$f_V(x \mid \mathcal{H}_1) = \frac{1}{2}\left(\frac{x}{\rho}\right)^{\frac{L}{4}-\frac{1}{2}} I_{L/2-1}(\sqrt{\rho x}) \exp\left(-\frac{x+\rho}{2}\right) \tag{2-8}$$

式中，$I_m(x)$ 表示 m 阶第一类贝塞尔函数。

为了方便讨论，在本章中我们假设选择合适的感知时间 T 以使 $L/2$ 或者 TW 为整数。根据式（2-7）和式（2-8），对于给定的感知判决门限 λ，能量检测器的虚报概率 $P_f = \Pr(V>\lambda \mid \mathcal{H}_0)$ 与检测概率 $P_d = \Pr(V>\lambda \mid \mathcal{H}_1)$ 分别为：

$$P_f = \int_\lambda^\infty f_V(x \mid \mathcal{H}_0)\,\mathrm{d}x = \frac{\Gamma(L/2,\ \lambda/2)}{\Gamma(L/2)} \tag{2-9}$$

$$P_d^{(1)} = \int_\lambda^\infty f_V(x \mid \mathcal{H}_1)\,\mathrm{d}x = Q_{L/2}(\sqrt{\rho},\ \sqrt{\lambda}) \tag{2-10}$$

式中，$Q_m(u,\ v) = \int_v^\infty \dfrac{x^m}{u^{m-1}} e^{-\frac{x^2+u^2}{2}} I_{m-1}(ux)\,\mathrm{d}x$ 为马库姆 Q（Marcumq）函数；

$\Gamma(a,\ x) = \int_x^\infty t^{a-1} e^{-t}\,\mathrm{d}t$ 为不完全的上伽马（upper incomplete gamma）函数。需要指出的是，式（2-10）仅在 $L/2$ 为整数时成立。

从式（2-9）可以看出，当噪声功率先验确知时，能量检测器的虚报概率仅与样本大小 L 以及判决门限 λ 相关；而从式（2-10）可以看出，能量检测器的检测概率还与 γ 相关，因为 $\rho = L\gamma$。从式（2-9）还可以看出，P_f 是 λ 的减函数。而且，由于 $\bar{\Gamma}(u,\ v) = \Gamma(u,\ v)/\Gamma(u)$ 可以展开为 $\bar{\Gamma}(u,\ v) = e^{-v} \sum_{k=0}^{u-1} v^k/k!$，对于 $L_2 > L_1$，我们可以得到 $\bar{\Gamma}(L_2/2,\ \lambda/2) > \bar{\Gamma}(L_1/2,\ \lambda/2)$。这意味着虚报概率 P_f 是 L 的增函数。因而，为了获得基于 Neyman-Pearson 准则的恒定虚报概率，随着频谱感知时间 T 或者样本大小 $L = 2TW$ 的增加（$L_1 < L_2$），频谱感知的判决门限也应该相应地增加（$\lambda_1 < \lambda_2$）。由于 $Q_{L_1/2}(\sqrt{\rho_1},\ \sqrt{\lambda_1}) < Q_{L_2/2}(\sqrt{\rho_2},\ \sqrt{\lambda_2})$，并且 $\bar{\Gamma}(L_1/2,\ \lambda_1/2) = \bar{\Gamma}(L_2/2,\ \lambda_2/2)$，能量检测器的检测性能随信噪比 γ 的增加而提高，其中 $\rho_1 = L_1\gamma$，$\rho_2 = L_2\gamma$。

（2）噪声功率不确定

在噪声功率不确定时，噪声的实际功率可以表示为 $\sigma_a^2 = \alpha \sigma_n^2$。在 $\mathcal{H}_0$ 的假设下，可以得到 $x[i] = n[i] \sim \mathcal{N}(0,\ \alpha\sigma_n^2)$ 以及 $x[i]/\sigma_n = n[i]/\sigma_n \sim \mathcal{N}(0,\ \alpha)$。式（2-4）中的检验统计量 V 服从自由度为 L 的中心卡方分布，其 PDF 为：

$$f_V(x \mid \mathcal{H}_0, \ \alpha) = \frac{1}{(2\alpha)^{L/2}\Gamma(L/2)} x^{L/2-1} \exp\left(-\frac{x}{2\alpha}\right) \tag{2-11}$$

在 $\mathcal{H}_1$ 的假设下，$x[i] = n[i] + hs[i]$。由于主用户信号 $s[i]$ 是未知的确定性信号，可以得到 $x[i] \sim \mathcal{N}(hs[i], \ \alpha\sigma_n^2)$ 以及 $x[i]/\sigma_n \sim \mathcal{N}(hs[i]/\sigma_n, \ \alpha)$。因此，式(2-4)中的检验统计量 V 服从自由度为 L，非中心参数为 ρ 的非中心卡方分布，其 PDF 为：

$$f_V(x \mid \mathcal{H}_1, \ \alpha) = \frac{1}{2\alpha}\left(\frac{x}{\rho}\right)^{\frac{L}{4}-\frac{1}{2}} I_{L/2-1}\left(\frac{\sqrt{\rho x}}{\alpha}\right) \exp\left(-\frac{x+\rho}{2\alpha}\right) \tag{2-12}$$

利用式(2-11)与式(2-12)，对于给定的感知判决门限 λ，可以分别得到能量检测器的虚报概率 $P_f(\alpha) = \Pr(V > \lambda \mid \mathcal{H}_0; \ \alpha)$ 与检测概率 $P_d^{(1)}(\alpha) = \Pr(V > \lambda \mid \mathcal{H}_1; \ \alpha)$，分别为：

$$P_f(\alpha) = \int_\lambda^\infty f_V(x \mid \mathcal{H}_0, \ \alpha)\,\mathrm{d}x = \frac{\Gamma(L/2, \ \lambda/(2\alpha))}{\Gamma(L/2)} \tag{2-13}$$

$$P_d^{(1)}(\alpha) = \int_\lambda^\infty f_V(x \mid \mathcal{H}_1, \ \alpha)\,\mathrm{d}x = Q_{L/2}\left(\sqrt{\frac{\rho}{\alpha}}, \ \sqrt{\frac{\lambda}{\alpha}}\right) \tag{2-14}$$

从式(2-13)和式(2-14)可以看出，虚报概率和检测概率都依赖于噪声功率不确定性系数 α。由于噪声功率不确定性系数 α 是一个随机变量，我们不能根据式(2-13)或式(2-14)得到相应于恒定虚报概率或检测概率的感知判决门限 λ。

由于 $\beta = 10 \log_{10} \alpha$，根据式(2-6)中描述的噪声功率不确定性模型，可以得到噪声不确定性系数 α 的概率密度函数：

$$f(\alpha) = \begin{cases} \dfrac{10}{2U\ln 10} \dfrac{1}{\alpha}, & 10^{-0.1U} < \alpha < 10^{0.1U} \\ 0, & \text{其他} \end{cases} \tag{2-15}$$

需要指出的是，式(2-15)是式(2-6)中噪声不确定性模型的等效形式。从而，利用式(2-15)对式(2-13)求平均，可以得到平均虚报概率：

$$\bar{P}_f = \int_{b^{-1}}^b P_f(\alpha) f(\alpha)\,\mathrm{d}\alpha \tag{2-16}$$

式中，$b = 10^{0.1U}$。对式(2-16)进行分部积分，可以得到：

$$\bar{P}_f = \frac{c\left\{\varGamma\left(\frac{L}{2},\ t\right)\ln t\ \Big|_{\frac{\lambda}{2b}}^{\frac{\lambda b}{2}} + \int_{\frac{\lambda}{2b}}^{\frac{\lambda b}{2}} \ln t \times t^{\frac{L}{2}-1} e^{-t} dt\right\}}{\varGamma(L/2)} \tag{2-17}$$

式中，$c = \dfrac{10}{2U\ln 10}$ 为一个常数。

为方便讨论，定义 $\varPhi(n) = \int \ln t \times t^{n-1} e^{-t} dt$ 以及 $\varPsi(n) = -\ln t \times t^{n-1} e^{-t} + \int e^{-t} t^{n-2} dt$，并且在推导过程中忽略所有的常量。通过对 $\varPhi(n)$ 进行分部积分，可以推导出这样的规律：$\varPhi(n) = \varPsi(n) + (n-1)\varPhi(n-1)$，$\cdots$，$\varPhi(2) = \varPsi(2) + 1 \times \varPhi(1)$，$\varPhi(1) = \varPsi(1) + 0 \times \varPhi(0)$。因此，可以得到 $\varPhi(n) = \varPsi(n) + (n-1)\varPsi(n-1) + \cdots + (n-1)! \varPsi(1)$，或者将其等效地表示为 $\varPhi(n) = \sum_{k=1}^{n} \dfrac{\varGamma(n)}{\varGamma(n-k+1)} \varPsi(n-k+1)$。从而，式(2-17)右边的第二项可以计算为：

$$\int \ln t \times t^{L/2-1} e^{-t} dt = \sum_{k=1}^{L/2} \frac{\varPsi(L/2-k+1)}{\varGamma(L/2-k+1)} \varGamma(L/2) \tag{2-18}$$

为方便讨论，定义 $\Delta F = F(b) - F\left(\dfrac{1}{b}\right)$，$F(b) = \left(\dfrac{\lambda}{2b}\right)^{L/2-k} \ln\left(\dfrac{\lambda}{2b}\right) \exp\left(-\dfrac{\lambda}{2b}\right)$。把式(2-18)代入式(2-17)，可以得到式(2-16)中虚报概率的闭式解，即：

$$\bar{P}_f = c\left\{\sum_{k=1}^{L/2-1} \frac{\Delta\varGamma + \Delta F}{\varGamma(L/2-k+1)} + \bar{\varGamma}\left(\frac{L}{2}, \frac{\lambda b}{2}\right) \ln\frac{\lambda b}{2} - \bar{\varGamma}\left(\frac{L}{2}, \frac{\lambda}{2b}\right) \ln\frac{\lambda}{2b}\right\} \tag{2-19}$$

式中，$\Delta\varGamma = \varGamma\left(\dfrac{L}{2}-k, \dfrac{\lambda}{2b}\right) - \varGamma\left(\dfrac{L}{2}-k, \dfrac{\lambda b}{2}\right)$。从式(2-19)可以看出，平均虚报概率依赖于噪声功率不确定性因子 U 而不是噪声功率不确定性系数 α。更重要的是，对于给定的噪声功率不确定性因子 U，样本长度 L 以及虚报概率 $\bar{P}_f$，根据式(2-19)可以获得式(2-4)中的感知判决门限 λ，以维持恒定的平均虚报概率。

类似地，从式(2-14)可以看出，检测概率 $P_d^{(1)}(\alpha)$ 是噪声功率不确定性系数 α 的函数。利用式(2-15)对式(2-14)求平均，可以得到噪声功率不确定时能量检测器的平均检测概率，即：

$$\overline{P}_d^{(1)} = \int_{b^{-1}}^{b} P_d^{(1)}(\alpha) f(\alpha) \, d\alpha \tag{2-20}$$

由于 $Q_m(u, v) = \exp\left(-\dfrac{u^2}{2}\right) \sum_{n=0}^{\infty} \dfrac{u^{2n}}{n! \, 2^n} \overline{\Gamma}\left(n+m, \dfrac{v^2}{2}\right)$，式（2-20）中的 $P_d^{(1)}(\alpha)$

可以表示为：

$$P_d^{(1)}(\alpha) = \exp\left(-\frac{L\gamma}{2\alpha}\right) \sum_{n=0}^{\infty} \frac{1}{n!}\left(\frac{L\gamma}{2\alpha}\right)^n \overline{\Gamma}\left(n+\frac{L}{2}, \frac{\lambda}{2\alpha}\right) \tag{2-21}$$

而且，由于 $\overline{\Gamma}\left(n+\dfrac{L}{2}, \dfrac{\lambda}{2\alpha}\right) = \sum_{k=0}^{n+\frac{L}{2}-1} \dfrac{1}{k!}\left(\dfrac{\lambda}{2\alpha}\right)^k \exp\left(-\dfrac{\lambda}{2\alpha}\right)$，式（2-21）可以进一步

转化为：

$$P_d^{(1)}(\alpha) = \sum_{n=0}^{\infty} \sum_{k=0}^{n+\frac{L}{2}-1} \frac{1}{n! \, k!}\left(\frac{L\gamma}{2}\right)^n \left(\frac{\lambda}{2}\right)^k \left(\frac{1}{\alpha}\right)^{n+k} \exp\left[\left(-\frac{\lambda}{2}-\frac{L\gamma}{2}\right)\frac{1}{\alpha}\right]$$

$$\tag{2-22}$$

把式（2-22）代入式（2-20），我们可以得到：

$$\overline{P}_d^{(1)} = c \sum_{n=0}^{\infty} \sum_{k=0}^{n+\frac{L}{2}-1} \frac{1}{n! \, k!} \frac{(L\gamma)^n (\lambda)^k}{(L\gamma+\lambda)^{n+k}} \Delta\Gamma(k, n) \tag{2-23}$$

式中，$\Delta\Gamma(k, n) = \Gamma\left(n+k, \dfrac{\lambda+L\gamma}{2}b^{-1}\right) - \Gamma\left(n+k, \dfrac{\lambda+L\gamma}{2}b\right)$。

在式（2-10）以及式（2-14）中，认为信噪比 γ 在观测时间 T 内是恒定的。但是在实际的无线衰落环境中，γ 是一个随机变量。例如，在瑞利衰落信道中，h 的幅度具有概率密度函数 $f_h(x) = 2x\exp(-x^2)$。因而在衰落环境中，需要用信噪比 γ 的概率密度函数对瞬时检测概率求平均来获得平均检测概率。在文献[124]中，作者获得了噪声功率先验已知的情况下能量检测器在衰落信道中的频谱感知性能。在噪声功率不确定的情况下，能量检测器在衰落信道中的平均检测概率没有闭式解。然而，我们可以利用式（2-23）评估噪声功率不确定时能量检测器在衰落信道中的平均检测概率。

2.3.2 随机高斯信号

在上一节中，假定主用户信号是未知而确定的。然而在实际中，主用

户信号随着时间的变化而改变，而且经常呈现随机高斯特征。一种合理的假设认为，主用户信号是一个独立于噪声，且具有零均值的随机高斯信号，即 $s(t) \sim \mathcal{N}(0, \sigma_s^2)$，其中 σ_s^2 为主用户信号功率。

(1)噪声功率先验已知

在噪声功率先验确定时，我们有 $\sigma_a^2 = \sigma_n^2$。由于虚报概率与主用户信号无关，在 $\mathcal{H}_0$ 的假设下，式(2-4)中检验统计量 V 的概率密度函数可由式(2-7)表示。因此，能量检测器的虚报概率 P_f 与式(2-9)相同。

在 $\mathcal{H}_1$ 的假设下，$x[i] = n[i] + hs[i]$。由于主用户信号样本 $s[i] \sim \mathcal{N}(0, \sigma_s^2)$，并且与噪声样本 $n[i]$ 无关，我们可以得到 $x[i] \sim \mathcal{N}(0, \sigma_n^2 + h^2\sigma_s^2)$ 以及 $x[i]/\sigma_n \sim \mathcal{N}(0, 1+\gamma)$，其中 $\gamma = h^2\sigma_s^2/\sigma_n^2$ 为信噪比。因而，在这种情况下，式(2-4)中的检验统计量 V 是一个自由度为 L 的中心卡方随机变量，其 PDF 可以表示为：

$$f_V(x \mid \mathcal{H}_1) = \frac{x^{L/2-1}}{2^{L/2}(1+\gamma)^{L/2}\Gamma(L/2)} \exp\left(-\frac{x}{2(1+\gamma)}\right) \qquad (2\text{-}24)$$

根据式(2-24)，对于给定的频谱感知判决门限 λ，针对随机高斯信号的能量检测器的检测概率为：

$$P_d^{(2)} = \int_\lambda^\infty f_V(x \mid \mathcal{H}_1)\,\mathrm{d}x = \Gamma\left(\frac{L}{2}, \frac{\lambda}{2(1+\gamma)}\right) \Big/ \Gamma\left(\frac{L}{2}\right) \qquad (2\text{-}25)$$

通过比较式(2-10)与式(2-25)可以发现，在噪声功率先验已知时，针对未知确定性信号的检测概率 $P_d^{(1)}$ 在形式上不同于针对随机高斯信号的检测概率 $P_d^{(2)}$。然而由于虚报概率仅与噪声 $n[i]$ 有关，对于给定的感知时间长度 L，我们可以根据式(2-9)得到能量检测器的感知判决门限 λ，而不管主用户的信号类型。

(2)噪声功率不确定

在噪声功率不确定时，$\sigma_a^2 = \alpha\sigma_n^2$。在 $\mathcal{H}_0$ 的假设下，由于 $x[i] = n[i]$，主用户信号 $s[i]$ 对虚报概率没有任何影响。因此，式(2-4)中检验统计量 V

的 PDF 与式(2-11)中的相同。能量检测器的平均虚报概率与式(2-19)中的相同。然而，在 $\mathcal{H}_1$ 的假设下，$x[i]=n[i]+hs[i]$。由于主用户信号 $s[i]$ 是高斯分布的，且统计独立于噪声 $n[i]$，我们可以得到 $x[i] \sim \mathcal{N}(0, \alpha\sigma_n^2+h^2\sigma_s^2)$ 以及 $x[i]/\sigma_n \sim \mathcal{N}(0, \alpha+\gamma)$。因而，式(2-4)中检验统计量 V 的 PDF 可以表示为：

$$f_V(x \mid \mathcal{H}_1; \alpha) = \frac{x^{L/2-1}}{2^{L/2}(\alpha+\gamma)^{L/2}\Gamma(L/2)}\exp\left(-\frac{x}{2(\alpha+\gamma)}\right) \qquad (2\text{-}26)$$

根据式(2-26)，对于给定的感知门限 λ，我们可以获得噪声功率不确定时针对随机高斯信号的能量检测器的检测概率：

$$P_d^{(2)}(\alpha) = \int_\lambda^\infty f_V(x \mid \mathcal{H}_1; \alpha)\mathrm{d}x = \frac{\Gamma\left(\dfrac{L}{2}, \dfrac{\lambda}{2(\alpha+\gamma)}\right)}{\Gamma\left(\dfrac{L}{2}\right)} \qquad (2\text{-}27)$$

利用式(2-27)以及式(2-15)中的噪声功率不确定性模型，可以得到针对随机高斯分布的主用户信号的能量检测器的平均检测概率：

$$\overline{P}_d^{(2)} = \int_{b^{-1}}^b P_d^{(2)}(\alpha)f(\alpha)\mathrm{d}\alpha \qquad (2\text{-}28)$$

令 $\Theta = \displaystyle\int_{b^{-1}}^b \ln\alpha\left(\frac{1}{\alpha+\gamma}\right)^{L/2+1}\exp\left(-\frac{\lambda}{2(\alpha+\gamma)}\right)\mathrm{d}\alpha$。对式(2-28)进行分部积分可以得到：

$$\overline{P}_d^{(2)} = c\ln b\left[\overline{\Gamma}\left(\frac{L}{2}, \frac{\lambda}{2(b+\gamma)}\right)+\overline{\Gamma}\left(\frac{L}{2}, \frac{\lambda}{2(b^{-1}+\gamma)}\right)\right]-\frac{c}{\Gamma(L/2)}\left(\frac{\lambda}{2}\right)^{L/2}\Theta$$
$$(2\text{-}29)$$

式中：

$$\Theta = \int_{\frac{1}{b+\gamma}}^{\frac{1}{b^{-1}+\gamma}} \ln\left(\frac{1}{t}-\gamma\right)t^{\frac{L}{2}-1}\mathrm{e}^{-\frac{\lambda}{2}t}\mathrm{d}t \qquad (2\text{-}30)$$

由于 $(t^{-1}-\gamma-1)^k = C_j^k t^{-j}(1+\gamma)^{k-j}(-1)^{k-j}$，其中 $C_j^k=k!/[(k-j)!j!]$ 为二项式系数。与此同时，考虑到 $\ln(t^{-1}-\gamma) = \displaystyle\sum_{k=1}^\infty (-1)^{k+1}k^{-1}(t^{-1}-\gamma-1)^k$，式(2-30)中的 Θ 可以转化为：

$$\Theta = \sum_{k=1}^{\infty} \sum_{j=0}^{k} \frac{1}{k} C_j^k (-1)^{j-1} \left(\frac{\lambda}{2}\right)^{j-L/2} (1+\gamma)^{k-j} \Delta \bar{\Gamma} \qquad (2\text{-}31)$$

式中，$\Delta \bar{\Gamma} = \Gamma\left(\dfrac{L}{2} - j, \dfrac{\lambda}{2(b^{-1}+\gamma)}\right) - \Gamma\left(\dfrac{L}{2} - j, \dfrac{\lambda}{2(b+\gamma)}\right)$。把式（2-31）代入式

（2-29），我们可以得到噪声功率不确定时，针对高斯随机信号的能量检测器的平均检测概率：

$$\bar{P}_d^{(2)} = -\frac{c}{\Gamma(L/2)} \sum_{k=1}^{\infty} \sum_{j=0}^{k} C_j^k \frac{(-1)^{j-1}}{k} \left(\frac{\lambda}{2}\right)^{j} (1+\gamma)^{k-j} \Delta \bar{\Gamma} + \frac{c \ln b}{\Gamma(L/2)} \Delta \bar{G}$$

$$(2\text{-}32)$$

式中，$\Delta \bar{G} = \Gamma\left(\dfrac{L}{2}, \dfrac{\lambda}{2(b+\gamma)}\right) + \Gamma\left(\dfrac{L}{2}, \dfrac{\lambda}{2(b^{-1}+\gamma)}\right)$。

在本书中，我们假定噪声是高斯分布的。然而，人为的脉冲噪声和来自其他认知无线电设备的干扰通常是非高斯分布的。主用户授权频带内的人为噪声可以通过无线电频谱管理来控制。在同一个次用户网络内，来自其他认知无线电设备的干扰可以通过媒体接入控制来缓解；而在不同次用户网络之间，来自其他次用户网络的认知无线电设备的干扰可以通过网络间的握手来缓解。即便如此，次用户仍然可能会经历不可预测并且非高斯分布的人为脉冲噪声和来自其他认知无线电设备的干扰。在文献［135］～［137］中，作者提出了多个非高斯噪声模型。在这些非高斯噪声模型中，高斯混合噪声（Gaussian Mixtrue Noise，GMN）通常被用于描述人为噪声。令 Z 表示包含 K 个分量的高斯混合分布的随机变量。那么，Z 的概率密度函数可以表示为：

$$f_Z(z) = \sum_{k=1}^{K} \frac{\zeta_k}{\sqrt{2\pi\sigma_k^2}} \exp\left[-\frac{(z-\mu_k)^2}{2\sigma_k^2}\right] \qquad (2\text{-}33)$$

式中，μ_k 表示第 k 个分量的均值；σ_k^2 表示第 k 个分量的方差；ζ_k 表示第 k 个分量的概率，并且 $\sum_{k=1}^{K} \zeta_k = 1$。需要指出，在式（2-33）中，概率密度函数 $f_Z(z)$ 适用于实值高斯混合噪声。针对复值高斯混合噪声的概率密度函数可以根据文献［135］与［136］获得。作为比较，我们通过仿真来分析能量检

测器在高斯混合噪声中的性能。

2.4 仿真结果

在本节，我们用蒙特卡罗仿真来验证理论分析结果。所有的仿真结果都是 10000 次实现的平均。由于噪声功率不确定性仅在信噪比（SNR）较低时对能量检测器的影响较为显著，我们主要考虑信噪比较低（$\gamma < 0$dB）时能量检测器的检测性能。噪声功率不确定性因子 U 的变动范围为 0dB（相应于噪声功率先验已知）到 2dB。

2.4.1 判决门限

图 2-1 显示了在 $\mathcal{H}_0$ 的假设下，信号样本大小为 $L = 100$，噪声功率不确

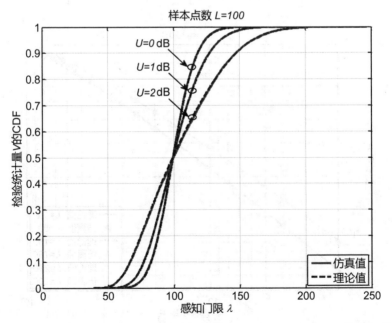

图 2-1 样本大小 $L = 100$，且噪声功率不确定时，在 H_0 的假设下，检验统计量 V 的经验累积概率密度函数与理论累积概率密度函数

定性因子 U 分别为 0dB、1dB、2dB 时,式(2-4)中能量检测器的检验统计量 V 的经验累积密度函数(cumulative density function, CDF)和理论 CDF。在噪声功率不确定时,理论 CDF 由式(2-19)给出,其中 $CDF(\lambda)=1-\bar{P}_f(\lambda)$;而在噪声功率确定时,理论 CDF 由式(2-9)给出。从图 2-1 可以看出,仿真结果与理论分析结果一致。因此,在噪声功率不确定时,式(2-19)为能量检测器的平均虚报概率提供精确的闭式解。这意味着利用式(2-19),可以获得基于 Neyman-Pearson 准则的紧凑的频谱感知门限,从而实现恒定虚报概率的频谱感知方案。

2.4.2　SNR 和 ENR 的影响

图 2-2 分别比较了采用文献[133]中 ENR 定义以及式(2-5)中的 SNR 定义时,针对未知确定性信号的能量检测器的理论感知性能与仿真感知性能。在图 2-2 中,假定噪声功率是先验已知的。从图中可以看出,仿真结

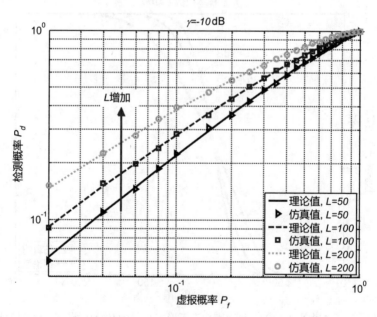

(a)采用 SNR γ 时,针对未知确定性信号的 ROC 曲线

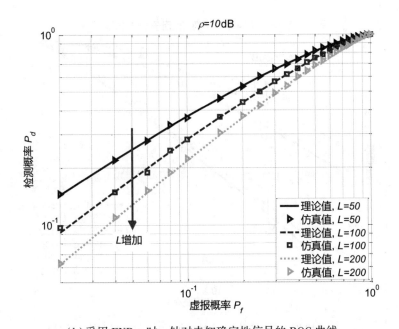

（b）采用 ENR ρ 时，针对未知确定性信号的 ROC 曲线

图 2-2　噪声功率确知时，SNR 和 ENR 对能量检测器检测性能的影响

果与式（2-9）以及式（2-10）中的理论分析结果一致。一方面，从图 2-2（a）可以看出，采用式（2-5）中的 SNR γ，对于给定的虚报概率，检测概率随着样本大小 L 或者感知时间长度的增加而提高。另一方面，从图 2-2（b）中可以看出，使用文献［133］中的 ENR ρ，检测概率随着样本大小 L 的增加而下降。这是因为，如果采用 ENR ρ，随着样本大小 L 的增加，实际的信号功率与噪声功率之比下降。这与式（2-10）中的分析一致。在后续仿真中，我们采用式（2-5）中的 SNR γ。需要指出，在图 2-2（a）中，信号功率与噪声功率之比为 $\gamma = -10$dB，而在图 2-2（b）中，信号能量与噪声 PSD 之比为 $\rho = 10$dB。

2.4.3　噪声功率不确定时的感知性能

图 2-3 显示了在噪声功率不确定时，针对未知确定性信号能量检测器

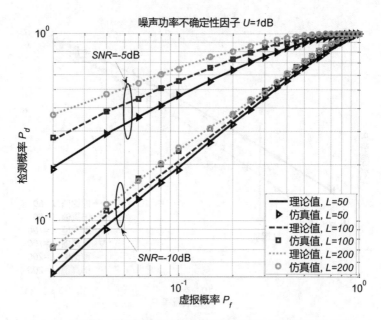

（a）$U=1$dB 时，针对未知确定性信号的能量检测器的 ROC 曲线

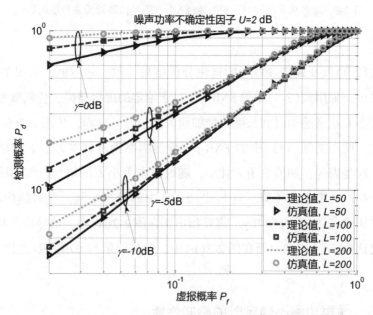

（b）$U=2$dB 时，针对未知确定性信号的能量检测器的 ROC 曲线

图 2-3　噪声功率不确定时能量检测器的频谱感知性能

的频谱感知性能。从图 2-3 中可以看出，仿真结果与式(2-19)以及式(2-20)中的理论分析结果一致。从图 2-3 中也可看出，随着样本大小 L 的增加，能量检测器的频谱感知性能有所提升；然而，随着信噪比的增加，能量检测器的频谱感知性能明显提升。这意味着在噪声功率不确定时，信噪比水平比样本大小对检测性能的影响更加显著。图 2-3(a) 显示了噪声功率不确定性因子为 $U = 1\text{dB}$ 时，针对未知确定性信号的能量检测器的频谱感知性能。比较图 2-3(a) 与图 2-2(a) 可以发现，微小的噪声功率不确定性可以使能量检测器的频谱感知性能大幅度下降。图 2-3(b) 显示了噪声不确定性因子为 $U = 2\text{dB}$ 时，针对未知确定性信号的能量检测器的频谱感知性能。比较图 2-3(a) 与图 2-3(b) 可以发现，随着噪声功率不确定性因子 U 的增加，能量检测器的频谱感知性能显著下降。在实际中，对于任意给定的频谱感知门限 λ，式(2-4)中的能量检测器总能够做出关于主用户信号是否出现的判决。然而，如果噪声功率具有不确定性，而且信噪比 γ 小于某个值，能量检测器将不能够通过增加感知时间 T 来同时实现指定的检测概率和虚报概率要求。这种现象被称为信噪比壁(SNR wall)。

2.4.4 与噪声功率过估计方法的性能比较

图 2-4 显示了噪声功率不确定时，针对未知确定性信号的能量检测器的平均检测概率与平均虚报概率。在图 2-4 中，Neyman-Pearson 准则被用于维持预期并且恒定的虚报概率，即 $\bar{P}_f = 0.1$。作为比较，在图 2-4 中也给出了文献[131]提出的噪声功率过估计(Noise Power Overestimation，NPO)方法的平均检测概率与平均虚报概率。实际的噪声功率是在 $[10^{-0.1U}\sigma_n^2,$ $10^{0.1U}\sigma_n^2]$ 之间均匀分布的随机变量。从图 2-4 中可以看出，采用 NPO 方法获得虚报概率总是小于 0.1。这主要是因为，采用过估计的噪声功率，频谱感知的判决门限被提升。但是，随着频谱感知判决门限的提升，平均检测概率相应地下降，这在实际应用中是不能被接受的。然而，利用本章提出的被称为噪声功率平均(Noise Power Averaging，NPA)的方法，我们可以维持预期的恒定虚报概率。通过比较图 2-4(a) 与图 2-4(b) 可以发现，随着噪声功率不确定性因子 U 的提升，NPO 方法的感知性能进一步下降。

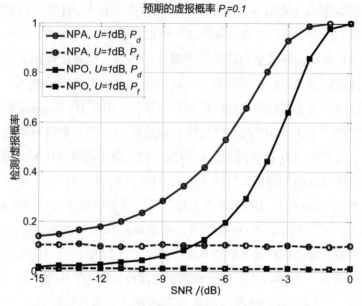

（a）噪声功率不确定性因子 $U = 1$dB

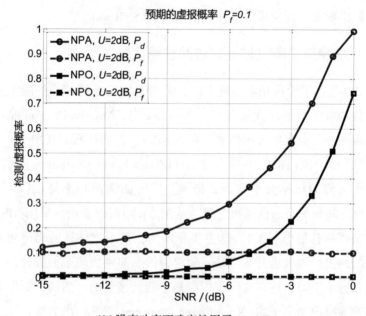

（b）噪声功率不确定性因子 $U = 2$dB

图 2-4 样本大小为 $L = 200$ 时，NPO 方法与 NPA 方法感知性能的比较

2.4.5 高斯混合噪声中的感知性能

图 2-5 显示了能量检测器在混合高斯噪声中的频谱感知性能。在图 25 中，$K=2$，$\mu_1 = \mu_2 = 0$，$\sigma_1^2 = \dfrac{1}{2\zeta_1}$ 并且 $\sigma_2^2 = \dfrac{1}{2\zeta_2}$，这意味着 $E[Z] = 0$ 并且 $\mathrm{Var}[Z] = \zeta_1\sigma_1^2 + \zeta_2\sigma_2^2 = 1$。为了方便表述，定义 $\zeta_1 = \zeta$ 以及 $\zeta_2 = 1-\zeta$。需要指出，在 $\zeta = 0.5$ 时，高斯混合噪声变为高斯白噪声。可以看到，相对于高斯白噪声中的频谱感知性能，高斯混合噪声中的频谱感知性能下降。一方面，在 $\zeta < 0.5$ 时，频谱感知性能随着 ζ 的增加而改进。另一方面，在 $\zeta > 0.5$ 时，频谱感知性能随着 ζ 的增加而下降。这些都是由式(2-33)中概率密度函数的峰度(kurtosis)造成的。从图 2-5 中还可以看出，当 $\zeta = 0.3$ 与 $\zeta = 0.7$ 时的频谱感知性能相仿。这是由式(2-33)中概率密度函数的对称性造成的。根据这些观测结果可以推断，除了易受噪声功率不确定性的负面影响外，能量检测器还易受到噪声类型不确定性的负面影响。

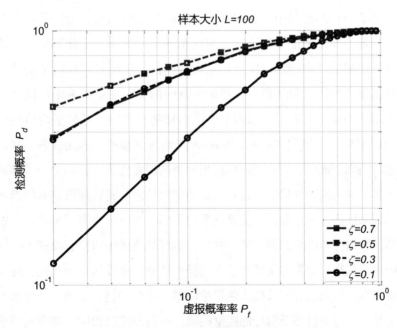

图 2-5 高斯混合噪声中能量检测器的频谱感知性能

虽然式(2-10)中针对未知确定性信号的检测概率 $P_d^{(1)}$ 在形式上不同于式(2-25)中针对随机高斯信号的检测概率 $P_d^{(2)}$，但是仿真结果表明，在噪声功率先验已知时，针对这两种信号的能量检测器的频谱感知性能是相同的。在噪声功率不确定时，这个结论仍然成立。这种现象的主要原因在于，能量检测器是一种盲检测器。也就是说，能量检测器仅对它所观测到的信号能量或者功率敏感，而不受信号类型或者信号特征的影响。因此，有关主用户信号是否出现的判决仅取决于观测到的信号能量或者功率。可以推断，对于给定的信噪比水平 γ，以及检测时间长度 T 或样本大小 L，针对任何类型主用户信号的能量检测器具有相同的频谱感知性能。

2.5　结论

在本书中，我们利用一种得到广泛应用的噪声功率不确定性模型，研究了噪声功率确定以及噪声功率不确定时，针对未知确定性信号与随机高斯信号的能量检测器的频谱感知性能。我们把信噪比定义为信号功率与噪声功率之比，而不是信号能量与噪声功率谱密度之比。在此基础上，我们首先推导出噪声功率确定时针对未知确定性信号和随机高斯信号的检测概率与虚报概率的闭式解。然后，利用文献中的噪声功率不确定性模型，得到噪声功率不确定时针对未知确定性信号和随机高斯信号的平均检测概率和平均虚报概率。根据 Neyman-Pearson 准则与虚报概率的闭式解，我们获得了精确的判决规则，以实现恒定虚报概率的检测方案。我们分析了噪声功率确定与不确定两种场景下，针对未知确定性信号与随机高斯信号的能量检测器的检测性能。理论分析和仿真结果均表明，在噪声功率不确定时，能量检测器的频谱感知性能急剧下降；并且，显著的频谱感知性能改进主要依赖于信噪比的提高。但是与文献中已有的噪声功率过估计的方法相比，使用我们获得的判决规则能够有效提高能量检测器的检测性能。此外，针对未知确定性信号与针对随机高斯信号的能量检测器的检测性能相同，这表明能量检测器的性能只与信号能量或者功率相关，而与信号类型无关。

3 基于空间与时间分集的多天线频谱感知

3.1 引言

多天线与特征值分解早已被同时应用于频谱感知。多天线引入空间分集，而特征值分解减少了多天线信号中的冗余信息。在文献[116]中，作者引入了平滑因子来估计多天线信号的样本协方差矩阵，并利用样本协方差矩阵元素来构建检验统计量。而在文献[138]中，过采样被认为与多天线具有相同的效果，并且样本协方差矩阵的特征值被用于构建检验统计量。在文献[139]中，作者利用主用户与次用户间的先验信道状态信息（Channel State Information，CSI）提出了一种基于最大比处理的频谱感知方案，并且分析了多天线频谱感知的性能。在文献[140]中，作者从多天线频谱相关函数中提取频率信道信息，并在频域中合并多天线信号以在频谱感知中利用空间分集。通过使用平滑因子，文献[141]中估得与文献[116]或文献[138]中一样的样本协方差矩阵。不同的是，文献[141]利用样本协方差矩阵最大特征值与迹构建检验统计量。在文献[142]中，过采样被认为与多天线具有相同的效果，并且平滑因子被用于估计样本协方差矩阵。随后，对估得的样本协方差矩阵实施线性合并与 QR 分解，以计算检验统计量。文献[143]利用广义似然比检验（General Likelihood Ratio Test，GLRT）与多天线实现频谱感知，从而在频谱感知过程中获得了空间分集。但是，主用户信号被认为是复值高斯过程，并且没有考虑主用户与次用户之间信道对感知性能的影响。在文献[144]与文献[145]中，作者考虑信道的影响并得到了相似的结果。此外，文献[144]与文献[145]都利用了GL-RT准则。在文献[146]中，作者考虑了主用户发射机与次用户接收机间的距离远大于次用户天线间距时，次用户多天线的相关性对频谱感知性能的影响。

在本章中，针对已有多天线频谱感知方案仅利用多天线信号空间分集的问题，我们提出一种新的基于空间与时间分集的多天线频谱感知(multiple antenna sensing scheme based on space and time diversity，MASS-BSTD)方案。在该方案中，多天线被用于获取空间分集，而过采样处理被用于获取时间分集。此外，特征值分解被用于降低多天线信号中的冗余信息。MASS-BSTD方案不需要使用在实际中难以确定的平滑因子，不需要有关主用户信号的先验信息，也不需要主用户与次用户之间的信道状态信息。由于MASS-BSTD方案既利用了空间分集，也利用了时间分集，相对于其他仅利用空间分集的多天线频谱感知方案，它能够更加可靠地判定主用户信号的活动状态。此外，MASS-BSTD方案的频谱感知性能对于噪声功率不确定性具有一定的鲁棒性。

本章剩余部分结构如下：3.2节介绍系统模型；3.3节描述MASS-BSTD方案的细节；3.4节分析MASS-BSTD方案的频谱感知性能；3.5节给出仿真结果；3.6节对本章进行简要总结。

3.2　系统模型

在本节，我们介绍主用户信号模型、主用户发射机与次用户接收机之间的信道模型，并描述频谱感知问题。

3.2.1　主用户信号

不同的主用户系统的发信方式不同。最近，正交频分复用(Orthogonal Frequency Division Multiplexing，OFDM)技术因高容量、抗多径等优点被广泛应用于许多授权的主用户系统中，例如DVB系统。在DVB系统中，比特流经过随机化、编码与交织后，使用中心对称的调制方式对子载波进行调制。因此可以认为基于OFDM技术的信号服从零均值的高斯分布。

通常，各个时域中的OFDM符号由多个基本时间单元组成，并且在每个基本时间单元内，仅采集一个数据样本用于信号处理，例如同步、信号检测、数据恢复等。在本章中，假定次用户配备M副相互独立的天线，在每副天线上采用两倍的过采样率，即从每个时间单元中采集两个样本。

3.2.2 主用户与次用户间的信道

在无线传输环境中，主用户信号在到达次用户频谱感知电台之前通常会受到多径衰落的影响。然而，在实际中难以确定主用户发射机与次用户感知电台之间的路径数量与相应路径的时间延迟。此外，在认知无线电网络中，主用户与次用户之间没有协作。因此，次用户难以获得自身与主用户之间的信道状态信息。

考虑到次用户观测到的主用户信号是来自多个不同路径的信号叠加，并且次用户不需要对主用户信号进行解调，可以仅考虑次用户各副天线上接收信号的幅度或者信道增益。假设 h_m 为主用户发射机与次用户第 m 副天线之间的信道增益，那么 $|h_m|$，$m=1$，2，$\cdots$，M 的概率密度函数可以表示为 $f(x)=2x\exp(-x^2)$。

3.2.3 多天线频谱感知问题

令 $\mathcal{H}_0$ 与 $\mathcal{H}_1$ 分别表示主用户空闲与忙的假设，那么次用户在第 m 副天线上通过过采样得到的信号样本可以表示为：

$$a_m(i, j)=\begin{cases} n_m(i, j), & \mathcal{H}_0 \\ s_m(i, j)h_m+n_m(i, j), & \mathcal{H}_1 \end{cases} \tag{3-1}$$

式中，$i=1$，2，$\cdots$，L 表示第 i 个符号；$j=1$，2 表示第 j 个样本；$m=1$，2，$\cdots$，M 表示第 m 副天线；$a_m(i, j)$ 为第 m 副天线上第 i 个符号的第 j 个样本；$n_m(i, j)$ 是复值的加性高斯白噪声，并且 $n_m(i, j) \sim \mathcal{CN}(0, \sigma_n^2)$；

σ_n^2 为噪声功率；$s_m(i,\ 1) = s_m(i,\ 2)$ 表示独立于 $n_m(i,\ j)$ 的主用户信号，并且 $s_m(i,\ 1) \sim \mathcal{CN}(0,\ \sigma_s^2)$；$\sigma_s^2$ 为主用户信号功率。为了方便讨论，令 $a_m(i,\ j) = a_{mij}$。那么，次用户第 m 副天线观测到的数据样本可以表示为一个 $1 \times 2L$ 的向量，即 $\mathbf{A}_m = [a_{m11},\ a_{m12},\ \cdots,\ a_{mL1},\ a_{mL2}]$。次用户观测到的信号样本矩阵可以表示为 $\mathbf{A} = [\mathbf{A}_1^{\mathrm{T}},\ \mathbf{A}_2^{\mathrm{T}},\ \cdots,\ \mathbf{A}_M^{\mathrm{T}}]^{\mathrm{T}}$。

定义两个 $M \times 2L$ 的矩阵 $\mathbf{N} = [\mathbf{N}_1^{\mathrm{T}},\ \cdots,\ \mathbf{N}_M^{\mathrm{T}}]^{\mathrm{T}}$ 与 $\mathbf{S} = [\mathbf{S}_1^{\mathrm{T}},\ \cdots,\ \mathbf{S}_M^{\mathrm{T}}]^{\mathrm{T}}$，其中 $(\ \cdot\ )^{\mathrm{T}}$ 表示转置运算，$N_m = [n_{m11},\ n_{m12},\ \cdots,\ n_{mL1},\ n_{mL2}]$，$\mathbf{S}_m = [s_{m11},\ s_{m12},\ \cdots,\ s_{mL1},\ s_{mL2}]$。在 $\mathcal{H}_0$ 的假设下，可以得到 $\mathbf{A}\,|_{\mathcal{H}_0} = \mathbf{N}$；而在 $\mathcal{H}_1$ 的假设下，可以得到 $\mathbf{A}\,|_{\mathcal{H}_1} = \mathrm{diag}(\mathbf{h})\mathbf{S} + \mathbf{N}$。因而，式(3-1)中的频谱感知问题可以重新表示为：

$$\mathbf{A} = \begin{cases} \mathbf{N}, & \mathcal{H}_0 \\ \mathrm{diag}(\mathbf{h})\mathbf{S} + \mathbf{N}, & \mathcal{H}_1 \end{cases} \tag{3-2}$$

式中，$\mathbf{h} = [h_1,\ h_2,\ \cdots,\ h_M]^{\mathrm{T}}$；$\mathrm{diag}(\mathbf{h})$ 表示以 $\mathbf{h}$ 中元素为分量的对角矩阵。

3.3　基于空间与时间分集的多天线频谱感知方案

在本节，我们介绍传统基于空间分集的多天线频谱感知方案，并提出一种新的基于空时分集的多天线频谱感知方案。由于基于空间分集的多天线频谱感知方案与基于空时分集的多天线频谱感知方案的基本区别在于通过估计得到的样本协方差矩阵，我们在进行频谱感知判决前先讨论样本协方差矩阵。

3.3.1　基于空间分集的感知方案

基于空间分集的多天线频谱感知方案如图 3-1 所示。在每个基本时间单元仅采集一个数据样本，因而在同一时刻从 M 副不同天线采集到的信号样本可以构成信号样本向量 $\mathbf{X}_{i1} = [a_{1i1},\ a_{2i1},\ \cdots,\ a_{Mi1}]^{\mathrm{T}}$。在这种情况下，次用户观测到的信号样本矩阵可以表示为 $\mathbf{X} = [\mathbf{X}_{11},\ \mathbf{X}_{21},\ \cdots,\ \mathbf{X}_{L1}]$，而不是式(3-2)中的 **A**。那么，信号样本协方差矩阵估计为：

$$\hat{\mathbf{C}} = \frac{1}{L}\mathbf{X}\mathbf{X}^{\mathrm{H}} \tag{3-3}$$

式中，$(\,\cdot\,)^{\mathrm{H}}$ 表示共轭转置运算。

可以证明，式(3-3)中的协方差矩阵估计值 $\hat{\mathbf{C}}$ 是信号样本协方差矩阵 **C** 的最大似然估计。需要指出，在图 3-1 所示的基于空间分集的多天线频谱感知方案中，对于给定的频谱感知时间长度 T，每副天线采集 L 个数据样本。

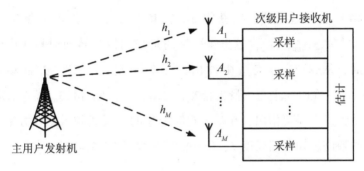

图 3-1 基于空间分集的多天线频谱感知方案

次用户每次从 M 副不同的天线收集到一个样本矢量 $\mathbf{X}_{l1}$ 后，更新其样本协方差矩阵的估计值。更新过程可以表示为：

$$\hat{\mathbf{C}} = \frac{1}{L}\sum_{i=1}^{L}\mathbf{X}_{i1}\mathbf{X}_{i1}^{\mathrm{H}} \tag{3-4}$$

在基于空间分集的多天线频谱感知方案中，由于次用户在每个 OFDM 符号的基本时间单元内仅采集了一个数据样本，对于 $i \neq j$，在矢量 $\mathbf{X}_{i1}$ 与矢量 $\mathbf{X}_{j1}$ 之间没有共同的分量。然而在矢量 $\mathbf{X}_{i1}$ 中，$s_{1i1} = s_{2i1} = \cdots = s_{Mi1}$。基于空间分集的多天线频谱感知方案正是利用这些特征挖掘出了空间分集，如式(3-4)所示。

最后，通过对 $\hat{\mathbf{C}}$ 进行特征值分解获得一组特征值 $\hat{\lambda}_1 \geq \hat{\lambda}_2 \geq \cdots \geq \hat{\lambda}_M$，

并用这组特征值构建基于空间分集的多天线频谱感知方案的检验统计量。

3.3.2 基于空间与时间分集的感知方案

从式(3-4)可以看出，基于空间分集的多天线频谱感知方案仅利用了多天线信号的空间分集，或者同一时刻多天线信号之间的相关性。然而，同一天线的数据样本在时间上是相关的，可以利用这一特征获取时间分集。

为了同时利用多天线信号的空间分集与时间分集，我们在本节提出一种基于空时分集的多天线频谱感知方案，如图 3-2 所示。在基于空间与时间分集的多天线频谱感知方案中，首先在各副天线对受信道与噪声影响的主用户信号进行过采样，以获得 $2L$ 个 $M \times 1$ 的信号样本矢量 $\mathbf{X}_{11}$，$\mathbf{X}_{12}$，$\mathbf{X}_{21}$，$\mathbf{X}_{22}$，$\cdots$，$\mathbf{X}_{L1}$，$\mathbf{X}_{L2}$。这里噪声指的是采用模数转换时量化引起的误差。随后，从这 $2L$ 个矢量中抽出两个矢量集合，其中矢量集合 $\mathbf{X}_{11}$，$\mathbf{X}_{21}$，$\cdots$，$\mathbf{X}_{L1}$在时间上与矢量集合 $\mathbf{X}_{12}$，$\mathbf{X}_{22}$，$\cdots$，$\mathbf{X}_{L2}$相关。每个矢量集合中有 L 个矢量。需要指出，在基于空时分集的多天线频谱感知方案中，对于给定的频谱感知时间长度 T，每副天线采集了 $2L$ 个数据样本。

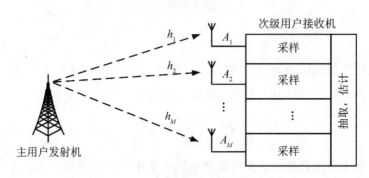

图 3-2　基于空时分集的多天线频谱感知方案

在 $\mathcal{H}_1$ 的假设下，在 $\mathbf{X}_{i1}$ 中，$s_{1i1} = s_{2i1} = \cdots = s_{Mi1}$；在 $\mathbf{X}_{i2}$ 中，$s_{1i2} = s_{2i2} = \cdots = s_{Mi2}$，其中 $i = 1$，2，$\cdots$，L。为了便于讨论，令 $\mathbf{B}_1 = [\mathbf{X}_{11}$，$\mathbf{X}_{21}$，$\cdots$，$\mathbf{X}_{L1}]$ 与 $\mathbf{B}_2 = [\mathbf{X}_{12}$，$\mathbf{X}_{22}$，$\cdots$，$\mathbf{X}_{L2}]$ 为两个 $M \times L$ 的矩阵。由于在同一时刻从次用户的不同天线观测到的主用户信号样本是相同的，基于空间分集的信号样本

协方差矩阵可以估计为 $\hat{\mathbf{C}}_1 = \dfrac{1}{2L}\mathbf{A}\mathbf{A}^{\mathrm{H}}$，或者：

$$\hat{\mathbf{C}}_1 = \frac{1}{2L}(\mathbf{B}_1\,\mathbf{B}_1^{\mathrm{H}} + \mathbf{B}_2\,\mathbf{B}_2^{\mathrm{H}}) = \frac{1}{2L}\sum_{i=1}^{L}\,(\mathbf{X}_{i1}\mathbf{X}_{i1}^{\mathrm{H}} + \mathbf{X}_{i2}\mathbf{X}_{i2}^{\mathrm{H}}) \tag{3-5}$$

这与式(3-4)中的方法是一致的。

在 $\mathcal{H}_1$ 的假设下，由于次用户对每个基本时间单元过采样，或者在每个基本时间单元采集两个数据样本，$\mathbf{X}_{i1}$ 中的 s_{mi1} 与 $\mathbf{X}_{i2}$ 中的 s_{mi2} 相同，即 $s_{mi1} = s_{mi2}$，其中 $m = 1$，2，$\cdots$，M。因而，$\mathbf{X}_{i1}$ 与 $\mathbf{X}_{i2}$ 之间的时间相关性可以用于获取基于时间分集的样本协方差矩阵，即：

$$\hat{\mathbf{C}}_2 = \frac{1}{L}\mathbf{B}_1\,\mathbf{B}_2^{\mathrm{H}} = \frac{1}{L}\sum_{i=1}^{L}\,\mathbf{X}_{i1}\mathbf{X}_{i2}^{\mathrm{H}} \tag{3-6}$$

通过合并式(3-5)与式(3-6)，我们可以得到基于空时分集的多天线频谱感知方案的样本协方差矩阵的估计值：

$$\hat{\mathbf{C}}' = \hat{\mathbf{C}}_1 + \hat{\mathbf{C}}_2 \tag{3-7}$$

对式(3-7)中的样本协方差矩阵的估计值 $\hat{\mathbf{C}}'$ 进行特征值分解，我们可以得到一组特征值 $\hat{\lambda}_1' \geq \hat{\lambda}_2' \geq \cdots \geq \hat{\lambda}_M'$。最后，利用这组特征值，构建基于空时分集的多天线频谱感知方案的检验统计量，并进行感知判决。

通过在时域对主用户信号进行过采样，同一天线在不同采样时刻获得的主用户信号样本具有高度相关性。然而，同一天线在不同采样时刻采集到的观测数据中的噪声分量相互统计独立。这些特征使得在 $\mathcal{H}_0$ 假设下的时间相关矩阵 $\hat{\mathbf{C}}_2|_{\mathcal{H}_0}$ 不同于在 $\mathcal{H}_1$ 假设下的时间相关矩阵 $\hat{\mathbf{C}}_2|_{\mathcal{H}_1}$。在式(3-7)中，我们提取出了这些特征。在本章中，我们利用这些特征来进一步获取时间分集，并使得我们提出的 MASS-BSTD 方案更有效。

3.3.3　频谱感知的实现

在前两节中我们获得了两组特征值，即从基于空间分集的信号样本协方差矩阵估计值 $\hat{\mathbf{C}}$ 中获得的特征值 $\hat{\lambda}_1 \geq \hat{\lambda}_2 \geq \cdots \geq \hat{\lambda}_M$，以及从基于空时分集的信号样本协方差矩阵估计值 $\hat{\mathbf{C}}'$ 中获得的特征值 $\hat{\lambda}_1' \geq \hat{\lambda}_2' \geq \cdots \geq \hat{\lambda}_M'$。在

本节，我们利用这些特征值进行频谱感知，即利用这些特征值判定主用户信号是否出现。

(1)基于空间分集的多天线感知方案

基于空间分集的多天线频谱感知方案通过利用空间分集提高频谱感知性能，因而在学术界得到了广泛的关注与研究。现有的基于空间分集的部分多天线频谱感知方案包括能量检测器，能量与最小特征值(Energy With Minimum Eigenvalue，EME)检测器，极大极小特征值(Maximum-Minimum Eignvalue，MME)检测器，算术与几何平均值(Arithmetic to Geometric Mean，AGM)检测器，以及基于广义似然比(Generalized Likelihood Ratio，GLR)的检测器。这些频谱感知方案的检验统计量与相应的感知判决门限如下。

GLR 检测器的检验统计量可表示为最大特征值与特征值的算术均值之间的比：

$$T_{\mathrm{GLR}} = \frac{\hat{\lambda}_1}{\frac{1}{M}\sum_{m=1}^{M}\hat{\lambda}_m} \underset{\mathcal{H}_0}{\overset{\mathcal{H}_1}{\gtrless}} \gamma_{\mathrm{GLR}} \tag{3-8}$$

式中，γ_{GLR} 是 GLR 检测器的频谱感知判决门限。当主用户与次用户之间信道状态信息未知时，GLR 检测器是最优的，因为 GLR 检测器的检验统计量是根据广义似然比准则得到的。

AGM 检测器利用特征值的算术平均与几何平均之比作为检验统计量：

$$T_{\mathrm{AGM}} = \frac{\frac{1}{M}\sum_{m=1}^{M}\hat{\lambda}_m}{\left(\prod_{m=1}^{M}\hat{\lambda}_m\right)^{1/M}} \underset{\mathcal{H}_0}{\overset{\mathcal{H}_1}{\gtrless}} \gamma_{\mathrm{AGM}} \tag{3-9}$$

式中，γ_{AGM} 是 AGM 检测器的频谱感知判决门限。AGM 检测器也是根据广义似然比最大的准则推导出来的，然而，AGM 检测器的推导没有考虑主用户与次用户之间的信道状态信息。

MME 检测器利用极大特征值与极小特征值之比作为检验统计量：

$$T_{\text{MME}} = \frac{\hat{\lambda}_1}{\hat{\lambda}_M} \underset{\mathcal{H}_0}{\overset{\mathcal{H}_1}{\gtrless}} \gamma_{\text{MME}} \tag{3-10}$$

式中，γ_{MME} 是 MME 检测器的频谱感知判决门限。迄今为止，找不到任何理论依据证明 MME 检测器是最优的。

EME 检测器利用多天线信号的能量与最小特征值之比作为检验统计量：

$$T_{\text{EME}} = \frac{\frac{1}{ML}\sum_{i=1}^{L} \| X_{i1} \|^2}{\hat{\lambda}_M} = \frac{\frac{1}{M}\sum_{m=1}^{M} \hat{\lambda}_m}{\hat{\lambda}_M} \underset{\mathcal{H}_0}{\overset{\mathcal{H}_1}{\gtrless}} \gamma_{\text{EME}} \tag{3-11}$$

式中 γ_{EME} 是 EME 检测器的频谱感知判决门限。同样，也不能证明 EME 检测器是最优的。在式（3-11）中，第二个等式是因为 $\sum_{i=1}^{L} \| \mathbf{X}_{i1} \|^2 = trace(\mathbf{XX}^{\text{H}}) = L \times trace(\hat{\mathbf{C}}) = L \sum_{m=1}^{M} \hat{\lambda}_m$。

能量检测器使用多天线信号能量或者功率作为检验统计量：

$$T_{\text{ED}} = \frac{1}{ML}\sum_{i=1}^{L} \| \mathbf{X}_{i1} \|^2 = \frac{1}{M}\sum_{m=1}^{M} \hat{\lambda}_m \underset{\mathcal{H}_0}{\overset{\mathcal{H}_1}{\gtrless}} \gamma_{\text{ED}} \tag{3-12}$$

式中，γ_{ED} 是能量检测器的频谱感知判决门限。当噪声功率确知时，能量检测器的检测性能最好。

（2）基于空时分集的多天线感知方案

当噪声功率不确定，并且主用户发射机与次用户频谱感知电台之间的信道状态信息未知时，式(3-8)中的传统 GLR 检测器的频谱感知性能最好。由于频谱感知电台中总是存在一定程度的噪声功率不确定性，并且主用户与次用户之间的信道状态信息通常未知，在本书中我们使用 T_{MASS} 作为 MASS-BSTD 方案的检验统计量。从而，频谱感知的判决规则可以表示为：

$$T_{\text{MASS}} = \frac{\hat{\lambda}_1'}{\frac{1}{M}\sum_{m=1}^{M} \hat{\lambda}_m'} \underset{\mathcal{H}_0}{\overset{\mathcal{H}_1}{\gtrless}} \gamma_{\text{MASS}} \tag{3-13}$$

式中，γ_{MASS} 是 MASS-BSTD 方案的频谱感知判决门限。虽然 Tracy-Widom 定理可以用于获取粗略的判决门限，通常难以获得 γ_{MASS} 的闭式解。在本章中，我们在 Neyman-Pearson 准则下利用式(3-13)中检验统计量 T_{MASS} 的经验概率分布来获取感知判决门限 γ_{MASS}。也就是说，根据 T_{MASS} 的经验概率分布来选择频谱感知门限 γ_{MASS}，使得 MASS-BSTD 方案的虚报概率为常数。

分别比较图 3-1 与图 3-2，式(3-4)与式(3-7)，或式(3-8)与式(3-13)，不难看出我们所提出的 MASS-BSTD 方案相对于传统基于空间分集的多天线频谱感知方案的改进。首先，在 MASS-BSTD 方案中，待感知的主用户信号被过采样，而在基于空间分集的多天线频谱感知方案中未使用过采样。其次，MASS-BSTD 方案同时利用时间分集与空间分集来估计信号样本的统计协方差矩阵，如式(3-7)所示；而在传统基于空间分集的多天线频谱感知方案中，仅利用空间分集来估计信号样本的统计协方差矩阵，如式(3-4)所示。因而，相对于式(3-8)～式(3-12)中基于空间分集的多天线频谱感知方案，我们提出的 MASS-BSTD 方案进一步获得了时间分集。

3.4　性能分析

检测器的频谱感知性能主要取决于其检测概率 P_d、虚报概率 P_f、频谱感知时间长度、感知灵敏度或者信噪比(Signal to Noise Ratio，SNR)水平。然而，基于随机矩阵特征值的任何检验统计量的概率密度函数都没有有效的闭式表达式。因而，很难获得检测概率与虚报概率的有效闭式解。

在本节，我们利用挠度准则(Deflection Criterion)来简化基于特征值的频谱感知方案的性能分析。我们首先分别获取式(3-4)与式(3-7)中样本协方差矩阵特征值的期望值。其次，根据挠度准则，我们分析式(3-8)中最优的 GLR 检测器的感知性能，并将它与式(3-13)中 MASS-BSTD 方案的感知性能相比。

3.4.1　基于空间分集的感知方案

令 $\overline{\mathbf{N}}_{i1} = [\, n_{1i1},\ n_{2i1},\ \cdots,\ n_{Mi1} \,]^{\text{T}}$ 表示在同一时刻从不同天线采集到的大

小为 M×1 的噪声样本矢量。在 $\mathcal{H}_0$ 的假设下，可以得到 $\mathbf{X}_{i1}|_{\mathcal{H}_0} = \bar{\mathbf{N}}_{i1}$。那么，次用户观测到的信号样本矩阵可以表示为 $\mathbf{X} = [\bar{\mathbf{N}}_{11}, \bar{\mathbf{N}}_{21}, \cdots, \bar{\mathbf{N}}_{L1}]$，并且信号样本的统计协方差矩阵的估计值可以表示为 $\hat{\mathbf{C}}|_{\mathcal{H}_0} = \frac{1}{L}\mathbf{X}\,\mathbf{X}^{\mathrm{H}} = \frac{1}{L}\sum_{i=1}^{L}\bar{\mathbf{N}}_{i1}$ $\bar{\mathbf{N}}_{i1}^{\mathrm{H}}$。由于 $E[\bar{\mathbf{N}}_{i1}\bar{\mathbf{N}}_{i1}^{\mathrm{H}}] = \sigma_n^2\,\mathbf{I}_{M\times M}$，可以得到在 $\mathcal{H}_0$ 的假设下统计样本协方差矩阵 $\hat{\mathbf{C}}$ 的均值：

$$\mathbf{C}|_{\mathcal{H}_0} = E[\hat{\mathbf{C}}|_{\mathcal{H}_0}] = \sigma_n^2\,\mathbf{I}_{M\times M} \tag{3-14}$$

式中，$E(\cdot)$ 表示期望值；$\mathbf{I}_{M\times M}$ 表示 $M\times M$ 的单位矩阵。

令 $\bar{\mathbf{S}}_{i1} = [s_{1i1}, s_{2i1}, \cdots, s_{Mi1}]^{\mathrm{T}}$ 表示同一时刻从不同天线采集到的大小为 $M\times 1$ 的信号样本矢量。那么，在 $\mathcal{H}_1$ 的假设下，可以得到 $\mathbf{X}_{i1}|_{\mathcal{H}_1} = \bar{\mathbf{N}}_{i1} + \mathrm{diag}$ $(\mathbf{h})\bar{\mathbf{S}}_{i1}$。由于 $s_{1i1} = s_{2i1} = \cdots = s_{Mi1}$，并且 $s_{mi1} \sim \mathcal{CN}(0, \sigma_s^2)$，可以推导出：

$$\begin{aligned} E[\mathbf{X}_{i1}\mathbf{X}_{i1}^{\mathrm{H}}] &= E[\bar{\mathbf{N}}_{i1}\bar{\mathbf{N}}_{i1}^{\mathrm{H}}] + E[\mathrm{diag}(\mathbf{h})\bar{\mathbf{S}}_{i1}\bar{\mathbf{S}}_{i1}^{\mathrm{H}}\mathrm{diag}(\mathbf{h}^{\mathrm{H}})] \\ &= \sigma_n^2\,\mathbf{I}_{M\times M} + \mathbf{h}\,\mathbf{h}^{\mathrm{H}}\sigma_s^2 \end{aligned} \tag{3-15}$$

因此，在 $\mathcal{H}_1$ 的假设下，统计样本协方差矩阵 $\hat{\mathbf{C}}$ 的均值为：

$$\mathbf{C}|_{\mathcal{H}_1} = \frac{1}{L}\sum_{i=1}^{L}E[\mathbf{X}_{i1}\,\mathbf{X}_{i1}^{\mathrm{H}}] = \sigma_n^2\,\mathbf{I}_{M\times M} + \mathbf{h}\,\mathbf{h}^{\mathrm{H}}\sigma_s^2 \tag{3-16}$$

令 $\lambda_1 \geq \lambda_2 \geq \cdots \geq \lambda_M$ 表示矩阵 $\mathbf{C}$ 的特征值。根据式(3-14)，在 $\mathcal{H}_0$ 的假设下可以得到 $\lambda_m|_{\mathcal{H}_0} = \sigma_n^2$；而根据式(3-16)，在 $\mathcal{H}_1$ 的假设下可以得到 $\lambda_m|_{\mathcal{H}_1} = \sigma_n^2 + \sigma_s^2\lambda_m(\mathbf{h}\mathbf{h}^{\mathrm{H}})$，其中 $\lambda_m(\mathbf{\Sigma})$ 为矩阵 $\mathbf{\Sigma}$ 的第 m 个最大的特征值，并且 $m = 1, 2, \cdots, M$。

在 3.3.1 节中，通过对式(3-4)中样本协方差矩阵 $\hat{\mathbf{C}}$ 进行特征值分解我们获得了一组特征值 $\hat{\lambda}_1 \geq \hat{\lambda}_2 \geq \cdots \geq \hat{\lambda}_M$。根据 Tracy-Widom 定理，在 $\mathcal{H}_0$ 的假设下最大特征值 $\hat{\lambda}_1$ 的期望值 $\mu_0|_{\mathcal{H}_0} = E[\hat{\lambda}_1|_{\mathcal{H}_0}]$ 与方差 $\sigma_0^2|_{\mathcal{H}_0} = \mathrm{Var}[\hat{\lambda}_1|_{\mathcal{H}_0}]$ 可以分别表示为：

$$\mu_0|_{\mathcal{H}_0} = M\left(\frac{1}{\sqrt{M}} + \frac{1}{\sqrt{L}}\right)^2\sigma_n^2 \tag{3-17}$$

$$\sigma_0^2|_{\mathcal{H}_0} = \frac{M}{L}\left(\frac{1}{\sqrt{M}} + \frac{1}{\sqrt{L}}\right)^{8/3}\sigma_n^4 \tag{3-18}$$

而在 $\mathcal{H}_1$ 的假设下，$\hat{\lambda}_1$ 的均值 $\mu_0|_{\mathcal{H}_1}=E[\hat{\lambda}_1|_{\mathcal{H}_1}]$ 与方差 $\sigma_0^2|_{\mathcal{H}_1}=\mathrm{Var}[\hat{\lambda}_1|_{\mathcal{H}_1}]$ 分别为：

$$\mu_0|_{\mathcal{H}_1}=\left(1+\frac{M-1}{L\gamma\lambda_1(\mathbf{hh}^{\mathrm{H}})}\right)(1+\gamma\lambda_1(\mathbf{hh}^{\mathrm{H}}))\sigma_n^2 \tag{3-19}$$

$$\sigma_0^2|_{\mathcal{H}_1}=\frac{1}{L}(1+\gamma\lambda_1(\mathbf{hh}^{\mathrm{H}}))^2\sigma_n^4 \tag{3-20}$$

式中，$\gamma=\sigma_s^2/\sigma_n^2$。由于 $\lim\limits_{L\to\infty}\left(\dfrac{1}{\sqrt{M}}+\dfrac{1}{\sqrt{L}}\right)^2=\dfrac{1}{M}$，从式(3-17)可以得到 $\lim\limits_{L\to\infty}\mu_0|_{\mathcal{H}_0}=\sigma_n^2=\lambda_1|_{\mathcal{H}_0}$。根据式(3-19)可以得到 $\lim\limits_{L\to\infty}\mu_0|_{\mathcal{H}_1}=\sigma_n^2+\sigma_s^2\lambda_1(\mathbf{hh}^{\mathrm{H}})=\lambda_1|_{\mathcal{H}_1}$。因此，$\hat{\lambda}_1$ 是 λ_1 的有效估计。

3.4.2　基于空时分集的感知方案

在 $\mathcal{H}_0$ 的假设下，$\mathbf{B}_1=[\bar{\mathbf{N}}_{11}, \bar{\mathbf{N}}_{21}, \cdots, \bar{\mathbf{N}}_{L1}]$，$\mathbf{B}_2=[\bar{\mathbf{N}}_{12}, \bar{\mathbf{N}}_{22}, \cdots, \bar{\mathbf{N}}_{L2}]$。因而，可以推导出 $E[\mathbf{B}_1\mathbf{B}_1^{\mathrm{H}}]=L\sigma_n^2\mathbf{I}_{M\times M}$，$E[\mathbf{B}_2\mathbf{B}_2^{\mathrm{H}}]=L\sigma_n^2\mathbf{I}_{M\times M}$。从而推出 $\mathbf{C}_1|_{\mathcal{H}_0}=E[\hat{\mathbf{C}}_1|\mathcal{H}_0]=\sigma_n^2\mathbf{I}_{M\times M}$。此外，由于 $\mathbf{B}_1$ 与 $\mathbf{B}_2$ 中各列噪声样本矢量之间互不相关，可以得到 $E[\bar{\mathbf{N}}_{11}\bar{\mathbf{N}}_{12}^{\mathrm{H}}]=\mathbf{0}_{M\times M}$。那么，$\mathbf{C}_2|_{\mathcal{H}_0}=E[\hat{\mathbf{C}}_2|\mathcal{H}_0]=\mathbf{0}_{M\times M}$。从而可得：

$$\mathbf{C}'|_{\mathcal{H}_0}=\mathbf{C}_1|_{\mathcal{H}_0}+\mathbf{C}_2|_{\mathcal{H}_0}=\sigma_n^2\mathbf{I}_{M\times M} \tag{3-21}$$

在 $\mathcal{H}_1$ 的假设下，$E[\mathbf{X}_{i1}\mathbf{X}_{i1}^{\mathrm{H}}]$ 的推导与结果都与式(3-15)相同。可得：

$$E[\mathbf{X}_{i2}\mathbf{X}_{i2}^{\mathrm{H}}]=E[\bar{\mathbf{N}}_{i2}\bar{\mathbf{N}}_{i2}^{\mathrm{H}}]+E[\mathrm{diag}(\mathbf{h})\bar{\mathbf{S}}_{i2}\bar{\mathbf{S}}_{i2}^{\mathrm{H}}\mathrm{diag}(\mathbf{h}^{\mathrm{H}})]$$
$$=\sigma_n^2\mathbf{I}_{M\times M}+\mathbf{hh}^{\mathrm{H}}\sigma_s^2 \tag{3-22}$$

因此，把式(3-15)与式(3-22)代入式(3-5)，可以得到 $\hat{\mathbf{C}}_1|_{\mathcal{H}_1}$ 的均值，即：

$$\mathbf{C}_1|_{\mathcal{H}_1}=E[\hat{\mathbf{C}}_1|_{\mathcal{H}_1}]=\sigma_n^2\mathbf{I}_{M\times M}+\mathbf{hh}^{\mathrm{H}}\sigma_s^2 \tag{3-23}$$

然而，由于在过采样的信号矢量 $\mathbf{X}_{i1}$ 与 $\mathbf{X}_{i2}$ 中，$s_{mi1}=s_{mi2}$，$m=1, 2, \cdots, M$，可以得到：

$$E[\mathbf{X}_{i1}\mathbf{X}_{i2}^{\mathrm{H}}]=E[\bar{\mathbf{N}}_{i1}\bar{\mathbf{N}}_{i2}^{\mathrm{H}}]+E[\mathrm{diag}(\mathbf{h})\bar{\mathbf{S}}_{i1}\bar{\mathbf{S}}_{i2}^{\mathrm{H}}\mathrm{diag}(\mathbf{h}^{\mathrm{H}})]$$
$$=\mathbf{0}_{M\times M}+\mathbf{hh}^{\mathrm{H}}\sigma_s^2 \tag{3-24}$$

因而，我们可以得到式(3-6)中统计样本协方差矩阵 $\hat{\mathbf{C}}_2$ 的均值，即：

$$\mathbf{C}_2\mid_{\mathcal{H}_1} = E\left[\hat{\mathbf{C}}_2\mid\mathcal{H}_1\right] = \mathbf{h}\mathbf{h}^{\mathrm{H}}\sigma_s^2 \qquad (3\text{-}25)$$

显然，$\mathbf{C}_2\mid_{\mathcal{H}_1}$ 取决于信道增益 $\mathbf{h}$ 与主用户信号功率 σ_s^2。

利用式(3-23)与式(3-25)，可以推导出式(3-7)中基于空时分集的信号样本统计协方差矩阵 $\hat{\mathbf{C}}'$ 的均值，即：

$$\mathbf{C}'\mid_{\mathcal{H}_1} = \mathbf{C}_1\mid_{\mathcal{H}_1} + \mathbf{C}_2\mid_{\mathcal{H}_1} = \sigma_n^2\mathbf{I}_{M\times M} + 2\mathbf{h}\mathbf{h}^{\mathrm{H}}\sigma_s^2 \qquad (3\text{-}26)$$

令 λ_1'，λ_2'，$\cdots$，λ_M' 为协方差矩阵 $\mathbf{C}'$ 的 M 个特征值。从式(3-21)可以看出，在 $\mathcal{H}_0$ 的假设下我们可以得到 $\lambda_m'\mid_{\mathcal{H}_0} = \sigma_n^2$；而根据式(3-26)，在 $\mathcal{H}_1$ 的假设下，我们可以推导出 $\lambda_m'\mid_{\mathcal{H}_1} = \sigma_n^2 + 2\sigma_s^2\lambda_m(\mathbf{h}\mathbf{h}^{\mathrm{H}})$，$m = 1$，$2$，$\cdots$，$M$。

在3.3.2节，通过对式(3-7)中样本统计协方差矩阵 $\hat{\mathbf{C}}'$ 进行特征值分解，我们获得了一组特征值，即 $\hat{\lambda}_1' \geqslant \hat{\lambda}_2' \geqslant \cdots \geqslant \hat{\lambda}_M'$。根据 Tracy-Widom 定理，在 $\mathcal{H}_0$ 的假设下，最大特征值 $\hat{\lambda}_1'$ 的均值 $\mu_1\mid_{\mathcal{H}_0} = E\left[\hat{\lambda}_1'\mid\mathcal{H}_0\right]$ 与方差 $\sigma_1^2\mid_{\mathcal{H}_0} = \mathrm{Var}\left[\hat{\lambda}_1'\mid\mathcal{H}_0\right]$ 分别为：

$$\mu_1\mid_{\mathcal{H}_0} \simeq M\left(\frac{1}{\sqrt{M}} + \frac{1}{\sqrt{2L}}\right)^2\sigma_n^2 \qquad (3\text{-}27)$$

$$\sigma_1^2\mid_{\mathcal{H}_0} \simeq \frac{M}{2L}\left(\frac{1}{\sqrt{M}} + \frac{1}{\sqrt{2L}}\right)^{8/3}\sigma_n^4 \qquad (3\text{-}28)$$

需要指出 $\hat{\mathbf{C}}'$ 不是一个 Wishart 矩阵。然而，其分量 $\hat{\mathbf{C}}_1$ 是 Wishart 矩阵。在式(3-27)与式(3-28)的推导过程中，为了方便讨论假定 $\hat{\mathbf{C}}'$ 是 Wishart 矩阵。仿真结果表明，这种近似假设是合理的。在 $\mathcal{H}_1$ 的假设下，最大特征值 $\hat{\lambda}_1'$ 的均值 $\mu_1\mid_{\mathcal{H}_1} = E\left[\hat{\lambda}_1'\mid\mathcal{H}_1\right]$ 与方差分 $\sigma_1^2\mid_{\mathcal{H}_1} = \mathrm{Var}\left[\hat{\lambda}_1'\mid\mathcal{H}_1\right]$ 别为：

$$\mu_1\mid_{\mathcal{H}_1} \simeq \left(1 + \frac{M-1}{4L\gamma\lambda_1(\mathbf{h}\mathbf{h}^{\mathrm{H}})}\right)\left(1 + 2\gamma\lambda_1(\mathbf{h}\mathbf{h}^{\mathrm{H}})\right)\sigma_n^2 \qquad (3\text{-}29)$$

$$\sigma_1^2\mid_{\mathcal{H}_1} \simeq \frac{1}{2L}\left(1 + 2\gamma\lambda_1(\mathbf{h}\mathbf{h}^{\mathrm{H}})\right)^2\sigma_n^4 \qquad (3\text{-}30)$$

由于 $\lim\limits_{L\to\infty}\left(\dfrac{1}{\sqrt{M}} + \dfrac{1}{\sqrt{2L}}\right)^2 = \dfrac{1}{M}$，由式(3-27)可以推导出 $\lim\limits_{L\to\infty}\mu_1\mid_{\mathcal{H}_0} = \sigma_n^2 = \lambda_1'\mid_{\mathcal{H}_0}$。根

据式(3-29)，类似地可以推导出 $\lim\limits_{L\to\infty}\mu_1|_{\mathcal{H}_1}=\sigma_n^2+2\sigma_s^2\lambda_1(\mathbf{hh}^{\mathrm{H}})=\lambda_1'|_{\mathcal{H}_1}$。因此，$\hat{\lambda}_1'$ 是 λ_1' 的有效估计。

3.4.3　基于挠度的性能分析

当信噪比水平与频谱感知时间长度给定时，检测器的频谱感知性能通常由接收机操作特性(Receiver Operating Character，ROC)曲线表征。然而，受限于随机矩阵理论的当前发展水平，难以获得由特征值构建的检验统计量的概率分布函数。

在本小节中，我们利用挠度准则来简化分析，并且证明我们提出的MASS-BSTD 方案较之传统的基于空间分集的多天线频谱感知方案的优势。挠度定义为：

$$K(\Lambda)=\frac{[E(\Lambda\mid\mathcal{H}_1)-E(\Lambda\mid\mathcal{H}_0)]^2}{\mathrm{Var}(\Lambda\mid\mathcal{H}_0)} \tag{3-31}$$

式中，Λ 表示频谱感知方案的检验统计量，它可能是 T_{GLR}、T_{AGM} 等。

挠度反映两类假设之间的差异。因而，挠度越大，感知性能越好。由于当主用户与次用户信道状态信息未知而且噪声功率不确定时，在式(3-8)~式(3-12)中列出的频谱感知方案中，GLR 检测器的频谱感知性能最好，我们对 GLR 检测器的感知性能进行分析，并与我们提出的 MASS-BSTD 方案的感知性能进行比较。

(1)传统 GLR 检测器的挠度

根据式(3-31)中的定义，我们可以得到式(3-8)中 GLR 检测器的挠度，即：

$$K(T_{\mathrm{GLR}})=\frac{[E(T_{\mathrm{GLR}}\mid\mathcal{H}_1)-E(T_{\mathrm{GLR}}\mid\mathcal{H}_0)]^2}{\mathrm{Var}(T_{\mathrm{GLR}}\mid\mathcal{H}_0)} \tag{3-32}$$

为不失一般性，考虑 AWGN 信道中的 GLR 检测器的挠度。在 AWGN 信道中，主用户与次用户之间信道增益可以表示为 $\mathbf{h}=\mathbf{1}_{M\times1}$，其中 $\mathbf{1}_{M\times1}$ 是一个元素全为一的 $M\times1$ 矢量。一方面，当采集到的数据样本数量 L 足够大时，根据式(3-16)，协方差矩阵 $\mathbf{C}$ 的最大的特征值 $\lambda_1 = \sigma_n^2 + M\sigma_s^2$ 提供信号功率与噪声功率之和的估计，而其他特征值提供噪声功率的估计 $\lambda_m = \sigma_n^2$，$m = 2$，3，$\cdots$，M。另一方面，检验统计量 T_{GLR} 的一种等效形式为 $T_{\mathrm{GLR}} = \hat{\lambda}_1 / \left(\dfrac{1}{M-1} \sum\limits_{m=2}^{M} \hat{\lambda}_m \right)$。因而，$T_{\mathrm{GLR}}$ 可以近似为 $T_{\mathrm{GLR}} \approx \hat{\lambda}_1 / \sigma_n^2$。根据式(3-17)～式(3-20)可以得到，$E(T_{\mathrm{GLR}} \mid \mathcal{H}_1) \approx \dfrac{\mu_0 \mid_{\mathcal{H}_1}}{\sigma_n^2}$，$E(T_{\mathrm{GLR}} \mid \mathcal{H}_0) \approx \dfrac{\mu_0 \mid_{\mathcal{H}_0}}{\sigma_n^2}$，并且 $\mathrm{Var}(T_{\mathrm{GLR}} \mid \mathcal{H}_0) \approx \dfrac{\sigma_0^2 \mid_{\mathcal{H}_0}}{\sigma_n^4}$。经过一系列运算，我们推导出：

$$
\begin{aligned}
K(T_{\mathrm{GLR}}) &\approx \frac{\left[\mu_0 \mid_{\mathcal{H}_1} - \mu_0 \mid_{\mathcal{H}_0} \right]^2}{\sigma_0^2 \mid_{\mathcal{H}_0}} \\
&= \frac{\left[\left(1 + \dfrac{M-1}{L\gamma\lambda_1(\mathbf{hh}^{\mathrm{H}})} \right) \left(1 + \gamma\lambda_1(\mathbf{hh}^{\mathrm{H}}) \right) - MC^2 \right]^2}{C^{8/3} M/L}
\end{aligned} \tag{3-33}
$$

式中，$C = 1/\sqrt{M} + 1/\sqrt{L}$。当采集到的数据样本数量 L 足够大时，可以推导出：

$$
\lim_{L \to \infty} K(T_{\mathrm{GLR}}) \approx \frac{1}{C^{8/3} M/L} \left[\gamma\lambda_1(\mathbf{hh}^{\mathrm{H}}) \right]^2 = LM^{1/3} \left[\gamma\lambda_1(\mathbf{hh}^{\mathrm{H}}) \right]^2
$$

因而，样本数量 L，天线数量 M，以及信噪比 γ 越大，挠度越大，频谱感知性能越好。

（2）MASS-BSTD 方案的挠度

根据式(3-31)中的定义，式(3-13)中 MASS-BSTD 方案检验统计量的挠度为：

$$
K(T_{\mathrm{MASS}}) = \frac{\left[E(T_{\mathrm{MASS}} \mid \mathcal{H}_1) - E(T_{\mathrm{MASS}} \mid \mathcal{H}_0) \right]^2}{\mathrm{Var}(T_{\mathrm{MASS}} \mid \mathcal{H}_0)} \tag{3-34}
$$

由于 $\mathbf{C}'$ 的最大特征值 λ_1' 提供噪声功率与信号功率之和的估计，而且 λ_m'，$m = 2$，$\cdots$，M 提供噪声功率的估计，我们可以得到 $T_{\mathrm{MASS}} \approx \hat{\lambda}_1' / \sigma_n^2$。根据式

（3-27）~式（3-30），可以推导出 $E(T_{\mathrm{MASS}} \mid \mathcal{H}_1) \approx \dfrac{\mu_1 \mid_{\mathcal{H}_1}}{\sigma_n^2}$，$E(T_{\mathrm{MASS}} \mid \mathcal{H}_0) \approx$

$\dfrac{\mu_1 \mid_{\mathcal{H}_0}}{\sigma_n^2}$ 以及 $\mathrm{Var}(T_{\mathrm{MASS}} \mid \mathcal{H}_0) \approx \dfrac{\sigma_1^2 \mid_{\mathcal{H}_0}}{\sigma_n^4}$。由此可得：

$$
\begin{aligned}
K(T_{\mathrm{MASS}}) &\approx \frac{\left[\mu_1 \mid_{\mathcal{H}_1} - \mu_1 \mid_{\mathcal{H}_0}\right]^2}{\sigma_1^2 \mid_{\mathcal{H}_0}} \\
&= \frac{\left[\left(1 + \dfrac{M-1}{4L\gamma\lambda_1(\mathbf{h}\mathbf{h}^{\mathrm{H}})}\right)(1 + 2\gamma\lambda_1(\mathbf{h}\mathbf{h}^{\mathrm{H}})) - MD^2\right]^2}{D^{8/3}(M/2L)}
\end{aligned} \tag{3-35}
$$

式中，$D = 1/\sqrt{M} + 1/\sqrt{2L}$。当采集到的数据样本数量 L 足够大时，可以推导出：

$$
\lim_{L \to \infty} K(T_{\mathrm{MASS}}) = 4\frac{\left[\gamma\lambda_1(\mathbf{h}\mathbf{h}^{\mathrm{H}})\right]^2}{D^{8/3}(M/2L)} = 8LM^{1/3}\left[\gamma\lambda_1(\mathbf{h}\mathbf{h}^{\mathrm{H}})\right]^2
$$

通过比较式（3-33）与式（3-35），或者比较 $\lim\limits_{L \to \infty} K(T_{\mathrm{GLR}})$ 与 $\lim\limits_{L \to \infty} K(T_{\mathrm{MASS}})$，可以发现 MASS-BSTD 方案的挠度优于传统的基于空间分集的最优多天线频谱感知方案的挠度，因为对于相同的信道条件 $\mathbf{h}$，$\lim\limits_{L \to \infty} K(T_{\mathrm{MASS}}) = 8 \lim\limits_{L \to \infty} K(T_{\mathrm{GLR}})$。

3.4.4 计算复杂度

基于空时分集的多天线频谱感知方案的计算复杂度主要来自式（3-7）中的样本协方差矩阵估计，以及相应的特征值分解。根据式（3-5），估计 $\hat{\mathbf{C}}_1'$ 时需要 $(2L-1)M^2$ 次加法运算与 $2LM^2$ 次乘法运算；而根据式（3-6），估计 $\hat{\mathbf{C}}_2'$ 时需要 $(L-1)M^2$ 次加法运算与 LM^2 次乘法运算。分解式（3-7）中样本协方差矩阵 $\hat{\mathbf{C}}'$ 需要的乘法与加法次数之和为 $O(M^3)$。因而，我们提出的 MASS-BSTD 方案所需的乘法次数与加法次数的总和为 $(6L-1)M^2 + O(M^3)$。

表 3-1 比较了 GLR 检测器与 MASS-BSTD 方案的计算复杂度。从表 3-1 中可以看出，本章提出的 MASS-BSTD 方案的计算复杂度高于文献［145］中

提出的 *GLR* 方案的计算复杂度。这主要是因为，与基于空间分集的 *GLR*
检测器相比，本章提出的基于空时分集的多天线频谱感知方案 MASS-BSTD
进一步利用了时间分集。需要指出的是，式(3-8)中的 GLR 检测器，式
(3-9)中的 AGM 检测器，式(3-10)中的 MME 检测器，以及式(3-11)中的
EME 检测器具有类似的复杂度。

表 3-1　计算复杂度比较

方案	GLR 检测器	MASS-BSTD
复杂度	$(2L-1)M^2+O(M^3)$	$(6L-1)M^2+O(M^3)$

3.5　仿真结果

本节，我们用 Monte Carlo 仿真来评估 MASS-BSTD 方案的性能。每次
仿真结果是 5000 次实现的平均。在仿真中，我们假定以分贝为单位的噪声
功率均匀地分布在区间 $[-U, U]$ 内，其概率密度函数为：

$$f_U(x) = \begin{cases} \dfrac{1}{2U}, & -U \leq x \leq U \\ 0, & \text{其他} \end{cases} \tag{3-36}$$

式中，U 表示噪声功率不确定性因子(noise uncertainty factor)。频谱感知的
时间越长，U 的值越小，因为随着感知时间的增长，可用于估计噪声功率
的数据样本越多。通常，接收机的噪声功率不确定性因子高于 1dB。在实
际中，数据样本的数量 $L = T \times f_s$ 由感知时间 T 与采样速率 f_s 决定。在
MASS-BSTD 方案中，主用户信号的过采样速率为 $2f_s$。因而，每副天线在
感知时间 T 内采集到 $2L$ 个数据样本。在仿真中，我们遵循 Neyman-Pearson
准则，以维持恒定的虚报概率。

3.5.1　感知门限

根据 Neyman-Pearson 准则，虚报概率以及判决门限与主用户信号无

关，因为在 $\mathcal{H}_0$ 的假设下次用户观测数据中没有主用户信号分量。表 3-2 显示了次用户虚报概率为 $P_f = 0.01$，噪声功率不确定性因子为 $U = 3\text{dB}$，次用户天线数为 $M = 4$ 时不同频谱感知方案的感知判决门限。这些感知门限从相应检验统计量的经验概率分布中获得。

表 3-2　不同感知方案的感知判决门限

感知方案	$L = 100$	$L = 200$	$L = 500$
MASS-BSTD	0.3519	0.3231	0.2952
GLR 检测器	1.4169	1.2895	1.1799
AGM 检测器	1.0399	1.0192	1.0075
MME 检测器	2.1349	1.6900	1.3909
EME 检测器	1.5691	1.3555	1.2022
能量检测器	2.0123	1.9975	1.9778

从表 3-2 中可以看到，所有的感知判决门限随着样本数量或者感知时间长度的增加而下降。这主要是因为，随着感知时间的增加，从式(3-4)或式(3-7)样本协方差矩阵中获得的特征值的估计值更加接近真实的特征值。然而，感知门限不会因为感知时间的增长而无限地下降。当感知时间足够长时，频谱感知判决门限将收敛至由虚报概率 P_f，噪声不确定性因子 U 以及天线数 M 共同决定的固定值。在表 3-2 中，噪声功率不确定性因子 U 固定为 3dB。实际上，能量检测器的感知门限随着噪声功率不确定性因子的增加而增加，以维持恒定的虚报概率。然而，其他感知方案的感知判决门限不受噪声功率不确定性的影响。

3.5.2　AWGN 信道中的感知性能

图 3-3 比较了 GLR 检测器与 MASS-BSTD 方案的挠度随样本大小 L 以及天线数 M 的变化情况。在图 3-3 中，有关 GLR 检测器与 MASS-BSTD 方

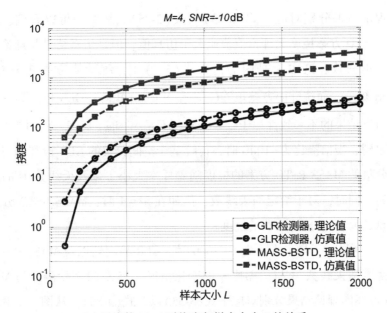

（a）天线数 $M=4$ 时挠度与样本大小 L 的关系

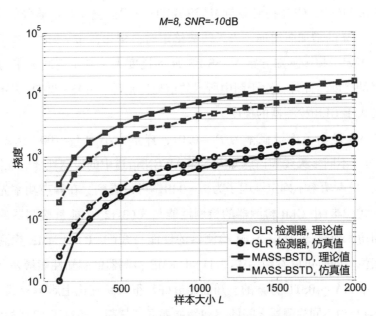

（b）天线数 $M=8$ 时挠度与样本大小 L 的关系

图 3-3 GLR 检测器与 MASS-BSTD 方案的挠度比较

案的理论结果分别对应于式(3-33)与式(3-35)。从图中可以看到，虽然 MASS-BSTD 方案挠度的理论值普遍大于仿真值，但是仿真结果与理论分析结果基本一致。这主要是因为，在式(3-7)中，统计协方差矩阵 $\hat{\mathbf{C}}_1$ 是 Wishart 矩阵，而统计协方差矩阵 $\hat{\mathbf{C}}_2$ 不是 Wishart 矩阵。GLR 检测器理论结果与仿真结果的不一致性源于 $\hat{\mathbf{C}}' = \hat{\mathbf{C}}_1 + \hat{\mathbf{C}}_2$ 不是 Wishart 矩阵。从图 3-3 中也可以看到，当信噪比为 -10dB 时，传统基于空间分集的 GLR 检测器与基于空时分集的 MASS-BSTD 方案的挠度随着样本大小 L 以及天线数 M 的增加而提高。同时，对于给定的天线数，例如在 $M=4$ 时，MASS-BSTD 方案的挠度总是大于 GLR 检测器的挠度。

图 3-4 显示了样本大小为 $L=1000$ 时，GLR 检测器以及 MASS-BSTD 方案的挠度随天线数 M 与信噪比 γ 的变化情况。有关 GLR 检测器与 MASS-BSTD 方案的理论结果分别对应于式(3-33)以及式(3-35)。从图 3-4 中可以看到，仿真结果与理论分析结果一致。从图中还可以看到，对于给定的样本大小 $L=1000$，GLR 检测器与 MASS-BSTD 方案的挠度总是随着信噪比 γ 与天线数 M 的增加而增加。当天线数给定时，例如在 $M=4$ 时，基于空时分集的多天线频谱感知方案 MASS-BSTD 的挠度大于基于空间分集的 GLR 检测器的挠度。此外，对于图中所示的信噪比范围，MASS-BSTD 方案的挠度总是大于 GLR 检测器的挠度。

图 3-5 显示了虚报概率为 $P_f = 0.01$，样本大小为 $L=100$，天线数为 $M=4$ 时，不同多天线频谱感知方案在 AWGN 信道中的检测性能。在图 3-5 (a)中，噪声功率不确定性因子为 $U=0$dB。可以看到，在噪声功率先验已知时，式(3-8)中 GLR 检测器的检测性能与式(3-12)中能量检测器的检测性能相仿，而式(3-9)中 AGM 检测器的性能与式(3-10)中 MME 检测器的性能相仿。同时可以看到，式(3-11)中 EME 检测器的感知性能最差，而式(3-13)中 MASS-BSTD 方案的感知性能最好。很难从理论上难解释式(3-8)~式(3-12)中不同检测器之间的感知性能差异。然而，相对于 GLR 检测器，MASS-BSTD 方案的性能增益来自时域的时间分集。在图 3-5(b)中，噪声功率不确定性因子为 $U=3$dB。可以看到在噪声功率不确定时，相对于基于

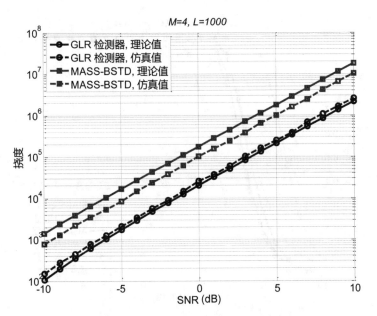

（a）天线数 $M=4$ 时挠度与信噪比 SNR 的关系

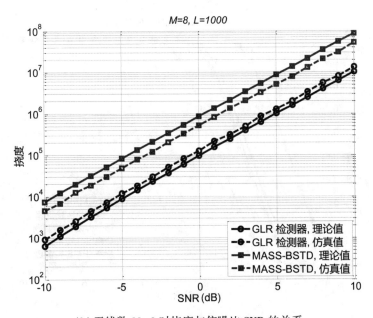

（b）天线数 $M=8$ 时挠度与信噪比 SNR 的关系

图 3-4　GLR 检测器与 MASS-BSTD 方案的挠度比较

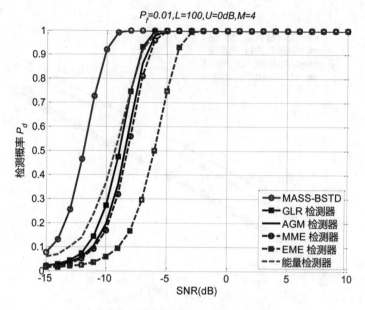

（a）噪声功率不确定性因子 $U=0$dB

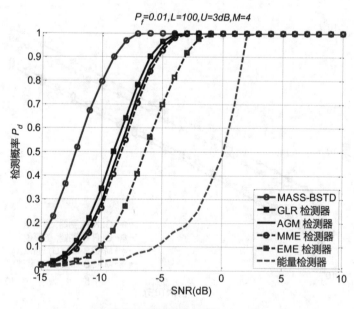

（b）噪声功率不确定性因子 $U=3$dB

图 3-5 不同感知方案在 AWGN 信道中的频谱感知性能

空间分集的多天线频谱感知方案，基于空时分集的 MASS-BSTD 方案保持了性能的优越性。通过比较图 3-5(a)与图 3-5(b)可以发现，在噪声功率不确定时，能量检测器的频谱感知性能急剧下降。这主要是因为，能量检测器为了维持恒定的虚报概率提高了感知判决门限。但是，式(3-8)~式(3-11)以及式(3-13)中频谱感知方案的感知性能变化微小，因而它们对噪声功率不确定性具有鲁棒性。

这里需要指出，从式(3-33)与式(3-35)可以看出，噪声功率的不确定性不会影响式(3-8)~式(3-11)以及式(3-13)中频谱感知方案的频谱感知性能。但是相对于较小的信噪比，例如 $\gamma = -15\text{dB}$，MASS-BSTD 方案在噪声功率不确定时的频谱感知性能〔见图 3-5(a)〕优于噪声功率确定时的频谱感知性能〔见图 3-5(b)〕。对于较大的信噪比，例如 $\gamma = -10\text{dB}$，情况刚好相反。这主要是因为在式(3-33)与式(3-35)的理论推导过程中，假定样本数量 L 足够大，而在仿真中 $L = 100$。

3.5.3 瑞利衰落信道中的感知性能

图 3-6 显示了虚报概率为 $P_f = 0.01$，样本大小为 $L = 100$，噪声功率不确定性因子为 $U = 3\text{dB}$，天线数为 $M = 4$ 时，不同感知方案在瑞利衰落信道中检测概率与信噪比之间的关系。在仿真中，假定信道状态信息在每次频谱感知的过程中保持不变。通过比较图 3-5(b)与图 3-6 可以发现，信道衰落使得所有频谱感知方案的频谱感知性能下降。但是在衰落信道中，MASS-BSTD 方案的检测性能仍然优于其他基于空间分集的多天线频谱感知方案的性能。此外从图 3-6 中还可以看到，在瑞利衰落信道中，GLR 检测器、AGM 检测器，以及 MME 检测器的检测性能差异更小。这是因为，构建这些检测方案的特征值是相同的。

在图 3-5 与图 3-6 中，样本大小 $L = 100$。在实际中，频谱感知时长或者样本数量通常很大，以获得可靠的感知结果，特别是在低信噪比环境中。一旦感知时间长度增加，噪声功率不确定性因子将下降。然而，实际中很难确定噪声功率不确定性与样本大小的关系。图 3-7 显示了样本大小

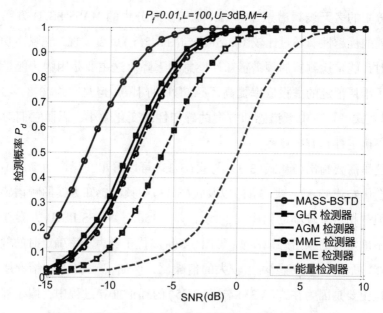

图 3-6 不同感知方案在瑞利衰落信道中的频谱感知性能

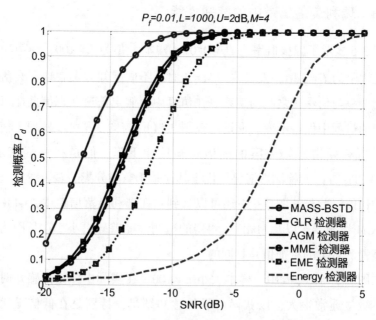

图 3-7 不同感知方案在瑞利衰落信道中的频谱感知性能

$L=1000$ 时，不同频谱感知方案在瑞利衰落信道中的频谱感知性能。相应地，噪声功率不确定性因子降为 $U=2$dB。其他参数与图 3-6 中的相同。通过比较图 3-6 与图 3-7 可以发现，各个频谱感知方案的检测性能随着感知时间长度或者样本大小 L 的增加而提高。而且，GLR 检测器、AGM 检测器，以及 MME 检测器之间的性能差异随着感知时间长度的增加而进一步减小。这主要是因为，随着感知时间的增加，最大特征值提供更加精确的信号功率估计，而最小特征值提供更加精确的噪声功率估计。

图 3-8 显示了虚报概率为 $P_f=0.01$，样本大小为 $L=1000$，噪声功率不确定性因子为 $U=2$dB，天线数为 $M=8$ 时，不同感知方案在瑞利衰落信道中检测概率与信噪比之间的关系。从图 3-8 中可以看到，一方面，各个频谱感知方案的检测性能随着天线数的增加而提高；另一方面，MASS-BSTD 方案的检测性能优于其他基于空间分集的多天线频谱感知方案的检测性能。有趣的是，AGM 检测器的检测性能在天线数 $M=4$ 时比 MME 检测器

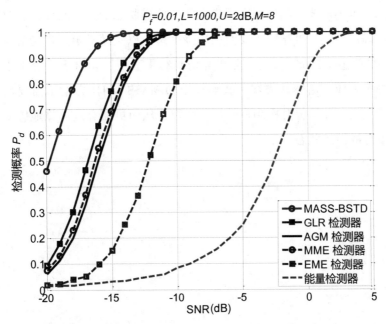

图 3-8　不同感知方案在瑞利衰落信道中的频谱感知性能

的检测性能好，如图 3-6 所示。然而，在天线数 $M=8$ 时，情况刚好相反。这主要是因为随着天线数的增加，样本协方差矩阵的维度增加。因而，特征值分解能够更加有效地去除多天线信号中的冗余信息。然而，受限于移动终端的尺寸，天线数不能无限地增加。

3.6 结论

在本章中，我们针对已有多天线频谱感知方案仅利用多天线信号空间分集的问题，提出了一种新的基于空时分集的多天线频谱感知方案。相对于传统的基于空间分集的多天线频谱感知方案，我们提出的 MASS-BSTD 方案能够同时利用多天线信号的空间分集与时间分集。MASS-BSTD 方案首先在每副天线上对主用户信号进行过采样，从而获得空间分集；其次利用过采样信号样本在时间上的相关性来估计样本的统计协方差矩阵，从而获取时间分集。我们提出的 MASS-BSTD 方案既不需要有关主用户信号的先验信息，也不需要主用户与次用户之间的信道状态信息。此外，它对噪声功率不确定性具有鲁棒性。我们利用挠度理论以及随机矩阵理论对 MASS-BSTD 方案进行了分析。理论分析与仿真结果表明，相对于传统基于空间分集的多天线频谱感知方案，我们提出的 MASS-BSTD 方案不需要使用时间平滑因子，能够提升次用户的检测性能，从而更加有效可靠地感知出主用户信号的活动状态。

4 针对 DVB-T 信号的导频辅助检测器

4.1 引言

当前，许多国家已经或者正在致力于开放数字电视广播频带，并允许未授权的认知无线电设备伺机接入这些频带。由于世界上大部分国家使用的数字电视广播信号标准为 DVB-T(Digital Video Broadcasting-Terrestrial)，设计针对 DVB-T 信号的频谱感知方案具有重要意义。由于 DVB-T 标准采用基于循环前缀(cyclic prefix, CP)的正交频分复用(othogonal frequency division multiplexing, OFDM)技术，任何针对 CP-OFDM 信号的感知方案都可以用于感知 DVB-T 信号。在文献[154]中，作者提出了基于 CP 平滑相关以及基于时域导频平滑相关的两种针对 DVB-T 信号的感知算法。然而，平滑窗会导致较长的感知响应时间。文献[155]利用似然比准则提出了两种基于 CP 自相关系数的 OFDM 信号频谱感知方案。然而，各个频谱感知方案检测性能的显著提升依赖于精确的时间同步。在文献[156]中，广义似然比准则被用于检测 CP-OFDM 信号。该检测器不受噪声功率不确定性的影响，然而它需要有关信干噪比(signal to noise and interference ratio, SINR)的先验信息。显然，这些频谱感知算法要么使用时间平滑窗，要么使用 CP 与有用数据之间的相关性，并且感知性能的提升依赖于精确的时间同步信息。由于次用户与主用户之间通常没有协作，次用户难以获得有关主用户信号的时间同步信息。与许多实际的 OFDM 系统一样，DVB-T 信号包含大量用于同步与信道估计的周期性导频，并且这些周期性导频可以用于辅助频谱感知。实际上，文献[159]提出了一种基于导频的 OFDM 信号感知算法，并把该算法应用于 DVB-T 信号。遗憾的是其中的时间同步问题没有得到有效解决，因为最大化操作引入了较高的计算复杂度。虽然文献[160]解决了时间同步问题，文献[159]与文献[160]都没有充分利用 DVB-T 信号中固有的导频。

在本章中，我们利用 DVB-T 信号中固有的导频分量提出一种针对 DVB-T 信号频谱感知的检测器。基于导频的周期性特征，该检测器由计算接收信号乘积移动和(multiplication moving sum，MMS)的处理单元，以及判决与合并单元组成。在判决与合并单元，我们提出了三种新的合并方案，并获得了与之相应的判决准则。经历不同周期延迟的观测信号的 MMS 可以增强周期性导频分量，同时抑制接收信号中的其他分量，针对 DVB-T 信号的导频辅助检测器的主要思想即来源于此。与传统针对 DVB-T 信号的频谱感知方案相比，本章提出的导频辅助检测器能够快速处理观测数据，既不需要时间同步信息，也不需要时间平滑窗。因而，在实际中很容易实现本章提出的导频辅助检测器。理论分析和 Monte Carlo 仿真结果表明，我们提出的导频辅助检测器能够在低信噪比环境下取得非常好的频谱感知性能。

本章的剩余部分按照如下方式展开：4.2 节描述系统模型；4.3 节引入导频辅助检测器；4.4 节分析导频辅助检测器中各个统计量的性能；仿真结果在 4.5 节给出；4.6 节是本章的简要总结。

4.2 系统模型

在本章中，主用户网络是 DVB-T 网络，它使用 OFDM 技术作为物理层传输技术。因而，时域中的 DVB-T 符号样本 $b(n)$ 可以用频域中 OFDM 符号的逆傅里叶变换(Inverse Fast Fourier Transform，IFFT)表示为：

$$b(n) = \frac{1}{N} \sum_{k=0}^{N-1} a(k) \exp(j2\pi kn/N) \qquad (4\text{-}1)$$

式中，$n=-N_{CP}$，$\cdots$，$N-1$ 表示一个 OFDM 符号；N_{CP} 是 CP 的长度；$a(k)$ 是一个 OFDM 符号第 k 个子载波的调制幅度；N 是 IFFT 的点数，$N=K_{max}+1$；K_{max} 是最大子载波索引（largest carrier index）。

图 4-1 显示了 DVB-T 信号的帧结构，其中 68 个 OFDM 符号构成一个帧。循环前缀 CP 提供保护间隔，并且通过把各个数据块尾部长度为 N_{CP} 的数据循环前移至相应数据块的首部来实现。由于主用户与次用户之间没有时间同步，主用户信号的到达时刻是未知的。因而，初始采样时刻（initial sample time instant，ISTI）也是未知的。

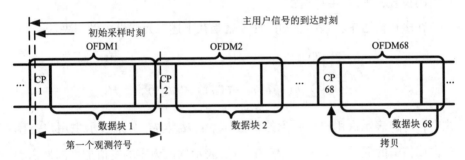

图 4-1   DVB-T 信号的帧结构

在 DVB-T 信号中有三类导频，即持续导频（continual pilots）、疏散导频（scattered pilots），以及传输参数信令导频（transmission parameter signalling pilots）。持续导频持续地占据的子载波位置集合为：

$$U_1 = \{k \mid k = 0,\ 48,\ 54,\ 87,\ 141,\ \cdots,\ K_{max}\}$$

其周期为一个 OFDM 符号。而疏散导频的子载波位置可以计算为：

$$U_2 = \{k \mid k = 3 \times (l \bmod 4) + 12p,\ p \in \mathbf{Z}^+\}$$

其中，l 是 OFDM 符号索引，在一个超帧内，$0 \leqslant l \leqslant 67$，$k \in [0, K_{max}]$，并且 $\mathbf{Z}^+$ 是非负整数集合。可以看到，疏散导频的子载波位置也是周期性变化的，并且周期为四个 OFDM 符号。在每个 OFDM 符号中，由于传输参数信令导频的子载波数量相对很少而且不具有周期性，用于传输有用数据的子载波位置集合可以近似为：

$$U_3 = U - U_1 - U_2$$

其中，$U = \{k \mid k \in \mathbf{Z},\ 0 \leq k \leq K_{max}\}$，$\mathbf{Z}$ 表示整数集合。

持续导频和疏散导频都采用下述调制方式：

$$\begin{cases} \mathrm{Re}\{a_{m,l,k}\} = 4/3 \times 2(1/2 - w_k) \\ \mathrm{Im}\{a_{m,l,k}\} = 0 \end{cases} \tag{4-2}$$

式中，$a_{m,l,k}$ 表示第 m 帧中第 l 个符号的第 k 个子载波的调制幅度；w_k 由伪随机序列发生器产生。由于次用户与主用户之间没有时间同步，不能确定 $a_{m,l,k}$ 中 m 与 l 的具体位置。为方便讨论，用 $a(k)$ 表示 $a_{m,l,k}$，即仅考虑子载波的位置，如式(4-1)所示。

在多径信道中，频谱感知的任务就是在下述二元假设中做判决：

$$r(n) = \begin{cases} w(n), & \mathcal{H}_0 \\ \sum_{q=0}^{Q-1} h(q)b(n - \tau(q)) + w(n), & \mathcal{H}_1 \end{cases} \tag{4-3}$$

式中，$r(n)$ 表示次用户接收到的信号样本；$\mathcal{H}_0$ 与 $\mathcal{H}_1$ 分别表示主用户空闲和占用信道的假设；$w(n) \sim \mathcal{CN}(0,\ \sigma_w^2)$ 表示均值为零的复值加性高斯白噪声，其功率为 σ_w^2；$h(q)$ 表示第 q 条路径上的信道衰落系数；$\tau(q)$ 表示第 q 条路径上时延；Q 为路径数。

4.3 针对 DVB-T 信号的导频辅助检测器

在本节中，我们提出一种针对 DVB-T 信号的导频辅助检测器。

4.3.1 导频辅助检测器

根据 4.2 节中 U_1、U_2 以及 U_3 的定义，式(4-1)中每个 OFDM 符号可以被分解为三个部分，即持续导频 $c(n)$、疏散导频 $s(n)$ 与承载数据信息的有用信号 $u(n)$。这三种信号可以分别表示为：

$$\begin{cases} c(n) = \dfrac{1}{N}\displaystyle\sum_{k \in U_1} a(k)\exp(j2\pi kn/N) \\[2mm] s(n) = \dfrac{1}{N}\displaystyle\sum_{k \in U_2} a(k)\exp(j2\pi kn/N) \\[2mm] u(n) = \dfrac{1}{N}\displaystyle\sum_{k \in U_3} a(k)\exp(j2\pi kn/N) \end{cases} \qquad (4\text{-}4)$$

式中，$n = -N_{\mathrm{CP}}$，$-N_{\mathrm{CP}}+1$，$\cdots$，$N-1$；$c(n)$ 与 $s(n)$ 是已知的导频信号分量。因而，主用户信号可以表示为 $b(n)=c(n)+s(n)+u(n)$。

在频域中，每个 OFDM 符号中的 U_1 是相同的，而每 4 个 OFDM 符号中的 U_2 是相同的。在时域中，由于 CP 是相应数据的循环前移，在 OFDM 符号前端插入 CP 并不影响持续导频与疏散导频的周期性。因而，对于 $n = -N_{\mathrm{CP}}$，$\cdots$，$N-1$ 以及 $u \in Z$，有：

$$\begin{cases} c(n) = c(n-uL) \\ s(n) = s(n-4uL) \end{cases} \qquad (4\text{-}5)$$

式中，$L = N + N_{\mathrm{CP}}$ 是每个 *OFDM* 符号中采集的样本点个数。

令 m 表示 ISTI。在没有时间同步信息的情况下 m 是一个随机变量。根据式(4-5)中导频的周期性，如果符号距离或者相对时延 $|j-i| = v$，$v \in \mathbf{Z}^+$，则有：

$$\sum_{n=m}^{m+L-1} c(n-jL)c^*(n-iL) = \sum_{n=m}^{m+L-1} |c(n)|^2$$

其中，$\sum_{n=m}^{m+L-1} |c(n)|^2$ 是一个取决于持续导频功率的常量。采用类似的方法，如果 $|j-i| = 4v$，$v \in \mathbf{Z}^+$，则可以得到：

$$\sum_{n=m}^{m+L-1} s(n-jL)s^*(n-iL) = \sum_{n=m}^{m+L-1} |s(n)|^2$$

其中，$\sum_{n=m}^{m+L-1} |s(n)|^2$ 也是一个取决于疏散导频功率的常量。然而，由于噪声是一个相互独立的零均值随机过程，对于式(4-3)中的 $w(n)$，如果相对符号距离或者时延 $|j-i| \neq 0$，则：

$$\sum_{n=m}^{m+L-1} w(n-jL)w^*(n-iL) \approx 0$$

因而,如果 $i \neq j$,通过 MMS,持续导频与/或疏散导频得到增强,而噪声被抑制。本章利用这个特征来感知噪声中的主用户信号。

假设感知时间长度为 M 个 OFDM 符号。利用上述特征,我们针对 DVB-T 信号设计一种新的导频辅助检测器,如图 4-2 所示。该检测器包括两个单元:处理单元,合并与判决单元。处理单元由多个延迟单元、复共轭(Conj)单元、乘积单元,以及 MMS 单元组成。在处理单元内,观测数据经过延迟、共轭、乘积处理后在 MMS 单元内累加。每个延迟单元的时延长度为 L 或者一个 OFDM 符号长度。最后,合并与判决单元对处理单元输出的 MMS 数据进行合并,作出有关主用户信号是否出现的判决 D。

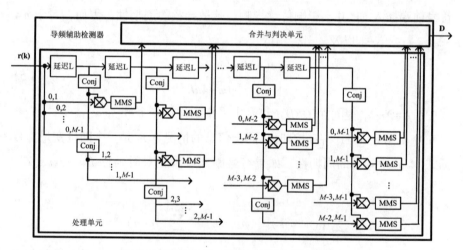

图 4-2　针对 DVB-T 信号的导频辅助检测器

4.3.2　在处理单元增强导频分量

从图 4-2 可以看出,导频辅助检测器处理单元的各个输出数据可以表示为:

$$t_{ij} = \sum_{n=m}^{m+L-1} t_{ij}(n) \qquad (4\text{-}6)$$

式中,$t_{ij}(n) = r(n-iL)r^*(n-jL)$;$0 \leq i \leq M-2$,$i < j \leq M-1$;$i$ 与 j 表示相对

时延周期。需要指出，在式(4-6)中 $i \neq j$。如果 $i=j$，式(4-6)退化为常见的能量检测方案。从式(4-6)可以看出，如果 $v \in \mathbf{Z}^+$ 并且 $j-i=4v$，在 MMS 单元中持续导频和疏散导频都得到增强。但是如果 $j-i \neq 4v$，MMS 仅增强了持续导频。因而，t_{ij} 在 $j-i=4v$ 的感知性能将优于 t_{ij} 在 $j-i \neq 4v$ 的感知性能。

由于 ISTI 取决于次用户与主用户间的时间同步信息，而次用户没有关于主用户的时间同步信息，我们不能调整 ISTI 到预期的样本点，或者主用户信号的到达时刻。需要指出，在文献[155]中，感知算法依赖于 ISTI 为主用户信号到达时刻的假设，而在文献[159]中，采用最大化的操作以使 ISTI 调整至预期的样本点。在我们提出的导频辅助检测器中，我们不需要调整 ISTI，并假定它是一个随机变量。在这种意义上，我们提出的导频辅助检测器不需要时间同步信息。

4.3.3 合并增强的导频分量进行判决

令 $T_{ij} = |t_{ij}|$。可以证明 T_{ij}^2 与 T_{ij} 具有相同的感知性能。为了方便讨论，我们交替使用这两种统计量。从图 4-2 中可以看出，处理单元输出 $M(M-1)/2$ 个统计量。我们比较三种合并方案。在第一种合并方案中，对来自处理单元的统计量求和并取范数。在第二种合并方案中，对来自处理单元的统计量取范数后再进行平方处理，最后相加。在第三种合并方案中，对来自处理单元的统计量取范数，然后选择最大值。这三种合并方案的检验统计量总结如下。

（1）和的范数

$$T_1 = \left| \sum_{i=0}^{M-2} \sum_{j=i+1}^{M-1} t_{ij} \right| \tag{4-7}$$

（2）范数的平方和

$$T_2 = \sum_{i=0}^{M-2} \sum_{j=i+1}^{M-1} |t_{ij}|^2 = \sum_{i=0}^{M-2} \sum_{j=i+1}^{M-1} T_{ij}^2 \tag{4-8}$$

（3）范数的最大值

$$T_3 = \max_{\substack{0 < i \leqslant M-2, \\ i < j \leqslant M-1}} T_{ij} \tag{4-9}$$

最后，针对各个合并方案，基于 Neyman-Pearson 准则判定主用户信号是否出现。也就是说，根据给定的虚报概率确定判决门限。如果检验统计量大于判决门限，判定主用户信号出现 $D=1$；否则，$D=0$。需要指出，我们提出的导频辅助检测器是一个特征检测器。由于特征检测器需要较长的时间来发现主用户信号的特征，相对于盲检测器，导频辅助检测器需要较长的时间来感知出主用户信号。

需要指出，图 4-1 中描述的信号帧结构不仅可以支持 DVB-T 服务，也能够支持手持 DVB(DVB handheld，DVB-H)服务，以及 DVB 卫星服务到手持设备(DVB satellite sevices to handheld devices，DVB-SH)。DVB-H 系统关注的两个焦点是硬件限制与功率损耗。然而，我们仅对电视信号是否出现感兴趣，而不是电视信号所承载的业务。由于 DVB-H 标准，DVB-SH 标准以及 DVB-T 标准共享相同的帧结构与导频模式。在认知无线电网络中，我们提出的导频辅助检测器不仅适用于感知 DVB-T 信号，也适用于感知 DVB-H 信号与 DVB-SH 信号。

4.4　性能分析

在多径衰落信道中，导频辅助检测器的检测性能没有闭式解。在本节中，我们仅讨论 AWGN 信道中导频辅助检测器的性能。从式(4-2)中可以看出，频域中的持续导频和疏散导频的功率相同，而传输参数信令导频以及有用数据信号有着相同的单位功率。在时域中，持续导频 $c(n)$、疏散导频 $s(n)$，以及信号 $u(n)$ 的功率可以分别表示为：

$$\begin{cases} P_c = \dfrac{1}{N} \sum_{n=0}^{N-1} |c(n)|^2 \\[2mm] P_s = \dfrac{1}{N} \sum_{n=0}^{N-1} |s(n)|^2 \\[2mm] P_u = \dfrac{1}{N} \sum_{n=0}^{N-1} |u(n)|^2 \end{cases} \tag{4-10}$$

利用式（4-4）与式（4-10），可以推导出 $P_c = \dfrac{1}{N^2}\displaystyle\sum_{k \in U_1} |a(k)|^2$，$P_s =$

$\dfrac{1}{N^2}\displaystyle\sum_{k \in U_2} |a(k)|^2$，并且 $P_u = \dfrac{1}{N^2}\displaystyle\sum_{k \in U_3} |a(k)|^2$。因而，我们可以得到：

$$P_c : P_s : P_u = \frac{N_c \times 16}{9} : \frac{N_s \times 16}{9} : N_u \times 1 \qquad (4\text{-}11)$$

式中，N_c 为持续导频的子载波数；N_s 为疏散导频的子载波数；N_u 为有用数据的子载波数。根据式(4-11)，次用户接收到的信号总功率可以表示为 $P = P_c + P_s + P_u$。

在 DVB-T 信号形成过程中，基带比特流经过随机化，交织与编码等处理后，采用中心对称的调制方式对 OFDM 子载波进行调制。可以认为 $u(n) \sim \mathcal{CN}(0, \sigma_u^2)$，其中 $P_u = \sigma_u^2$ 为有用数据的信号功率。

4.4.1　处理单元中增强的导频分量

在 AWGN 信道中，可以认为式(4-3)中的 $Q = 1$，并且 $h(0) = 1$。由于式(4-6)中的 t_{ij} 是 $L > 1704$ 个复值随机变量之和，根据中心极限定理(central limit theorem，CLT)，可以认为 t_{ij} 是近似高斯分布的。

在 $\mathcal{H}_0$ 的假设下，次用户观测到的信号为 $r(n) = w(n)$。如果 $i \neq j$，统计量 $t_{ij}(n)$ 的均值为 $E[t_{ij}(n) | \mathcal{H}_0] = 0$，方差为 $\mathrm{Var}[t_{ij}(n) | \mathcal{H}_0] = \sigma_w^4$。对于固定的 i 与 j，式(4-6)中统计量 t_{ij} 的均值 $\mu_0 = E[t_{ij} | \mathcal{H}_0]$ 与方差 $\sigma_0^2 = \mathrm{Var}[t_{ij} | \mathcal{H}_0]$ 分别为：

$$\mu_0 = \sum_{n=m}^{m+L-1} E[t_{ij}(n) | \mathcal{H}_0] = 0 \qquad (4\text{-}12)$$

$$\sigma_0^2 = \sum_{n=m}^{m+L-1} \mathrm{Var}[t_{ij}(n) | \mathcal{H}_0] = L\sigma_w^4 \qquad (4\text{-}13)$$

因而，

$$t_{ij}|_{\mathcal{H}_0} \sim \mathcal{CN}(\mu_0, \sigma_0^2) \qquad (4\text{-}14)$$

在 $\mathcal{H}_1$ 的假设下，$r(n) = b(n) + w(n)$。我们需要考虑以下两种情况。

（1）情况 I

当 $j-i \neq 4v$，并且 $v \in \mathbf{Z}^+$ 时，利用式(4-4)以及式(4-5)，统计量 $t_{ij}(n)$ 的均值 $M_1(n) = E[t_{ij}(n) | \mathcal{H}_1]$ 可以表示为：

$$M_1(n) = [c(n)+s(n-iL)][c(n)+s(n-jL)]^* \tag{4-15}$$

那么，根据式(4-6)，统计量 t_{ij} 的均值 $\mu_1 = E[t_{ij} | \mathcal{H}_1]$ 为：

$$\mu_1 = \sum_{n=m}^{m+L-1} M_1(n) \tag{4-16}$$

取决于初始样本时刻 m，一个 OFDM 符号中采集到的 L 个样本中的首部可能包括与尾部数据相应的一个完整的 CP 块、部分 CP 块，或者没有 CP 块。在前两种情况下数据样本 $b(n)$，$n=m$，$\cdots$，$L+m-1$ 不是相互独立的，因为 CP 块是数据块的拷贝。而对于最后一种情况，数据样本 $b(n)$ 是相互统计独立的。为不失一般性，假设初始样本时刻 m 位于 CP 内，如图 4-1 所示，并且用 L_m 表示从初始样本时刻以后 CP 内的数据样本点数。那么，对于这 L_m 个数据样本，我们有：

$$b(n) = b(n+N) \tag{4-17}$$

式中，$n=m$，$m+1$，$\cdots$，L_m+m-1 表示观测数据中 CP 的样本索引。显然，$L_m \in [0, N_{CP}-1]$ 是一个由初始样本时刻 m 决定的随机变量。

可以证明，在频域正交的信号经过 IFFT 后在时域也正交。由于疏散导频在相对符号距离为 $|j-i| \neq 4v$，$v \in \mathbf{Z}^+$ 时在频域几乎正交，我们可以得到：

$$\sum_{n=m}^{L+m-1} s(n-jL)s^*(n-iL) = 0 \tag{4-18}$$

利用式(4-5)中的周期性，式(4-17)中 CP 的性质以及式(4-18)，对于固定的样本点数 L_m，我们可以得到统计量 t_{ij} 的方差 $\sigma_1^2 = E[|t_{ij}|^2 | \mathcal{H}_1] - |E[t_{ij}|\mathcal{H}_1]|^2$，即：

$$\sigma_1^2 = L(\sigma_u^2+\sigma_w^2)^2 + 2L_m\sigma_u^4 + (\sigma_u^2+\sigma_w^2)\sum_{n=m}^{L+m-1} cs_{ij}(n) + 2\sigma_u^2\sum_{n=m}^{L_m+m-1} cs_{ij}(n)$$

$$\tag{4-19}$$

式中，$cs_{ij}(n) = |c(n)+s(n-iL)|^2 + |c(n)+s(n-jL)|^2$。

虽然集合 U_1 与集合 U_2 几乎正交，但是 U_1 与 U_2 中的部分元素相互重叠。因而可得：

$$\sum_{n=m}^{L+m-1} c(n)s^*(n-iL) \approx \alpha_{cs}LP_c \qquad (4\text{-}20)$$

式中，$\alpha_{cs}=N_o/N_c$ 表示重叠系数；N_o 表示相互重叠的子载波数。

由于 *DVB-T* 信号中各个分量的功率固定，并且与初始样本时刻 m 无关，可以得到：

$$\begin{cases} \sum_{n=m}^{L+m-1} |c(n)|^2 \approx LP_c \\ \sum_{n=m}^{L+m-1} |s(n)|^2 \approx LP_s \end{cases} \qquad (4\text{-}21)$$

令 $cs_i(n) = |c(n)+s(n-iL)|$，根据式(4-20)与式(4-21)可以得到：

$$\begin{cases} \sum_{n=m}^{m+L-1} cs_i(n) = LP_c + LP_s + 2\alpha_{cs}LP_c \\ \sum_{n=m}^{m+L-1} cs_j(n) = LP_c + LP_s + 2\alpha_{cs}LP_c \end{cases} \qquad (4\text{-}22)$$

因而，利用式(4-22)，我们有：

$$\sum_{n=m}^{m+L-1} cs_{ij}(n) = 2LP_c + 2LP_s + 4\alpha_{cs}LP_c \qquad (4\text{-}23)$$

$$\sum_{n=m}^{m+L_m-1} cs_{ij}(n) = 2L_mP_c + 2L_mP_s + 4\alpha_{cs}L_mP_c \qquad (4\text{-}24)$$

把式(4-11)、式(4-23)与式(4-24)代入式(4-19)，式(4-19)可以简化为：

$$\sigma_1^2 = \sigma_0^2 \left[\left(1+\frac{2L_m}{L}\right)\alpha_3(2-\alpha_3+4\alpha_1\alpha_{cs})\gamma^2 + 2(1+2\alpha_1\alpha_{cs})\gamma + 1 \right] \qquad (4\text{-}25)$$

式中，$\alpha_1=P_c/P$；$\alpha_2=P_s/P$；$\alpha_3=P_u/P$；$\gamma=P/\sigma_w^2$。从式(4-25)可以看出，影响 σ_1^2 的主要因素为主用户信噪比 γ 与 L_m。而且，当信噪比较小时，式(4-25)方括号中的第一项可以忽略。因而，σ_1^2 主要取决于方括号中的第二

以及第三项。

把式(4-18)、式(4-20)以及式(4-21)代入式(4-16)，μ_1 可以近似为：

$$\mu_1 \approx LP\alpha_1(1+2\alpha_{cs}) \tag{4-26}$$

根据中心极限定理，在 $\mathcal{H}_1$ 的假设下我们可以得到：

$$t_{ij}|_{\mathcal{H}_1} \sim \mathcal{CN}(\mu_1,\ \sigma_1^2) \tag{4-27}$$

(2) 情况 II

当 $j-i=4v$，并且 $v \in \mathbf{Z}^+$ 时，MMS 中得到增强的分量既包括持续导频也包括疏散导频。为不失一般性，考虑 $i=0$ 并且 $j=4$ 的情形。利用 $\alpha_1+\alpha_2+\alpha_3 =1$ 的特性，把式(4-20)与式(4-21)代入式(4-16)可以得到统计量 t_{04} 的均值 $\mu_2 = E[t_{04}|\mathcal{H}_1]$，即：

$$\mu_2 \approx LP(1-\alpha_3+2\alpha_1\alpha_{cs}) \tag{4-28}$$

由于 $\mathrm{Var}[t_{04}|\mathcal{H}_1]=\sigma_1^2$，可以推导出 $t_{04}|_{\mathcal{H}_1} \sim \mathcal{CN}(\mu_2,\ \sigma_1^2)$。比较式(4-28)与式(4-26)可以发现，对于 $v \in \mathbf{Z}^+$，符号相对距离 $j-i=4v$ 时的检测性能优于符号相对距离 $j-i \neq 4v$ 时的检测性能。这是因为 $\mu_2-\mu_1=LP\alpha_2$，而两种情况下统计量的方差相同。

4.4.2 不同合并方案的检测性能

在本小节，我们分析导频辅助检测器中三种合并方案的检测与虚报概率。较低的虚报概率意味着较高的潜在频谱利用率；而较高的检测概率则意味着对主用户更好的保护。因此，在实际中，检测概率与虚报概率之间存在一个折衷。在本章中，我们采用 Neyman-Pearson 准则并且考虑恒定虚报概率的情形。

在一个特定的地理区域可能有多个相互独立的次用户网络。一旦某个次用户网络在正确检测到空闲的频带后接入该频带，为保护主用户，其他采用诸如能量检测器的盲频谱感知方案的次用户网络将不能接入该频带，因为盲频谱感知方案不能区分信号。在这种情况下，次用户网络之间利用频谱机会的公平性无法得到保障。而在漏报的情况下，次用户网络中的次用户可能接入主用户的授权频带而对主用户产生有害干扰。但是这种干扰能够帮助其他网络中的次用户检测到主用户信号，从而阻止了进一步的有害干扰。如果这些次用户网络采用特征频谱感知方案，它们将能够区分信号源，从而共享主用户频带。我们提出的导频辅助检测器是一种特征频谱感知方案，因而能够提高不同次用户网络共享频谱机会的公平性。

虽然对于不同的 i 与 j，统计量 t_{ij} 可能是相关的，但是这种相关性因较大的 L 以及 M 值而变弱。因而，在后续分析中我们假定统计量 t_{ij} 是相互统计独立的。4.5 节中的仿真结果表明这种假设是合理的。如果我们使用 T_{ij} 作为检验统计量，对于给定的频谱感知判决门限 η，T_{ij} 的检测概率 $P_{D_{ij}}$ 与虚报概率 $P_{F_{ij}}$ 分别定义为：

$$\begin{cases} P_{D_{ij}} = \Pr\{T_{ij} > \eta \mid \mathcal{H}_1\} \\ P_{F_{ij}} = \Pr\{T_{ij} > \eta \mid \mathcal{H}_0\} \end{cases} \tag{4-29}$$

在有干扰的情况下，式中的检测概率应该被理解为，当主用户频带中存在任何信号(除开噪声)时，次用户判定信号(主用户信号与/或干扰信号)出现的概率。

根据式(4-14)，在 $\mathcal{H}_0$ 的假设下 T_{ij} 是一个瑞利随机变量；而根据式(4-27)，在 $\mathcal{H}_1$ 的假设下 T_{ij} 是一个莱斯随机变量。因而，T_{ij} 在不同假设下的概率密度函数分别为：

$$f_{ij}(t) = \begin{cases} \dfrac{2t}{\sigma_0^2}\exp\left(-\dfrac{t^2}{\sigma_0^2}\right), & \mathcal{H}_0 \\ \dfrac{2t}{\sigma_1^2}\exp\left(-\dfrac{t^2 + \mid \mu_k \mid^2}{\sigma_1^2}\right)I_0\left(\dfrac{2t \mid \mu_k \mid}{\sigma_1^2}\right), & \mathcal{H}_1 \end{cases} \tag{4-30}$$

式中，$k=1$, 2(当 $j-i=4v$, $v \in \mathbf{Z}^+$ 时 $k=2$；否则 $k=1$)。利用式(4-29)与式(4-30)，我们可以得到：

$$\begin{cases} P_{D_{ij}}(k) = Q_1\left(\dfrac{\mid \mu_k \mid}{\sigma_1/\sqrt{2}}, \ \dfrac{\eta}{\sigma_1/\sqrt{2}}\right) \\ P_{F_{ij}} = \exp\left(-\dfrac{\eta^2}{\sigma_0^2}\right) \end{cases} \tag{4-31}$$

式中，$Q_m(c,\ d)=\int_d^\infty x\left(\dfrac{x}{c}\right)^{m-1}\mathrm{e}^{-\frac{x^2+c^2}{2}}I_{m-1}(cx)\,\mathrm{d}x$ 是 Marcum Q 函数；$I_m(x)$ 是第一类第 m 阶修正贝塞尔函数。

可以计算出，从处理单元输出的 $M(M-1)/2$ 个不同的统计量 t_{ij}，$0\leqslant i\leqslant M-2$，$i<j\leqslant M-1$ 中，均值为 μ_2 的统计量个数为：

$$n_1=\left(\lceil\frac{M}{4}\rceil-1\right)(M-2)-2\left(\lceil\frac{M}{4}\rceil-1\right)^2$$

其中 $\lceil x\rceil$ 表示大于 x 的最小整数，并且均值为 μ_1 的统计量个数为：

$$n_2=\frac{M(M-1)}{2}-n_1$$

（1）和的范数

由于式(4-7)中的 $\sum\sum t_{ij}$ 是 $M(M-1)/2$ 个复高斯随机变量之和，其结果仍然为复高斯随机变量。在 $\mathcal{H}_0$ 与 $\mathcal{H}_1$ 的假设下它的概率密度函数分别为：

$$f_{T_1}(t)=\begin{cases}\dfrac{t}{d\sigma_0^2/4}\exp\left(-\dfrac{t^2}{d\sigma_0^2/2}\right), & \mathcal{H}_0\\[3mm]\dfrac{t}{d\sigma_1^2/4}\exp\left(-\dfrac{t^2+s_1^2}{d\sigma_1^2/2}\right)I_0\left(\dfrac{ts_1}{d\sigma_1^2/4}\right), & \mathcal{H}_1\end{cases}\tag{4-32}$$

式中，$d=M(M-1)$；$s_1=n_1\mu_2+n_2\mu_1$。根据式(4-29)与式(4-32)，可以得到式(4-7)中检验统计量 T_1 的虚报概率与检测概率，分别为：

$$\begin{cases}P_{F_{T_1}}=\exp\left(-\dfrac{\eta^2}{d\sigma_0^2/2}\right)\\[3mm]P_{D_{T_1}}=Q_1\left(\dfrac{2s_1}{\sqrt{d}\,\sigma_1},\ \dfrac{2\eta}{\sqrt{d}\,\sigma_1}\right)\end{cases}\tag{4-33}$$

（2）范数的平方和

根据式(4-14)，在 $\mathcal{H}_0$ 的假设下，统计量 T_{ij}^2 是一个自由度为 2 的中心卡方随机变量。而根据式(4-27)，在 $\mathcal{H}_1$ 的假设下，统计量 T_{ij}^2 是一个自由度为 2 的非中心卡方随机变量。因而式(4-8)中的检验统计量 T_2 是 $M(M-1)/2$ 个自由度为 2 的卡方随机变量之和，仍然为卡方随机变量。相应于两类假设，T_2 的概率密度函数分别为：

$$f_{T_2}(t) = \begin{cases} \dfrac{t^{d/2-1}}{(\sigma_0^2)^{d/2}\,\Gamma(d/2)}\mathrm{e}^{\left(-\frac{t}{\sigma_0^2}\right)}, & \mathcal{H}_0 \\[4mm] \dfrac{1}{\sigma_1^2}\left(\dfrac{t}{s_2^2}\right)^{f}\mathrm{e}^{\left(-\frac{t+s_2^2}{\sigma_1^2}\right)}I_{2f}\left(\dfrac{2s_2\sqrt{t}}{\sigma_1^2}\right), & \mathcal{H}_1 \end{cases} \tag{4-34}$$

式中，$f = d/4 - 1/2$；$s_2 = \sqrt{n_2\mu_1^2 + n_1\mu_2^2}$ 为非中心参数。根据式(4-29)与式(4-34)，可以得到式(4-8)中检验统计量 T_2 的虚报概率与检测概率，分别为：

$$\begin{cases} P_{F_{T_2}} = \Gamma\left(\dfrac{d}{2},\ \dfrac{\eta}{\sigma_0^2}\right) \Big/ \Gamma\left(\dfrac{d}{2}\right) \\[4mm] P_{D_{T_2}} = Q_{\frac{d}{2}}\left(\dfrac{\sqrt{2}\,s_2}{\sigma_1},\ \dfrac{\sqrt{2\eta}}{\sigma_1}\right) \end{cases} \tag{4-35}$$

式中，$\Gamma(x,\ y)$ 是不完全伽马函数(imcomplete gamma function)；$\Gamma(x)$ 是伽马函数。

(3) 范数的最大值

在统计量 t_{ij}，$0 \leqslant i \leqslant M-2$，$i < j \leqslant M-1$ 相互统计独立的假设下，可以得到式(4-9)中检验统计量 T_3 的虚报概率与检测概率，分别为：

$$\begin{cases} P_{F_{T_3}} = 1 - \left[1 - \exp\left(-\dfrac{\eta^2}{\sigma_0^2}\right)\right]^{d/2} \\[4mm] P_{D_{T_3}} = 1 - \left[1 - P_{D_{ij}}(1)\right]^{n_2}\left[1 - P_{D_{ij}}(2)\right]^{n_1} \end{cases} \tag{4-36}$$

式中：$P_{D_{ij}}(1)$ 为式(4-31)在 $k = 1$ 时的值；$P_{D_{ij}}(2)$ 为式(4-31)在 $k = 2$ 时的值。

4.4.3　三种合并方案各自的感知时间

在本小节，我们分析给定虚报概率 P_f 与检测概率 P_d 时，三种合并方案所需要的频谱感知时间长度，并用 OFDM 符号个数表示时长。

（1）和的范数

根据式（4-33），对于给定的虚报概率 $P_f = P_{F_{T_1}}$，检测概率 $P_d = P_{D_{T_1}}$ 可以表示为虚报概率 P_f 的函数，即：

$$P_d = Q_1 \left(\frac{2g_1\sqrt{L}\,\gamma}{\sqrt{dG}}, \; \frac{\sqrt{-2\ln P_f}}{\sqrt{G}} \right) \tag{4-37}$$

式中，$g_1 = n_1(1-\alpha_3+2\alpha_1\alpha_{cs}) + n_2\alpha_1(1+2\alpha_{cs})$；$G = \sigma_1^2/\sigma_0^2$ 是信噪比的增函数。

（2）范数的平方和

从式（4-35）中可以看出，$P_{D_{T_2}}$ 不能表示为 $P_{F_{T_2}}$ 的函数。然而，只要 d 足够大（$d \geq 20$），根据中心极限定理，式（4-35）可以改写为：

$$\begin{cases} P_{F_{T_2}} = \dfrac{1}{2}\mathrm{erf}\left(\dfrac{2\eta/\sigma_0^2-d}{2\sqrt{d}} \right) \\[3mm] P_{D_{T_2}} = \dfrac{1}{2}\mathrm{erf}\left(\dfrac{2\eta/\sigma_1^2-d-2s_2^2/\sigma_1^2}{2\sqrt{d+4s_2^2/\sigma_1^2}} \right) \end{cases} \tag{4-38}$$

式中，$\mathrm{erf}(x) = \dfrac{2}{\sqrt{\pi}} \displaystyle\int_x^{\infty} \mathrm{e}^{-t^2}\mathrm{d}t$。根据式（4-38），对于给定的虚报概率 $P_f = P_{F_{T_2}}$，检测概率 $P_d = P_{D_{T_2}}$ 可以表示为 P_f 的函数，即：

$$P_d = \frac{1}{2}erf\left(\frac{d+2\sqrt{d}\,\mathrm{erfin}(2P_f)-dG-2Lg_2\gamma^2}{2\sqrt{dG^2+4Lg_2\gamma^2}} \right) \tag{4-39}$$

式中，$g_2 = n_1(1-\alpha_3+2\alpha_1\alpha_{cs})^2 + n_2\alpha_1^2(1+2\alpha_{cs})^2$；$\mathrm{erfin}(x)$ 是 $\mathrm{erf}(x)$ 的反函数。

（3）范数的最大值

对于给定的虚报概率 $P_f = P_{F_{T_3}}$，根据式（4-36），检测概率 $P_d = P_{D_{T_3}}$ 可以表示为虚报概率 P_f 的函数，即：

$$P_d = 1 - [1-\Lambda_1]^{n_2}[1-\Lambda_2]^{n_1} \tag{4-40}$$

式中，$k=1$，2；$\Lambda_k = Q_1(\sqrt{2L}\gamma\beta_k, \sqrt{\phi})$；$\beta_1 = \alpha_1(1+2\alpha_{cs})$；$\beta_2 = \alpha_1(1-\alpha_3 + 2\alpha_1\alpha_{cs})$；$\phi = -\dfrac{2}{G}\ln[1-(1-P_f)^{2/d}]$。

从式（4-37）、式（4-39）以及式（4-40）可以看出，由于 OFDM 符号数 M 包含在 n_1 或者 n_2 中，无法获得感知时间长度的闭式解。因而，我们将采用数值的方法来评估所需的感知时间长度。

4.4.4 计算复杂度

合并方案 NoS，SSN 以及 MoN 的计算复杂度主要来自式（4-6）中计算统计量 t_{ij} 时的乘积，以及式（4-7）、式（4-8）以及式（4-9）中的加法运算。在表 4-1 中我们比较了三种合并方案的乘法次数，并进一步与文献[160]中的感知方案的计算复杂度相比较，其中 $M_0 = \lfloor \frac{M-5}{4} \rfloor$，$\lfloor x \rfloor$ 表示小于 x 的最大整数。

表 4-1　计算复杂度比较（乘法次数）

感知方案	复杂度
NoS	$M(M-1)L/2$
SSN	$M(M-1)(L+1)/2$
MoN	$M(M-1)L/2$
TDSC-MRC	$M_0(2ML-8L-4LM_0)+2$
TDSC-NP	$(M-4)L+2$

从表 4-1 中可以看出，合并方案 SSN 的计算复杂度是最高的，这主要是由式(4-8)中的平方运算引起的。从表 4-1 中还可以看到，当 $M<\sqrt{2L}$ 时，导频辅助检测器的计算复杂度主要由 L 决定；而当 $M>\sqrt{2L}$ 时，导频辅助检测器的计算复杂度主要由 M 决定。由于 $L=N_{CP}+N$ 并且 N 的值相对固定，CP 越短，计算复杂度越低。此外，导频辅助检测器的计算复杂度比文献[160]中感知方案的高，这主要是因为我们所提出的导频辅助检测器能够更加充分地利用 DVB-T 信号中的导频信息。

4.5　仿真结果

在本节中，我们用 Monte Carlo 仿真来评估导频辅助检测器的性能。每次仿真结果都是 2000 次实现的平均值。在仿真中，我们假设主用户或者 DVB-T 系统运行在 2K 模式下，并且主要考虑低信噪比的情形($\gamma<-10\text{dB}$)。由于次用户没有关于主用户的时间同步信息，主用户信号的到达时刻是未知的。为不失一般性，我们假定 ISTI 是一个均匀地分布在 OFDM 符号间隔 $[0, L-1]$ 之间的随机变量。

在主用户发射机，采用 16QAM 调制 OFDM 数据子载波。与此同时，用伪随机序列与式(4-2)中的调制方案调制持续导频与疏散导频的子载波。所有这些信号分量叠加起来形成频域 OFDM 数据块。然后，利用 IFFT 把频域数据块转换成时域数据块。在时域，把长度为 $T_U/4=56\mu s$ 的保护间隔添加到各个 OFDM 符号前端，其中 T_U 是有用符号长度。因而，总的 OFDM 符号长度为 $T=T_U+T_U/4=280(\mu s)$。

图 4-3 显示了 t_{01} 与 t_{04} 检测概率的理论与仿真结果。其中虚报概率为 0.01，并利用式(4-31)来获得判决门限。从图中可以看到，仿真结果与式(4-31)中得到的理论结果一致。此外，由于式(4-28)中的 μ_2 大于式(4-26)中的 μ_1，而两者方差相同，统计量 t_{04} 的检测性能明显优于统计量 t_{01} 的检测性能。这主要是因为，由于式(4-5)中的导频周期性，t_{04} 中的持续导频与疏散导频都得到增强，而 t_{01} 中仅持续导频得到了增强。

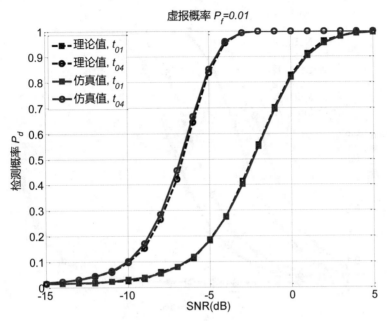

图 4-3 t_{01} 与 t_{04} 的理论与仿真结果

图 4-4 显示了频谱感知时间长度分别为 72 个 OFDM($72T$)符号与 92 个 OFDM 符号($92T$)时,三种不同合并方案在 AWGN 信道中的的频谱感知性能。虚线分别相应于式(4-33),式(4-35)与式(4-36)中的理论结果。从图中可以看到,仿真结果与理论结果一致。从图中还可以看到,当 $P_d = 0.9$ 并且感知时间为 $92T$ 时,NoS 方案相对于 SSN 方案获得了 3.5dB 的增益,并且 SSN 方案相对于 MoN 方案的性能增益高于 7dB。这是因为,一方面,NoS 方案更加有效地抑制了检验统计量中的噪声分量;另一方面,MoN 方案总是选择信噪比最大的统计量作为检验统计量。当 SNR 较低时,这种选择不仅抑制了噪声,也抑制了有用数据。此外,随着感知时间的增加,NoS 方案的性能提升速度略快于 SSN 方案的性能提升速度,而快于 MoN 方案的性能提升速度。

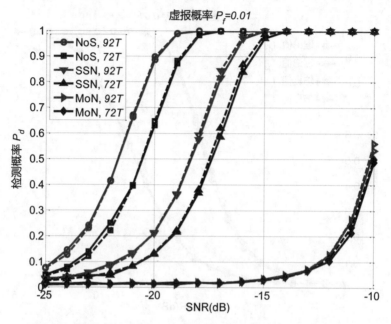

图 4-4　三种合并方案在 AWGN 信道中的仿真性能（虚线相应于式
（4-33）、式（4-35）与式（4-36）中的理论结果）

　　图 4-5 显示了感知时间长度分别为 $72T$ 与 $92T$ 时，三种合并方案在多径瑞利衰落信道中的检测性能。在仿真中，式（4-3）中的多径参数与文献［117］附录 B 中的瑞利衰落信道一致。作为比较，我们也给出了 AWGN 信道中三种合并方案相应于不同感知时间长度的检测性能，并用实线表示。从图中可以看到，多径衰落对导频辅助检测器的性能影响可以忽略。这主要是因为相干带宽大于 DVB-T 信号的子载波间距，这意味着信道衰落是平坦的。而且，式（4-6）中的块乘积进一步降低了衰落效应。

　　在图 4-4 与图 4-5 中，我们假定 ISTI 是一个随机变量。为了评估时间同步对各个感知方案检测性能的影响，我们假定 ISTI 为主用户信号的到达时刻（$m=0$）。这种假设意味着次用户与主用户之间实现了精确同步。图 4-6 显示了频谱感知时间长度为 $82T$ 时，时间同步对各种感知方案检测性能

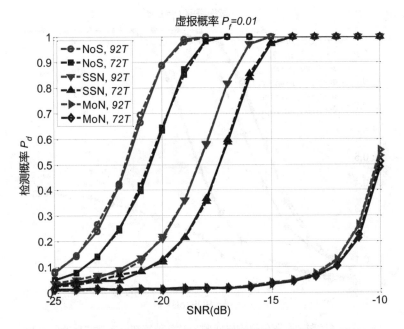

图 4-5 三种合并方案在多径瑞利信道中的仿真性能(实线
相应于 AWGN 信道中的性能)

的影响。可以看到,无论 ISTI 是固定的($m = 0$)还是随机的($m = \mathrm{rand}$),
NoS 或者 SSN 的感知性能保持不变,这意味着时间同步对我们提出的合并
方案几乎没有影响。作为比较,我们在图中也给出了文献[155]中基于 CP
自相关(AUC)的感知方案的仿真性能。从图中可以看出,当次用户实现与
主用户精确同步时($m = 0$),AUC 的性能优于 SSN 但劣于 NoS。然而,当次
用户没有有关主用户的时间同步信息时($m = \mathrm{rand}$),AUC 方案的检测性能
急剧恶化。

图 4-7 通过仿真比较了我们提出的 NoS 方案,文献[160]中提出的 TD-
SC-MRC(time-domain symbol cross-correlation maximum ratio combining)以及
TDSC-NP(Neyman-Pearson TDSC)方案在多径瑞利衰落信道中的检测性能。
其中,频谱感知的时间长度分别为 92T 与 72T。从图中可以看出,当频谱
感知时间长度为 92T,检测概率为 $P_d = 0.9$ 时,相对于 TDSC-MRC 方案,NoS

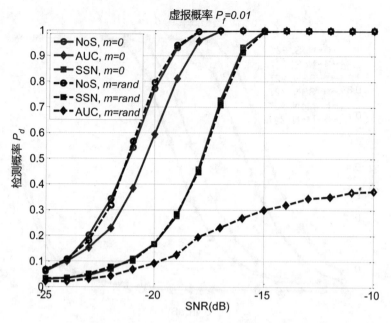

图 4-6   多径瑞利衰落信道中时间同步对各种感知方案检测性能的影响

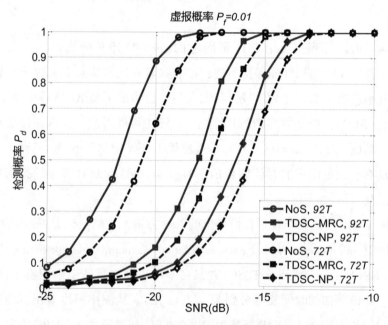

图 4-7   NoS 方案与 TDSC-MR 以及 TDSC-NP 方案检测性能的比较

的性能增益约为 3.5dB；而相对于 TDSC-NP 方案，NoS 的性能增益约为
5.5dB。从图中也可以看到，随着感知时间的增加，NoS 方案的检测性能提
升速度快于 TDSC-MRC 与 TDSC-NP 的检测性能提升速度。相对于 TDSC 的
方案，我们提出的 NoS 方案通过以略高的复杂度更加充分地利用 DVB-T 信
号中内置的导频来获得感知性能增益。由于在文献[160]中已经指出，基
于循环平稳特性的频谱感知方案的检测性能劣于基于 CP 的感知方案的检测
性能，在仿真中我们不再给出基于循环平稳特性的感知方案的检测性能。

图 4-8 显示了 NoS 方案与 SSN 方案所需的频谱感知时间，其中检测概
率为 $P_f = 0.9$。所需的感知时间分别由式(4-37)与式(4-29)算出。从图中可
以看到，当信噪比与虚报概率给定时，NoS 方案所需的感知时间总是小于
SSN 所需的感知时间。而且，随着信噪比的减小，NoS 方案所需感知时间
的增长速度低于 SSN 方案所需感知时间的增长速度。从图中也可以看出，
随着虚报概率 P_f 的增加，SSN 方案所需感知时间长度的下降速度大于 NoS

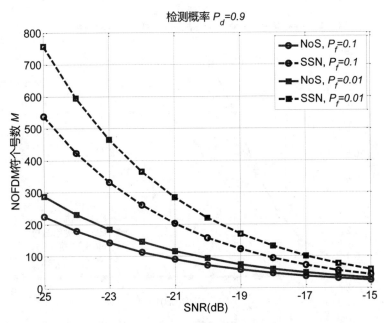

图 4-8　NoS 方案与 SSN 方案所需的感知时间(OFDM 符号数)

方案所需感知时间长度的下降速度。并且当 $P_d = 0.9$，$P_f = 0.01$，信噪比为 -20dB 时，NoS 方案所需的频谱感知时间长度仅为 $92T$，或者 25.76ms。为了简洁起见，式(4-40)中 MoN 方案的感知时间没有在图中给出，因为它远远超过了图的范围。

在某个认知无线电网络中，干扰主要来自于其它独立的认知无线电网络。众所周知，诸如能量检测器与基于协方差的检测器的盲感知算法不能区分主用户信号与次用户干扰。由于我们提出的导频辅助检测器充分利用了主用户信号中的固有特征，它能够进行干扰区分。为了演示这个特性，在仿真中我们把感知时间长度设置为 $72T$。我们假设干扰为高斯分布的，并且干噪比(interference to noise ratio，INR)为 -10dB。我们考虑了两种情况。在第一种情况中，仅有干扰出现；而在另外一种情况中，主用户信号与干扰同时出现。从图 4-9 可以看出，仅存在微弱干扰时，能量检测器总是认为主用户信号出现；而我们提出的导频辅助检测器能够有效地进行区分。

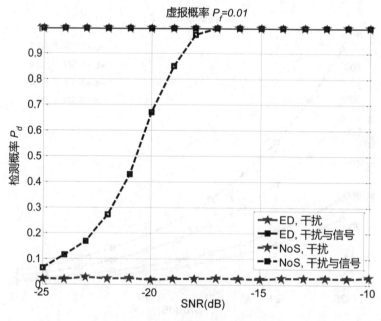

图 4-9　NoS 方案的干扰区分特性

4.6 结论

在本书中，我们分析了被广泛采用的 DVB-T 标准的导频特征，并利用这些特征设计一种新的导频辅助检测器。该导频辅助检测器由处理单元，以及合并与判决单元组成。处理单元计算接收到的延迟信号的乘积移动和，而合并与判决单元可以分别执行三种新的合并与判决方案。主要思想在于，通过 MMS，观测数据中的周期性导频分量得到增强，而其他分量被抑制。我们提出的导频辅助检测器的主要优势在于：①既不需要时间同步信息，也不需要时间平滑窗；②充分利用了 DVB-T 信号中有限的持续导频分量与丰富的疏散导频分量；③以相对较低的复杂度实现在线处理。此外，我们提出的导频辅助检测器能够区分主用户信号与干扰。我们对导频辅助检测器的检测性能进行了全面分析。理论分析和仿真结果表明，与其他频谱感知方案相比，我们提出的导频辅助检测器能够在低信噪比环境下以更短的感知时间获得更好的感知性能。

5 感知极微弱 OFDM 信号的似然比检测器

5.1 引言

OFDM(Orthogonal Frequency Division Multiplex)将无线电频带划分为若干个相互正交的子载波,以并行传输多个数据符号。OFDM 技术的主要优点在于,能够以低复杂度和高度灵活性实现优良的系统性能。因此,OFDM 技术不仅被有线通信系统使用,如 xDSL(high-speed Digital Subscriber Line),也被免许可(license-exempt)的无线通信系统使用,例如 WLAN(Wireless Local Area Network),还被授权的(licensed)无线通信系统使用,例如 DVB-T(Digital Video Broadcast for Terrestrial television),第四代蜂窝移动通信系统(4G)LTE(Long Term Evolution),以及第五代蜂窝移动通信系统(5G)。然而,OFDM 信号对 RF(Radio Frequency)信道导致的畸变十分敏感,例如多普勒效应与多径传播。为了获取信道畸变的特征并缓解信道畸变,通常在传输数据符号的同时传输已知的参考信号(reference signals)。参考信号也被称为导频(pilots),通常分为周期性导频和非周期性导频两类。

由于 OFDM 在无线通信系统中的应用十分广泛,针对 OFDM 信号的频谱感知技术研究吸引了业界的极大关注。在大量的研究文献中,能量检测器被用于感知 OFDM 信号。基于在 AWGN 信道中获得的虚报概率和检测概率的闭式解,这些文献构建了针对不同优化目标的多种方法。优化目标包括复杂度，能量效率，频谱效率。循环平稳特性检测器与协方差检测器也被用于感知 OFDM 信号。除了这些常见的频谱感知方法，也有专门为 OFDM 信号设计的频谱感知算法。在文献[173]中，作者提出通过检测预留的 OFDM 载波信号强度的变化的方法检测主用户的重现(reappearance)。在文献[174]中，作者提出利用接收信号的循环前缀(cyclic prefix)与相应数据的相关性来进行频谱感知，这种方法也被称为自相关检测器。在文献[175]中，作者提出了一种渐进的简单假设检验(ASHT, Asymptotic Simple Hypothesis Test)检测器来感知微弱主用户信号的活动状态，并证明这种方法的性能优于自相关检测器的性能。然而，文献[49]、[59]、[65]以及文献[169]~[175]并没有利用 OFDM 信号内置的参考信号。实际上，虽然文献[173]~[175]中的算法是专门针对 OFDM 信号设计的，但文献[173]是建立的能量检测器基础上的，而文献[174]、[175]则是建立在循环前缀特征的基础上的。

在低信噪比环境中，为了保护授权主用户不受有害干扰，频谱感知的结果必须可靠。在本章中，我们考虑一般的情况，即在主用户的 OFDM 信号中有时间周期不同的两种周期性导频信号。为了获得可靠的频谱感知结果，我们提出了两种基于似然比检验(LRT, Likelihood Ratio Test)的检测器。这两种检测器都能够充分利用微弱 OFDM 信号中内置的周期性导频。首先，我们在次用户能够生成主用户导频信号且与主用户精准同步的理想假设下，推导出了近似最优的 LRT(NOLRT, Near-optimal LRT)检测器。NOLRT 检测器将本地生成的主用户导频与接收到的信号样本进行相关运算，以构建检验统计量。然而在实际中，精准的时间同步通常难以实现，并且 NOLRT 检测器易受多径传播的影响。为了缓解这些问题，我们在 NOLRT 检测器的基础上进一步提出了一种缓存辅助的 LRT(BALRT, Buffer-aided LRT)检测器。BALRT 检测器将 OFDM 信号样本的历史均值存放在缓存中，并将这些缓存中的样本均值与当前接收到的信号样本进行相关运算，以构建检验统计量。由于既不需要在本地生成导频也不需要时间同步信息，BALRT 更容易实现。我们获得了 NOLRT 检测器以及 BALRT 检测器检测概率与虚报概率的闭式解。理论分析与仿真结果显示，相对于已有的方案，我们提出的 LRT 检测器能够在低信噪比环境中更可靠地获取频谱机会。

本章组织结构如下：5.2 节描述系统模型；5.3 节给出 LRT 检测器；5.4 节分析 LRT 检测器的性能；5.5 节给出仿真结果；最后，5.6 节对本章进行总结。

5.2　系统模型

系统模型如图 5-1 所示，其中主用户（PU，Primary User）在其授权频带内用含有内置导频的 OFDM 符号传输信号，次用户（SU，Secondary User）在主用户未占用其授权频带时伺机在主用户频带上传输数据。在图 5-1 中，h 表示主用户发射机（TX，Transmitter）与次用户之间的信道；g_0 表示主用户发射机与主用户接收机（RX，Receiver）之间的信道；g_1 表示次用户与主用户 RX 之间的信道。需要指出，信道 h、g_0 以及 g_1 通常包含多条传播路径。此外，虽然图 5-1 仅有一对收发信机，这种场景可以在多用户协作的基

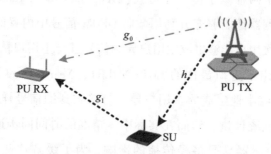

图 5-1　次用户（SU）通过频谱感知获取频谱机会并动态地接入主用户频带

础上扩展到多对收发信机的场景。

当主用户发射机向主用户接收机传输信息时，主用户发出的信号 $b(n)$ 同时也被次用户接收到。因此，次用户能够利用主用户信号中的内置导频

估计信道增益 h。但是，次用户几乎不可能获得信道 g_0 以及 g_1 的信息，特别是在主用户接收机仅工作在接收模式的情况下。因此，如果次用户工作在下垫模式(UM, Underlay Mode)并与主用户发射机同时在主用户的授权频带上传输数据，次用户可能对授权的主用户接收机造成有害干扰，导致主用户通信中断。为了充分利用空闲的频谱资源而不对主用户造成有害干扰，次用户必须执行频谱感知，并且仅在感知到主用户空闲时传输数据。

在无线多径传播环境中，有内置周期性导频的 OFDM 信号的频谱感知问题通常可以表示为二元假设检验的问题，即：

$$r(n) = \begin{cases} w(n), & \mathcal{H}_0 \\ \sum_{j=0}^{J-1} h(j)b(n-\tau_j) + w(n), & \mathcal{H}_1 \end{cases} \tag{5-1}$$

其中，$\mathcal{H}_0$ 与 $\mathcal{H}_1$ 分别表示主用户信号没有出现和出现的假设；$r(n)$ 是次用户接收到的信号；$w(n)$ 是均值为 0 方差为 σ_w^2 的复值加性高斯噪声(Additive White Gaussian Noise, AWGN)，即 $w(n) \sim \mathcal{CN}(0, \sigma_w^2)$；$h(j)$ 是主用户发射机与次用户之间第 j 条路径信道增益，它包含大尺度路径损耗和小尺度信道衰落；τ_j 是第 j 条路径的路径延迟；J 是主用户发射机与次用户之间的总路径数。为不失一般性，我们假设 $h(j)$ 是服从瑞利衰落模型的准静态块衰落过程，并且 $h(1)$，$h(2)$，$\cdots$，$h(J)$ 之间相互统计独立。

图 5-2 显示了主用户信号的生成过程，其中 $a(k)$ 是频域第 k 个 OFDM 子载波的调制幅度，且 $k \in \{0, 1, \cdots, N-1\}$，$N$ 是总的 OFDM 子载波数；$b(n)$ 表示时域 OFDM 信号样本，$n \in \{-N_{cp}, \cdots, N-1\}$；$N_{cp}$ 表示循环前缀(cyclic prefix, CP)的长度。主用户信号既可以在时域分解，也可以在频域分解。在时域中，每个 OFDM 符号可以被分解为两部分，即长度为 N_{cp} 的循环前缀与长度为 N 的数据块。循环前缀是相应数据块最后一部分的拷贝，如图 5-2 所示。相应地，式(5-1)中的主用户信号 $b(n)$ 可以表示为：

$$b(n) = \frac{1}{N} \sum_{k \in \mathbb{S}} a(k) \exp(j2\pi kn/N) \tag{5-2}$$

其中，$n = -N_{cp}, \cdots, N-1$ 且 $\mathbb{S} = \{0, 1, \cdots, N-1\}$ 是所有子载波的集合。

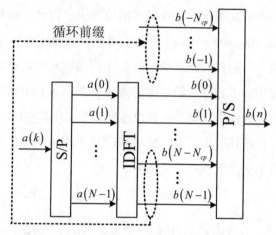

图 5-2 主用户生成并传输有循环前缀与内置导频的 OFDM 符号

在频域中，各个 OFDM 符号的子载波可以被分为两组，其中一部分子载波被用于承载信息比特，而剩余的子载波用于传输导频。我们考虑一般的场景，即主用户信号中有两类不同的周期性导频，分别用 $u(n)$ 与 $v(n)$ 表示。式 (5-1) 中的主用户信号 $b(n)$ 可以表示为：

$$s(n) = \frac{1}{N} \sum_{k \in \mathbb{S}_s} a(k) \exp(j2\pi kn/N)$$

$$u(n) = \frac{1}{N} \sum_{k \in \mathbb{S}_u} a(k) \exp(j2\pi kn/N) \qquad (5\text{-}3)$$

$$v(n) = \frac{1}{N} \sum_{k \in \mathbb{S}_v} a(k) \exp(j2\pi kn/N)$$

其中 $n = -N_{cp}, \cdots, N-1$；$s(n)$ 表示携带信息的有用信号；$\mathbb{S}_s$、$\mathbb{S}_u$ 与 $\mathbb{S}_v$ 分别是 $s(n)$、$u(n)$ 与 $v(n)$ 的子载波集合；$\mathbb{S}_s \cup \mathbb{S}_u \cup \mathbb{S}_v = S$；$s(n) + u(n) + v(n) = b(n)$。基于式 (5-3)，定义 $P_s = \frac{1}{N} \sum_{n=0}^{N-1} |s(n)|^2$，$P_u = \frac{1}{N} \sum_{n=0}^{N-1} |u(n)|^2$ 与 $P_v = \frac{1}{N} \sum_{n=0}^{N-1} |v(n)|^2$ 分别为 $s(n)$、$u(n)$ 与 $v(n)$ 的功率。根据这些定义，如果

$s(n)$、$u(n)$与$v(n)$在频域相互正交，主用户信号$b(n)$的功率可以表示为$P=P_u+P_v+P_s$。通常默认采用高功率传输导频信号$u(n)$与$v(n)$，并且P_u与P_v都与P成比例。换言之，P_u与P_v随P成比例增长。对于传输OFDM信号的主用户系统，数据流一般经历以下过程，即随机化，编码，交织，以及基于中心对称星座的调制。因此，可以合理地假设主用户信号$s(n)$服从零均值的复高斯分布，即$s(n)\sim\mathcal{CN}(0,\sigma_s^2)$，其中$\sigma_s^2=P_s$。

为不失一般性，我们假设$u(n)$的周期为一个OFDM符号，而$v(n)$的周期为κ个OFDM符号，其中$\kappa\in\mathbb{Z}^+$且$\kappa>1$。换言之，$u(n)$在每个OFDM符号中重复出现，而$v(n)$每隔κ个OFDM符号重复出现。因而，我们可以得到：

$$u(n)=u(n-zM)$$
$$v(n)=v(n-\kappa zM)$$
$$(5\text{-}4)$$

其中，$z\in\mathbb{Z}^+$，$M=N_{CP}+N$是每个OFDM符号的长度。

5.3 似然比检测器

为了方便讨论，我们仅在AWGN信道中推导并分析LRT检测器，而LRT检测器在多径衰落信道中的性能将通过仿真来评估。在AWGN信道中，$J=1$，$h(0)=1$，$\tau_0=0$。根据式(5-1)，我们可以得到：

$$r(n)=\begin{cases}w(n), & \mathcal{H}_0\\ b(n)+w(n), & \mathcal{H}_1\end{cases}\quad(5\text{-}5)$$

一方面，根据式(5-5)，在$\mathcal{H}_0$假设下次用户接收到的信号为$r(n)=w(n)$。由于复值AWGN $w(n)\sim\mathcal{CN}(0,\sigma_w^2)$，$r(n)|\mathcal{H}_0$的概率密度函数(probability density function，PDF)可以表示为：

$$f(r(n)|\mathcal{H}_0)=\frac{1}{\pi\sigma_w^2}\exp\left(-\frac{|r(n)|^2}{\sigma_w^2}\right)\quad(5\text{-}6)$$

另一方面，根据式(5-5)，在$\mathcal{H}_1$的假设下，次用户接收到的信号为$r(n)=b(n)+w(n)$。为了便于表示，我们定义$p(n)=u(n)+v(n)$，可以得到

$r(n) = p(n) + s(n) + w(n)$，以及 $r(n) \sim \mathcal{CN}(p(n), \sigma_w^2 + \sigma_s^2)$。相应地，$r(n) \mid \mathcal{H}_1$ 的 PDF 可以表示为：

$$f(r(n) \mid \mathcal{H}_1) = \frac{1}{\pi(\sigma_w^2 + \sigma_s^2)} \exp\left(-\frac{|r(n) - p(n)|^2}{\sigma_w^2 + \sigma_s^2}\right) \tag{5-7}$$

在 $\mathcal{H}_1$ 的假设下，定义 2×1 的随机矢量 $\mathbf{r}(n) = [r(n), r(n+N)]^T$。由于 CP 通常被用于吸收路径延迟，可以合理地假设初始样本时刻 n 位于 OFDM 符号的 CP 内。基于该假设，$r(n)$ 是 CP 内的一个样本，而 $r(n+N)$ 是在相应数据块中 $r(n)$ 的拷贝。因此，$\mathbf{r}(n)$ 由两个高度相关的信号样本构成。从而，$\mathbf{r}(n) \mid \mathcal{H}_1$ 的 PDF 可以表示为：

$$f(\mathbf{r}(n) \mid H_1) = \frac{1}{\pi^2 \det(\mathbf{R})} \exp(-\mathcal{R}^H(n) \mathbf{R}^{-1} \mathcal{R}(n)) \tag{5-8}$$

其中，$\mathcal{R}(n) = \mathbf{r}(n) - E[\mathbf{r}(n)]$；$\mathcal{R}^H(n)$ 是 $\mathcal{R}(n)$ 的共轭转置；$\mathbf{R}$ 是 $\mathbf{r}(n) \mid \mathcal{H}_1$ 的协方差矩阵，其定义为 $\mathbf{R} = E[\mathcal{R}(n) \mathcal{R}^H(n)]$；$\det(\mathbf{R})$ 是 $\mathbf{R}$ 的行列式。由于 $r(n) = b(n) + w(n)$，并且 CP 中的样本 $b(n)$ 是相应数据块中样本 $b(n+N)$ 的拷贝，我们可以得到 $b(n) = b(n+N)$，以及 $r(n+N) = b(n) + w(n+N)$，$r(n+N) \sim \mathcal{CN}(p(n), \sigma_s^2 + \sigma_w^2)$。由于 $r(n)$ 与 $r(n+N)$ 是同分布的，我们得到：

$$E[\mathbf{r}(n)] = [p(n), p(n)]^T \tag{5-9}$$

$$E[\mathbf{r}(n) \mathbf{r}^H(n)] = \begin{bmatrix} \Sigma_p^1(n) & \Sigma_p^2(n) \\ \Sigma_p^2(n) & \Sigma_p^1(n) \end{bmatrix} \tag{5-10}$$

$$E[\mathbf{r}(n)] E[\mathbf{r}^H(n)] = \begin{bmatrix} |p(n)|^2 & |p(n)|^2 \\ |p(n)|^2 & |p(n)|^2 \end{bmatrix} \tag{5-11}$$

其中 $\Sigma_p^1(n) = |p(n)|^2 + \sigma_s^2 + \sigma_w^2$，$\Sigma_p^2(n) = |p(n)|^2 + \sigma_s^2$。需要指出，式 (5-8) 中的矩阵 $\mathbf{R}$ 可以被简化为 $\mathbf{R} = E[\mathbf{r}(n) \mathbf{r}^H(n)] - E[\mathbf{r}(n)] E[\mathbf{r}^H(n)]$。通过使用式 (5-9)、式 (5-10) 以及式 (5-11)，可以推导出：

$$\mathbf{R}^{-1} = \frac{1}{\det(\mathbf{R})} \begin{bmatrix} \sigma_s^2 + \sigma_w^2 & -\sigma_s^2 \\ -\sigma_s^2 & \sigma_s^2 + \sigma_w^2 \end{bmatrix} \tag{5-12}$$

其中 $\det(\mathbf{R}) = (\sigma_s^2 + \sigma_w^2)^2 - \sigma_s^4$。为了方便表示，定义 $\Delta(n) = r(n) - p(n)$，

$\rho = \dfrac{\sigma_s^2}{\sigma_s^2 + \sigma_w^2}$。根据式(5-12)，式(5-8)中的指数可以转化为：

$$\mathbf{R}^{H}(n)\,\mathbf{R}^{-1}R(n) = \frac{\Sigma_{\Delta}(n) - 2\rho\Pi_{\Delta}(n)}{(\sigma_s^2 + \sigma_w^2)(1 - \rho^2)} \tag{5-13}$$

其中 $\Sigma_{\Delta}(n) = |\Delta(n)|^2 + |\Delta(n+N)|^2$，$\Pi_{\Delta}(n) = \mathrm{Re}(\Delta(n)\Delta^*(n+N))$。将式(5-13)代入式(5-8)，$\mathbf{r}(n)\,|\mathcal{H}_1$ 的 PDF 可以写为：

$$f(\mathbf{r}(n)\,|\mathcal{H}_1) = \frac{1}{C_1}\exp\left(-\frac{\Sigma_{\Delta}(n) - 2\rho\Pi_{\Delta}(n)}{(\sigma_s^2 + \sigma_w^2)(1 - \rho^2)}\right) \tag{5-14}$$

其中，$C_1 = \pi^2[(\sigma_s^2 + \sigma_w^2)^2 - \sigma_s^4]$ 为一个常数。

当初始的样本时刻 n 位于 OFDM 符号的 CP 内时，似然比函数可以写为：

$$\Lambda = \frac{f(r(n),\ \cdots,\ r(n+M-1)\,|\mathcal{H}_1)}{f(r(n),\ \cdots,\ r(n+M-1)\,|\mathcal{H}_0)} \tag{5-15}$$

其中，$f(r(n),\ \cdots,\ r(n+M-1)\,|\mathcal{H}_1)$ 是在 $\mathcal{H}_1$ 的假设下一个 OFDM 符号内所有样本的联合 PDF，而 $f(r(n),\ \cdots,\ r(n+M-1)\,|\mathcal{H}_0)$ 是在 $\mathcal{H}_0$ 的假设下一个 OFDM 符号内所有样本的联合 PDF。在 $\mathcal{H}_0$ 的假设下，次用户仅接收到独立同分布的复值 AWGN。因而，样本序列 $r(n),\ \cdots,\ r(n+M-1)\,|\mathcal{H}_0$ 的联合 PDF $J_r(\mathcal{H}_0)$ 可以表示为：

$$J_r(\mathcal{H}_0) = \prod_{m=n}^{n+M-1} f(r(m)\,|\mathcal{H}_0) \tag{5-16}$$

相比之下，在 $\mathcal{H}_1$ 的假设下，次用户不仅接收到独立同分布的复值 AWGN，也接收到有内置周期性导频的 OFDM 符号。此外，循环前缀中的 $r(n)$ 与数据块中的 $r(n+N)$ 高度相关。因而，样本序列 $r(n),\ \cdots,\ r(n+M-1)\,|\mathcal{H}_1$ 的联合 PDF $J_r(\mathcal{H}_1)$ 可以表示为：

$$J_r(\mathcal{H}_1) = \frac{\displaystyle\prod_{m=n}^{n+M-1} f(r(m)\,|\mathcal{H}_1) \prod_{m=n}^{n+L_n-1} f(r(m)\,|\mathcal{H}_1)}{\displaystyle\prod_{m=n}^{n+L_n-1} f(r(m)\,|\mathcal{H}_1) f(r(m+N)\,|\mathcal{H}_1)} \tag{5-17}$$

其中 $\mathbf{r}(m)$ 由式(5-8)定义；L_n 是从初始样本时刻 n 到 CP 尾部的样本数，

$0 \leq L_n \leq N_{cp}-1$。把式(5-16)与式(5-17)代入式(5-15)，可以得到：

$$\Lambda = \Lambda_A \Lambda_B \tag{5-18}$$

其中：

$$\Lambda_A = \prod_{m=n}^{n+M-1} \frac{f(r(m)|\mathcal{H}_1)}{f(r(m)|\mathcal{H}_0)}$$

$$\Lambda_B = \prod_{m=n}^{n+L_n-1} \frac{f(r(m),\ r(m+N)|\mathcal{H}_1)}{f(r(m)|\mathcal{H}_1)f(r(m+N)|\mathcal{H}_1)}$$

把式(5-6)与式(5-7)代入 Λ_A，可以得到：

$$\Lambda_A = \prod_{m=n}^{n+M-1}(1-\rho)\exp\left(\frac{U(m)+V(m)}{\sigma_w^2+\sigma_s^2}\right) \tag{5-19}$$

其中，$U(m)=\frac{\rho}{1-\rho}|r(m)|^2-|p(m)|^2$，$V(m)=2\mathrm{Re}(r(m)p^*(m))$。根据式(5-19)，可以得到：

$$\lim_{\rho \to 0}\Lambda_A = \prod_{m=n}^{n+M-1}\exp\left(\frac{2\mathrm{Re}(r(m)p^*(m))-|p(m)|^2}{\sigma_w^2+\sigma_s^2}\right).$$

此外，把式(5-7)与式(5-14)代入 Λ_B，可以计算出：

$$\Lambda_B = \prod_{m=n}^{n+L_n-1}\frac{1}{1-\rho^2}\exp\left(\frac{-\rho^2\Sigma_\Delta(m)+2\rho\Pi_\Delta(m)}{(1-\rho^2)(\sigma_w^2+\sigma_s^2)}\right) \tag{5-20}$$

其中 $\Sigma_\Delta(m)$ 与 $\Pi_\Delta(m)$ 由式(5-13)定义。根据式(5-20)，可以推导出 $\lim_{\rho \to 0}\Lambda_B=1$。

由于式(5-18)可以根据式(5-19)与式(5-20)表示为 $\Lambda=\Lambda_A\Lambda_B$，当 $\rho \to 0$ 时，式(5-15)可以简化为：

$$\lim_{\rho \to 0}\Lambda = \exp\left\{\frac{1}{\sigma_s^2+\sigma_w^2}\sum_{m=n}^{n+M-1}(V(m)-|p(m)|^2)\right\} \tag{5-21}$$

需要指出，虽然主用户以高功率发送导频，但是主用户的绝大部分功率被用于传输有用信号 $s(n)$。因此，$\rho=\frac{\sigma_s^2}{\sigma_s^2+\sigma_w^2} \to 0$ 意味着主用户信号非常微弱。

5.3.1 近似最优的 LRT 检测器

式(5-21)中的项 $\sum\limits_{m=n}^{n+M-1} |p(m)|^2$ 表示 OFDM 符号中导频分量的功率。由于 $p(m)$ 是周期性的并且是确定性的，该项是由主用户传输功率决定的常量。当主用户信号极其微弱的时候，最优的 LRT 检测器可以通过把式(5-21)与判决门限 Λ_{thr} 相比获得，即 $\lim\limits_{\rho\to 0}\Lambda \underset{\mathcal{H}_0}{\overset{\mathcal{H}_1}{\gtrless}} \Lambda_{\mathrm{thr}}$。该检测器可以简化为：

$$\sum_{m=n}^{n+M-1} \mathrm{Re}\{r(m)p^*(m)\} \underset{\mathcal{H}_0}{\overset{\mathcal{H}_1}{\gtrless}} \frac{1}{2}\Lambda_\chi \tag{5-22}$$

其中 $\Lambda_\chi = (\sigma_s^2+\sigma_w^2)\log\Lambda_{\mathrm{thr}}+\sum\limits_{m=n}^{n+M-1}|p(m)|^2$。根据式(5-22)，近似最优的 LRT 检测器为：

$$T_{\mathrm{NOLRT}} = \sum_{m=n}^{n+M-1}\mathrm{Re}\{r(m)p^*(m)\} \underset{\mathcal{H}_0}{\overset{\mathcal{H}_1}{\gtrless}} \lambda_{\mathrm{NOLRT}} \tag{5-23}$$

其中 $\lambda_{\mathrm{NOLRT}} = \dfrac{1}{2}\Big[(\sigma_s^2+\sigma_w^2)\log\Lambda_{\mathrm{thr}}+\sum\limits_{m=n}^{n+M-1}|p(m)|^2\Big]$ 是 NOLRT 检测器的判决门限，而 T_{NOLRT} 是 NOLRT 检测器的检验统计量。从式(5-23)可以看出，为了实现近似最优的 LRT 检测器，次用户接收到的信号样本 $r(m)$ 必须在时间上精确地与本地生成的导频 $p(m)$ 同步。由于时间同步通常耗时长，并且在主用户信号微弱时极不可靠，在极低信噪比环境中几乎不可能实现精准时间同步。

5.3.2 缓存辅助的 LRT 检测器

在 $\mathcal{H}_1$ 的假设下，当 $l\bmod\kappa=0$ 时，根据式(5-4)可以得到 $r(n-lM)=p(n)+s(n-lM)+w(n-lM)$，其中 $l=0,1,\cdots,L-1$，L 是 OFDM 符号数。由于 $l\bmod\kappa=0$ 时，$r(n)$，$r(n-\kappa M)$，$\cdots$，$r(n-lM)$ 相互独立，$r(n)$，$r(n-\kappa M)$，$\cdots$，$r(n-lM)\,|\mathcal{H}_1$ 的联合 PDF 可以表示为 $\mathcal{L}=\prod\limits_{l=0,\,l\bmod\kappa=0}^{L-1} f(r(n-lM)\,|\mathcal{H}_1)$。由

于 $r(n-lM) \sim \mathcal{CN}(p(n), \sigma_s^2 + \sigma_w^2)$，根据式(5-7)可以得到：

$$\mathcal{L} = \frac{1}{C_2} \exp\left(-\frac{1}{\sigma_s^2 + \sigma_w^2} \sum_{l=0,\, l \bmod \kappa = 0}^{L-1} |\Delta(l, n)|^2\right) \qquad (5\text{-}24)$$

其中 $C_2 = (\pi(\sigma_s^2 + \sigma_u^2))^{\lfloor L/\kappa \rfloor}$，$\Delta(l, n) = r(n-lM) - p(n)$，且 $\lfloor L/\kappa \rfloor$ 是不大于 L/κ 的最大整数。从而，可以计算出式(5-24)中 $\mathcal{L}$ 的自然对数的一阶倒数：

$$\frac{\partial \ln \mathcal{L}}{\partial p(n)} = \frac{1}{\sigma_s^2 + \sigma_w^2} \sum_{l=0,\, l \bmod \kappa = 0}^{L-1} \Delta^*(l, n) \qquad (5\text{-}25)$$

需要指出，在推导式(5-25)时，我们根据 Wirtinger 偏导数利用了 $\frac{\partial p(n)}{\partial p(n)} = 1$ 以及 $\frac{\partial p(n)}{\partial p^*(n)} = 0$。通过解方程 $\frac{\partial \ln \mathcal{L}}{\partial p(n)} = 0$，我们获得了 $p(n)$ 的最大似然估计：

$$\hat{p}(n) = \frac{1}{\lfloor L/\kappa \rfloor} \sum_{l=0,\, l \bmod \kappa = 0}^{L-1} r(n - lM) \qquad (5\text{-}26)$$

可以证明，$E[\hat{p}(n)] = p(n)$，且 $\mathrm{Var}[\hat{p}(n)] = 0$。因此，$\hat{p}(n)$ 是 $p(n)$ 的无偏一致估计。将式(5-23)中的 $p(m)$ 替换为式(5-26)推导出的 $\hat{p}(m)$，我们提出的缓存辅助的 LRT 检测器可以表示为：

$$\mathcal{T}_{BALRT} = \sum_{m=n}^{n+M-1} \mathrm{Re}\{r(m)\hat{p}^*(m)\} \underset{\mathcal{H}_0}{\overset{\mathcal{H}_1}{\gtrless}} \lambda_{BALRT} \qquad (5\text{-}27)$$

其中 $\mathcal{T}_{BALRT}$ 是检验统计量，λ_{BALRT} 是判决门限。从式(5-27)可以看出，BALRT 检测器不需要时间同步信息，所需要的代价是一个样本大小为 κM 的简单缓存。

图 5-3 显示了 LRT 检测器的实现结构。图 5-3(a) 中的 NOLRT 检测器是根据式(5-23)设计的，而图 5-3(b) 中的 BALRT 检测器是根据式(5-27)设计的。通过比较这两幅子图，NOLRT 检测器与 BALRT 检测器之间的区别清晰可见。具体而言，NOLRT 检测器将接收到的信号样本 $r(n)$ 与本地生成的导频 $p(n)$ 进行相关运算，而 BALRT 检测器将接收到的信号样本 $r(n)$ 与导频的估计值 $\hat{p}(n)$ 进行相关运算。在 NOLRT 检测器中，$p(n)$ 必须在时间上与 $r(n)$ 精准同步。否则，不管是在 $\mathcal{H}_0$ 的假设下还是在 $\mathcal{H}_1$ 的假设下，$r(n)$ 与 $p(n)$ 的相关值是一个零均值的高斯随机变量。相比之下，由于

$\hat{p}(n)$是用$r(n)$估计得到的，BALRT 检测器不需要$r(n)$与$\hat{p}(n)$在时间上同步。BALRT 检测器的代价是一个由κ块组成的缓存，其中每个块内包含M个样本单元，每个样本单元根据式(5-26)存储$\lfloor L/\kappa \rfloor$个样本的均值。需要指出，在初始阶段缓存为空时，图 5-3(b)中的检测器退化为普通的能量检测器，而随着时间的增长，进化为 BALRT 检测器。

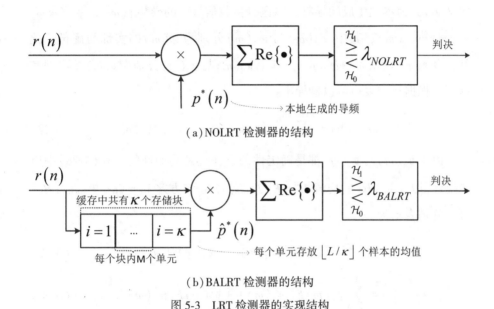

（a）NOLRT 检测器的结构

（b）BALRT 检测器的结构

图 5-3　LRT 检测器的实现结构

5.4　性能分析

　　频谱感知的性能一般用检测概率和虚报概率描述。检测概率为次用户正确检测到主用户出现的概率；而虚报概率是次用户错误的判定主用户出现的概率。检测概率越大意味着主用户信号的出现可以被更可靠地检测到，而虚报概率越小意味着频谱机会可以被更可靠地检测到。换而言之，更大的检测概率意味着对主用户接收机更少的干扰，而更小的虚报概率意味着更高的频谱利用率。然而，检测概率通常随着虚报概率的增加而增加。

5.4.1　NOLRT 检测器的性能

（1）在 $\mathcal{H}_0$ 假设下的检测性能

根据式(5-5)，在 $\mathcal{H}_0$ 的假设下我们有 $r(m)=w(m)$，$m=0$，…，$M-1$。定义 $\mathfrak{p}(m)$ 为本地生成的导频，以区分接收信号中的导频 $\mathfrak{p}(m)$。令 $w(m)=w_{\Re}(m)+iw_{\Im}(m)$，其中 $w_{\Re}(m)$ 与 $w_{\Im}(m)$ 分别为 $w(m)$ 的实部与虚部。此外，令 $\mathfrak{p}(m)=\mathfrak{p}_{\Re}(m)+i\mathfrak{p}_{\Im}(m)$，其中 $\mathfrak{p}_{\Re}(m)$ 与 $\mathfrak{p}_{\Im}(m)$ 分别为 $\mathfrak{p}(m)$ 的实部和虚部。根据式(5-23)可以推导出：

$$\mathcal{T}_{\text{NOLRT}}|\mathcal{H}_0 = \sum_{m=n}^{n+M-1} w_{\Re}(m)\mathfrak{p}_{\Re}(m) + w_{\Im}(m)\mathfrak{p}_{\Im}(m) \tag{5-28}$$

由于 $\mathfrak{p}_{\Re}(m)$ 与 $\mathfrak{p}_{\Im}(m)$ 都是确定性的，并且是周期性的，式(5-28)中检验统计量 $\mathcal{T}_{\text{NOLRT}}|\mathcal{H}_0$ 的均值 $M_N^0=E[\mathcal{T}_{\text{NOLRT}}|\mathcal{H}_0]$ 与方差 $V_N^0=\text{Var}[\mathcal{T}_{\text{NOLRT}}|\mathcal{H}_0]$ 可以分别表示为：

$$M_N^0 = \sum_{m=n}^{n+M-1} \mathfrak{p}_{\Re}(m)E[w_{\Re}(m)] + \mathfrak{p}_{\Im}(m)E[w_{\Im}(m)] \tag{5-29}$$

$$V_N^0 = \sum_{m=n}^{n+M-1} \mathfrak{p}_{\Re}^2(m)E[w_{\Re}^2(m)] + \mathfrak{p}_{\Im}^2(m)E[w_{\Im}^2(m)]. \tag{5-30}$$

使用 $w_{\Re}(m)\sim\mathcal{CN}(0,\sigma_w^2/2)$，$w_{\Im}(m)\sim\mathcal{CN}(0,\sigma_w^2/2)$，以及 $\mathfrak{p}_{\Re}^2(m)+\mathfrak{p}_{\Im}^2(m)=|\mathfrak{p}(m)|^2$，式(5-29)与式(5-30)可以分别表示为：

$$E[\mathcal{T}_{\text{NOLRT}}|\mathcal{H}_0]=0 \tag{5-31}$$

$$\text{Var}[\mathcal{T}_{\text{NOLRT}}|\mathcal{H}_0] = \frac{\sigma_w^2}{2}\sum_{m=n}^{n+M-1}|\mathfrak{p}(m)|^2 \tag{5-32}$$

根据中心极限定理(Central Limit Theorem, CLT)，式(5-28)中的检验统计量 $\mathcal{T}_{\text{NOLRT}}|\mathcal{H}_0$ 在 M 足够大时服从高斯分布。因此，我们根据式(5-31)与式(5-32)得到 $\mathcal{T}_{\text{NOLRT}}|\mathcal{H}_0\sim\mathcal{N}\left(0,\frac{\sigma_w^2}{2}\sum_{m=n}^{n+M-1}|\mathfrak{p}(m)|^2\right)$。从而我们可以得到 NOLRT 检测器的虚报概率 $P_{f,NOLRT}=\text{Prob}\{\mathcal{T}_{\text{NOLRT}}>\lambda_{\text{NOLRT}}|\mathcal{H}_0\}$ 为：

$$P_{f,\text{NOLRT}} = Q\left(\frac{\lambda_{\text{NOLRT}}}{\sqrt{\dfrac{\sigma_w^2}{2}\displaystyle\sum_{m=n}^{n+M-1} |\mathfrak{p}(m)|^2}}\right) \tag{5-33}$$

其中 $Q(x) = \dfrac{1}{\sqrt{2\pi}}\displaystyle\int_x^\infty \exp(-t^2/2)\,\mathrm{d}t$ 是 Q 函数。根据式(5-33)，对于给定的

虚报概率 $P_f = P_{f,\text{NOLRT}}$，判决门限 λ_{NOLRT} 为：

$$\lambda_{\text{NOLRT}} = Q^{-1}(P_f)\sqrt{\frac{\sigma_w^2}{2}M} \tag{5-34}$$

其中，我们假设本地生成的导频信号 $\mathfrak{p}(m)$ 的功率为单位一，即 $\dfrac{1}{M}\displaystyle\sum_{m=n}^{n+M-1}$

$|\mathfrak{p}(m)|^2 = 1$。

（2）在 $\mathcal{H}_1$ 假设下的检测性能

在 $\mathcal{H}_1$ 的假设下，将式(5-5)中的 $r(m) = p(m) + s(m) + w(m)$ 代入式

(5-23)，可得：

$$\mathcal{T}_{\text{NOLRT}}|\mathcal{H}_1 = C_3 + \sum_{m=n}^{n+M-1} \text{Re}\{\varphi(m)\mathfrak{p}^*(m)\} \tag{5-35}$$

其中 $C_3 = \displaystyle\sum_{m=n}^{n+M-1} p(m)\mathfrak{p}^*(m)$，$\varphi(m) = s(m) + w(m)$。令 $\varphi(m) = \varphi_\Re(m) + i\varphi_\Im(m)$，其中 $\varphi_\Re(m)$ 与 $\varphi_\Im(m)$ 分别为 $\varphi(m)$ 的实部与虚部。由于 $s(m)$ 与 $w(m)$ 相互独立，我们可以得到 $\varphi_\Re(m) \sim \mathcal{N}(0, (\sigma_w^2+\sigma_s^2)/2)$ 与 $\varphi_\Im(m) \sim \mathcal{N}(0, (\sigma_w^2+\sigma_s^2)/2)$。因而，式(5-35)可以重写为：

$$T_{\text{NOLRT}}|\mathcal{H}_1 = C_3 + \sum_{m=n}^{n+M-1} \phi_\Re(m) + \phi_\Im(m) \tag{5-36}$$

其中，$\phi_j(m) = \phi_j(m)\mathfrak{p}_j(m)$，$j \in \{\Re, \Im\}$。基于式(5-36)，可以得到检验统计量 $\mathcal{T}_{\text{NOLRT}}|\mathcal{H}_1$ 的均值 $M_N^1 = E[\mathcal{T}_{\text{NOLRT}}|\mathcal{H}_1]$ 与方差 $V_N^1 = \text{Var}[\mathcal{T}_{\text{NOLRT}}|\mathcal{H}_1]$，分别为：

$$M_N^1 = C_3 + \sum_{m=n}^{n+M-1} E[\phi_\Re(m)] + E[\phi_\Im(m)] \tag{5-37}$$

$$V_N^1 = \sum_{m=n}^{n+M-1} \text{Var}[\phi_\Re(m)] + \text{Var}[\phi_\Im(m)] \tag{5-38}$$

其中，$E[\phi_j(m)] = E[\phi_j(m)]\mathfrak{p}_j(m)$，$\mathrm{Var}[\phi_j(m)] = \mathrm{Var}[\phi_j(m)]\mathfrak{p}_j^2(m)$，$j \in \{\Re, \Im\}$。为了方便表示，令 $\mathcal{P}_p = \dfrac{1}{M}\sum\limits_{m=n}^{n+M-1}|p(m)|^2$ 表示接收信号中导频的功率，令 $\mathcal{P}_\mathfrak{p} = \dfrac{1}{M}\sum\limits_{m=n}^{n+M-1}|\mathfrak{p}(m)|^2$ 表示本地生成的导频的功率。由于 $p(m)/\sqrt{\mathcal{P}_p} = \mathfrak{p}(m)/\sqrt{\mathcal{P}_\mathfrak{p}}$，式(5-37)与式(5-38)可以进一步简化为：

$$E[\mathcal{T}_{\mathrm{NOLRT}} \mid \mathcal{H}_1] = \sqrt{\mathcal{P}_p}\sum_{m=n}^{n+M-1}|\mathfrak{p}(m)|^2 \qquad (5\text{-}39)$$

$$\mathrm{Var}[\mathcal{T}_{\mathrm{NOLRT}} \mid \mathcal{H}_1] = \frac{\sigma_w^2 + \sigma_s^2}{2}\sum_{m=n}^{n+M-1}|\mathfrak{p}(m)|^2 \qquad (5\text{-}40)$$

根据 CLT，$\mathcal{T}_{\mathrm{NOLRT}} \mid \mathcal{H}_1$ 可以用高斯分布来近似。由于对于本地生成的导频，$\mathcal{P}_\mathfrak{p} = 1$，我们根据式(5-39)与式(5-40)得到 $\mathcal{T}_{\mathrm{NOLRT}} \mid \mathcal{H}_1 \sim \mathcal{N}\left(M\sqrt{\mathcal{P}_p}, \dfrac{\sigma_w^2 + \sigma_s^2}{2}M\right)$。因此，我们所提的 NOLRT 检测器的检测概率 $P_{d,\mathrm{NOLRT}} = \mathrm{Prob}\{\mathcal{T}_{\mathrm{NOLRT}} > \lambda_{\mathrm{NOLRT}} \mid \mathcal{H}_1\}$ 为：

$$P_{d,\mathrm{NOLRT}} = Q\left(\frac{\lambda_{\mathrm{NOLRT}} - M\sqrt{\mathcal{P}_p}}{\sqrt{(\sigma_w^2 + \sigma_s^2)M/2}}\right). \qquad (5\text{-}41)$$

根据式(5-41)，对于给定的检测概率 $P_d = P_{d,\mathrm{NOLRT}}$，判决门限 λ_{NOLRT} 为：

$$\lambda_{\mathrm{NOLRT}} = Q^{-1}(P_d)\sqrt{\frac{\sigma_w^2 + \sigma_s^2}{2}M} + M\sqrt{\mathcal{P}_p} \qquad (5\text{-}42)$$

需要指出，式(5-42)中的 $\mathcal{P}_p$ 是一个由主用户发射机功率与图 5-1 中信道 h 决定的常量。

5.4.2　BALRT 检测器的性能

(1)在 $\mathcal{H}_0$ 假设下的检测性能

在 $\mathcal{H}_0$ 的假设下，将 $r(m) = w(m)$ 代入(5-26)，我们得到：

$$\hat{p}(m) = \frac{w(m)}{\lfloor L/\kappa \rfloor} + \frac{1}{\lfloor L/\kappa \rfloor}\sum_{l=1,\, l \bmod \kappa = 0}^{L-1} w(m - lM) \qquad (5\text{-}43)$$

令 $A(m)=\displaystyle\sum_{l=1,\,l\bmod\kappa=0}^{L-1}w(m-lM)$，且 $A(m)=A_{\Re}(m)+iA_{\Im}(m)$，其中 $A_{\Re}(m)$ 与 $A_{\Im}(m)$ 分别为 $A(m)$ 的实部与虚部。根据定义，可以推导出 $A_{\Re}(m)\sim\mathcal{N}(0,\,(\lfloor L/\kappa\rfloor-1)\sigma_w^2/2)$ 以及 $A_{\Im}(m)\sim\mathcal{N}(0,\,(\lfloor L/\kappa\rfloor-1)\sigma_w^2/2)$。从而式 (5-43) 可以重写为：

$$\hat{p}(m)=\frac{1}{\lfloor L/\kappa\rfloor}(\theta_{\Re}(m)+i\theta_{\Im}(m)) \tag{5-44}$$

其中 $\theta_j(m)=w_j(m)+A_j(m)$，$j\in\{\Re,\ \Im\}$。注意，式 (5-44) 中的 $A(m)$ 与 $w(m)$ 相互独立。将式 (5-44) 代入式 (5-27)，我们得到：

$$\mathcal{T}_{\mathrm{BALRT}}\mid\mathcal{H}_0=\frac{1}{\lfloor L/\kappa\rfloor}\sum_{m=n}^{n+M-1}\vartheta_{\Re}(m)+\vartheta_{\Im}(m) \tag{5-45}$$

其中 $\vartheta_j(m)=w_j(m)\theta_j(m)$，$j\in\{\Re,\ \Im\}$。可以推导出检验统计量 $\mathcal{T}_{\mathrm{BALRT}}\mid\mathcal{H}_0$ 的均值 $M_B^0=E[\mathcal{T}_{\mathrm{BALRT}}\mid\mathcal{H}_0]$ 与方差 $V_B^0=\mathrm{Var}[\mathcal{T}_{PRLT}\mid\mathcal{H}_0]$，分别为：

$$M_B^0=\frac{1}{\lfloor L/\kappa\rfloor}\sum_{m=n}^{n+M-1}E[w_{\Re}^2(m)]+E[w_{\Im}^2(m)] \tag{5-46}$$

$$V_B^0=\frac{1}{\lfloor L/\kappa\rfloor^2}\Big[\sum_{m=n}^{n+M-1}E[\Theta(m)]-M\sigma_w^4\Big] \tag{5-47}$$

其中，$\Theta(m)=(w_{\Re}^2(m)+w_{\Im}^2(m))^2+2w_{\Re}^2(m)A_{\Re}^2(m)$。需要指出，在式 (5-47) 中，我们使用了 $E[w_{\Re}^2(m)A_{\Re}^2(m)]=E[w_{\Im}^2(m)A_{\Im}^2(m)]$。这是因为，$w_{\Re}(m)$、$w_{\Im}(m)$、$A_{\Re}(m)$ 与 $A_{\Im}(m)$ 相互独立。根据 $A(m)$ 的定义，可以得到 $A(m)\sim\mathcal{CN}(0,\lfloor L/\kappa\rfloor-1)\sigma_w^2$。由于 $w(m)\sim\mathcal{CN}(0,\ \sigma_w^2)$ 且 $E[w_{\Re}^4(m)]=E[w_{\Im}^4(m)]=3\sigma_w^2/4$，式 (5-46) 与式 (5-47) 可简化为：

$$E[\mathcal{T}_{\mathrm{BALRT}}\mid\mathcal{H}_0]=\frac{M}{\lfloor L/\kappa\rfloor}\sigma_w^2 \tag{5-48}$$

$$\mathrm{Var}[\mathcal{T}_{\mathrm{BALRT}}\mid\mathcal{H}_0]=\frac{M(\lfloor L/\kappa\rfloor+1)}{2\lfloor L/\kappa\rfloor^2}\sigma_w^4 \tag{5-49}$$

因此，根据式 (5-48) 与式 (5-49)，我们得到 $\mathcal{T}_{\mathrm{BALRT}}\mid\mathcal{H}_0\sim\mathcal{N}\left(\dfrac{M}{\lfloor L/\kappa\rfloor}\right)\sigma_w^2$，$\left(\dfrac{M(\lfloor L/\kappa\rfloor+1)}{2\lfloor L/\kappa\rfloor^2}\sigma_w^4\right)$。相应地，BALRT 检测器的虚报概率 $P_{f,\mathrm{BALRT}}=\mathrm{Prob}$

$\{\mathcal{T}_{\text{BALRT}} > \lambda_{\text{BALRT}} \mid \mathcal{H}_0\}$ 为：

$$P_{f,\text{BALRT}} = Q\left(\frac{\lambda_{\text{BALRT}} - \dfrac{M}{\lfloor L/\kappa \rfloor}\sigma_w^2}{\sqrt{\dfrac{M(\lfloor L/\kappa \rfloor + 1)}{2\lfloor L/\kappa \rfloor^2}\sigma_w^2}}\right) \tag{5-50}$$

根据式(5-50)可以得到判决门限 λ_{BALRT}，为：

$$\lambda_{\text{BALRT}} = \frac{M\sigma_w^2}{\lfloor L/\kappa \rfloor} + Q^{-1}(P_f)\sqrt{\frac{M(\lfloor L/\kappa \rfloor + 1)}{2\lfloor L/\kappa \rfloor^2}}\sigma_w^2 \tag{5-51}$$

其中，$P_f = P_{f,\text{BALRT}}$ 是给定的虚报概率。

(2) 在 $\mathcal{H}_1$ 假设下的检测性能

在 $\mathcal{H}_1$ 的假设下，我们根据式(5-5)得到 $r(m) = p(m) + w(m)$。因此，式(5-26)可以重写为：

$$\hat{p}(m) = p(m) + \frac{1}{\lfloor L/\kappa \rfloor}\sum_{l=0,\, l \bmod \kappa = 0}^{L-1} \varphi(m - lM) \tag{5-52}$$

其中，$\varphi(m) = s(m) + w(m)$。将式(5-52)代入式(5-27)，可以得到：

$$\mathcal{T}_{\text{BALRT}} \mid \mathcal{H}_1 = \frac{1}{\lfloor L/\kappa \rfloor}\sum_{m=n}^{n+M-1} \text{Re}\{r(m)Y^*(m)\} \tag{5-53}$$

其中，$Y(m) = \lfloor L/\kappa \rfloor p(m) + \varphi(m) + B(m)$，$B(m) = \sum_{l=1,\, l \bmod \kappa = 0}^{L-1} \varphi(m - lM)$。令 $B(m) = B_{\Re}(m) + iB_{\Im}(m)$，其中 $B_{\Re}(m)$ 与 $B_{\Im}(m)$ 分别为 $B(m)$ 的实部与虚部。我们可以得到 $B_{\Re}(m) \sim \mathcal{N}(0,\,(\lfloor L/\kappa \rfloor - 1)(\sigma_s^2 + \sigma_w^2)/2)$，$B_{\Im}(m) \sim \mathcal{N}(0,\,(\lfloor L/\kappa \rfloor - 1)(\sigma_s^2 + \sigma_w^2)/2)$。相应地，式(5-53)中的检验统计量可以表示为：

$$\mathcal{T}_{\text{BALRT}} \mid \mathcal{H}_1 = \frac{1}{\lfloor L/\kappa \rfloor}\sum_{m=n}^{n+M-1} Z_{\Re}(m) + Z_{\Im}(m) \tag{5-54}$$

其中，$Z_j(m) = X_j(m)Y_j(m)$，$X_j(m) = p_j(m) + \varphi_j(m)$，$Y_j(m) = \lfloor L/\kappa \rfloor p_j(m) + \varphi_j(m) + B_j(m)$，$j \in \{\Re,\ \Im\}$。可以看到，$Z(n)$，$Z(n+1)$，$\cdots$，$Z(n+M-1)$ 之间相互独立，其中 $Z(m) = Z_{\Re}(m) + iZ_{\Im}(m)$。此外，$Z_{\Re}(m)$ 与 $Z_{\Im}(m)$

也相互独立。因而，式（5-54）中检验统计量 $\mathcal{T}_{\text{BALRT}} \mid \mathcal{H}_1$ 的均值 $M_B^1 = E[\mathcal{T}_{\text{BALRT}} \mid \mathcal{H}_1]$ 与方差 $V_B^1 = \text{Var}[\mathcal{T}_{\text{BALRT}} \mid \mathcal{H}_1]$ 分别为：

$$M_B^1 = \frac{1}{\lfloor L/\kappa \rfloor} \sum_{m=n}^{n+M-1} E[Z_{\Re}(m)] + E[Z_{\Im}(m)] \tag{5-55}$$

$$V_B^1 = \frac{1}{\lfloor L/\kappa \rfloor^2} \sum_{m=n}^{n+M-1} \text{Var}[Z_{\Re}(m)] + \text{Var}[Z_{\Im}(m)] \tag{5-56}$$

根据 $Z_{\Re}(m)$ 的定义，可以推导出：

$$E[Z_{\Re}(m)] = \lfloor L/\kappa \rfloor p_{\Re}^2(m) + \delta^2 \tag{5-57}$$

$$E[Z_{\Re}^2(m)] = \lfloor L/\kappa \rfloor^2 p_{\Re}^4(m) + (5\lfloor L/\kappa \rfloor + \lfloor L/\kappa \rfloor^2) p_{\Re}^2(m) \delta^2 + (\lfloor L/\kappa \rfloor + 2)\delta^4 \tag{5-58}$$

其中，$\delta^2 = (\sigma_s^2 + \sigma_w^2)/2$。利用式（5-57）与式（5-58），可以推导出 $Z_{\Re}(m)$ 的方差 $\text{Var}[Z_{\Re}(m)] = E[Z_{\Re}^2(m)] - E^2[Z_{\Re}(m)]$，为：

$$\text{Var}[Z_{\Re}(m)] = \mathcal{C}_4 p_{\Re}^2(m)\delta^2 + \mathcal{C}_5 \delta^4 \tag{5-59}$$

其中，$\mathcal{C}_4 = 3\lfloor L/\kappa \rfloor + \lfloor L/\kappa \rfloor^2$，$\mathcal{C}_5 = \lfloor L/\kappa \rfloor + 1$。类似地，我们得到 $Z_{\Im}(m)$ 的均值 $E[Z_{\Im}(m)]$ 与方差 $\text{Var}[Z_{\Im}(m)]$，分别为：

$$E[Z_{\Im}(m)] = \lfloor L/\kappa \rfloor p_{\Im}^2(m) + \delta^2 \tag{5-60}$$

$$\text{Var}[Z_{\Im}(m)] = \mathcal{C}_4 p_{\Im}^2(m)\delta^2 + \mathcal{C}_5 \delta^4 \tag{5-61}$$

将式（5-57）与式（5-60）代入式（5-55），可以得到：

$$M_B^1 = \sum_{m=n}^{n+M-1} |p(m)|^2 + \frac{M}{\lfloor L/\kappa \rfloor}(\sigma_s^2 + \sigma_w^2) \tag{5-62}$$

此外，将式（5-59）与式（5-61）代入式（5-56），可以得到：

$$V_B^1 = \frac{\mathcal{C}_4 \delta^2}{\lfloor L/\kappa \rfloor^2} \sum_{m=n}^{n+M-1} |p(m)|^2 + \frac{2M\mathcal{C}_5 \delta^4}{\lfloor L/\kappa \rfloor^2} \tag{5-63}$$

基于式（5-62）与式（5-63），可以推导出 BALRT 检测器的检测概率 $P_{d,\text{BALRT}} = \text{Prob}\{\mathcal{T}_{\text{BALRT}} > \lambda_{\text{BALRT}} \mid \mathcal{H}_1\}$，为：

$$P_{d,\text{BALRT}} = Q\left(\frac{(\lambda_{\text{BALRT}} - M\mathcal{P}_p)\lfloor L/\kappa \rfloor - 2M\delta^2}{\sqrt{\mathcal{C}_4 M \mathcal{P}_p + 2M\mathcal{C}_5 \delta^2}\,\delta}\right) \tag{5-64}$$

其中，$\mathcal{P}_p = \sum_{m=n}^{n+M-1} |p(m)|^2/M$。根据式（5-64），对于给定的检测概率

$P_d = P_{d,\text{BALRT}}$，判决门限 λ_{BALRT} 为：

$$\lambda_{\text{BALRT}} = M_B^1 + Q^{-1}(P_d)\sqrt{V_B^1} \tag{5-65}$$

其中，$M_B^1 = E[\mathcal{T}_{\text{BALRT}} \mid \mathcal{H}_1]$ 与 $V_B^1 = \text{Var}[\mathcal{T}_{\text{BALRT}} \mid \mathcal{H}_1]$ 分别如式（5-62）与式（5-63）所示。

5.4.3　噪声不确定性的影响

可以看出，式（5-33）与式（5-50）中的虚报概率，以及式（5-41）与式（5-64）中的检测概率都取决于噪声功率 σ_w^2。然而，可能存在噪声功率不确定性，并且在这种情况下我们提出的 LRT 检测器的性能可能受到严重影响。

当存在噪声功率不确定性时，噪声功率是一个在区间 $\left[\dfrac{1}{\rho}\sigma^2,\ \rho\sigma^2\right]$ 分布的随机变量，其中 $\rho>1$ 表示噪声功率不确定性水平，σ^2 是理想噪声功率。为了缓解噪声功率不确定性导致的问题，我们使用估计的噪声功率 $\hat{\sigma}_w^2$，而不是理想的噪声功率 $\sigma_w^2 = \sigma^2$。估计的噪声功率为：

$$\hat{\sigma}_w^2 = \frac{1}{M}\sum_{m=n}^{n+M-1} |\Delta(m)|^2 - \frac{1}{N_{cp}}\sum_{m=n}^{n+N_{cp}-1} \Pi_\Delta(m) \tag{5-66}$$

其中，$\Pi_\Delta(m) = \text{Re}(\Delta(m)\Delta^*(m+N))$ 与 $\Delta(m) = r(m) - p(m)$ 由式（5-13）定义。将式（5-5）代入式（5-66），我们得到 $E[\hat{\sigma}_w^2 \mid \mathcal{H}_0] = \sigma_w^2$ 与 $E[\hat{\sigma}_w^2 \mid \mathcal{H}_1] = \sigma_w^2$。换言之，$\hat{\sigma}_w^2$ 是 σ_w^2 的无偏一致估计。需要指出，当噪声功率缓慢变化时，可以在连续的多个数据帧对式（5-66）求平均，以获得更可靠的估值。

根据式（5-66）中的噪声功率估计值 $\hat{\sigma}_w^2$，我们调整式（5-23）中的 NOLRT 检测器与式（5-27）中的 BALRT 检测器，分别为：

$$\hat{\mathcal{T}}_{\text{NOLRT}} = \frac{1}{\hat{\sigma}_w^2}\sum_{m=n}^{n+M-1} \text{Re}\{r(m)p^*(m)\} \underset{\mathcal{H}_0}{\overset{\mathcal{H}_1}{\gtrless}} \hat{\lambda}_{\text{NOLRT}} \tag{5-67}$$

$$\hat{\mathcal{T}}_{\text{BALRT}} = \frac{1}{\hat{\sigma}_w^2}\sum_{m=n}^{n+M-1} \text{Re}\{r(m)\hat{p}^*(m)\} \underset{\mathcal{H}_0}{\overset{\mathcal{H}_1}{\gtrless}} \hat{\lambda}_{\text{BALRT}} \tag{5-68}$$

其中，$\hat{\lambda}_{\text{NOLRT}}$ 与 $\hat{\lambda}_{\text{BALRT}}$ 是相应的判决门限。为了方便讨论，我们将式（5-67）中

的$\hat{\tau}_{\text{NOLRT}}$称为 MNOLRT(Modified NOLRT)检测器的检验统计量，而将式(5-68)中的$\hat{\tau}_{\text{BALRT}}$称为 MBALRT(Modified BALRT)检测器的检验统计量。从式(5-67)与式(5-68)中可以看出，分析 MNOLRT 与 MBALRT 的理论性能极其困难。由于 NOLRT 检测器依赖于精确的时间同步，而且易受多径传播的影响，我们仅通过仿真评估 BALRT 检测器与 MBALRT 检测器的性能。可以证明，式(5-68)中的 MBALRT 检测器能够有效缓解噪声功率不确定性。

5.4.4 计算复杂度

我们提出的 LRT 检测器的计算复杂度与普通的能量检测器的相同。具体而言，根据式(5-23)，我们提出的 NOLRT 检测器需要 M 次复数乘法运算与$M-1$ 次普通加法运算。同时，我们提出的 BALRT 检测器的计算复杂度由式(5-26)中的导频估计与式(5-27)中的检验统计量计算组成。一方面，在式(5-26)中有 $M\lfloor L/\kappa \rfloor$ 次复值加法运算。另一方面，在式(5-27)中有 M 次复数乘法运算与 $M-1$ 次普通加法运算。换言之，NOLRT 检测器的计算复杂度与普通的能量检测器相同，而 BALRT 检测器需要额外的 $M\lfloor L/\kappa \rfloor$ 次复值加法运算。

为了缓解噪声不确定性，式(5-66)中的噪声功率估计引入额外的计算复杂度。在式(5-66)中，总共有 $M+N_{\text{CP}}$ 次复值乘法运算，M 次复值加法运算，$M+N_{\text{CP}}-1$ 次普通加法运算。由于加法运算所耗时间远小于乘法运算，由加法运算引入的计算复杂度可以忽略不计。从而，我们所提出的 LRT 检测器的计算复杂度为最少 M 次复值乘法运算，最多为 $2M+N_{\text{CP}}$ 次复值乘法运算。因此，我们提出的 LRT 检测器的运算复杂度低。

5.5 仿真结果

在本节，我们通过仿真评估 LRT 检测器在检测带内置周期性导频的微弱 OFDM 信号时的频谱感知性能。在仿真中，我们主要考虑有挑战性的低信噪(SNR)比场景，其中次用户观测到的信噪比低于-10dB。即便如此，BALRT 检测器在 SNR 大于-10dB 时仍然适用。我们采用蒙特卡罗仿真，所有的仿真结果都是 10000 次实现的平均。

为了使仿真更有实际意义，我们假设主用户传输 DVB-T 信号，并且工作在 2K 模式。用 16QAM（Quadrature Amplitude Modulation）调制子载波 $\mathbb{S}_s$，而用 PRBS（Pseudo-Random Binary Sequence）调制子载波 $\mathbb{S}_u$ 与 $\mathbb{S}_v$。在调制完成后，将这 N 个已调子载波转换到时域，形成 CP-OFDM 符号 $b(n)$。每个 CP-OFDM 符号的时间长度是 280μs，其中包含一个时间长度为 56μs 的循环前缀。集合 $\mathbb{S}_u$ 由持续导频（continual pilot）的子载波位置决定，集合 $\mathbb{S}_v$ 由疏散导频（scattered pilot）的子载波位置决定。需要指出，每个持续导频每隔 4 个 OFDM 符号与一个疏散导频重叠，并且疏散导频与持续导频的功率高于有用信号功率。这些参数与配置的细节可在标准文件[117]中找到。

需要指出，DVB-T 标准正在不停地演进。此外，虽然我们在仿真中用 DVB-T 信号来验证理论结果，我们所提的 LRT 检测器也适用于其他包含内置周期性导频的 OFDM 系统。还需要指出，虽然在仿真中我们使用了 16QAM，在 $s(n)$ 服从零均值高斯分布的假设下，仿真结果适用于其他星座。

5.5.1 理论验证与性能比较

图 5-4 显示了在 $P_d = 0.9$ 时 LRT 的虚报概率。为了便于比较，我们也给出了能量检测器（Energy Detector，ED）与渐进简单假设检验（Asymptotic Simple Hypothesis Test，ASHT）检测器虚报概率的理论与仿真结果。NOLRT 检测器的理论结果由式（5-33）与式（5-44）获得，而 BALRT 检测器的理论结果由式（5-50）与式（5-65）获得。从图中可以看出，仿真结果与理论分析结果一致。NOLRT 检测器的频谱感知性能最优，而普通的 ED 的频谱感知性能最差。一方面，ASHT 相对于 ED 的性能增益源于 ASHT 检测器利用了 CP 与相应数据的相关性。另一方面，BALRT 检测器相对于 ASHT 检测器的性能增益源于 BALRT 检测器进一步利用了主用户信号中导频的周期性。需要指出，NOLRT 检测器相对于其他检测器的性能优势是建立在次用户与主用户发射机精准同步的假设之上的，而其他检测器不需要时间同步信息。

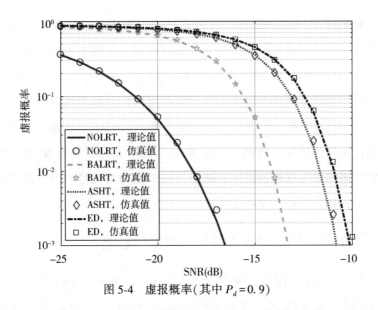

图 5-4   虚报概率(其中 $P_d = 0.9$)

图 5-5 显示了在虚报概率 $P_f = 0.01$ 时 LRT 检测器的漏检概率。为了便于比较,我们也给出了 ED 与 ASHT 检测器漏检概率的理论与仿真结果。

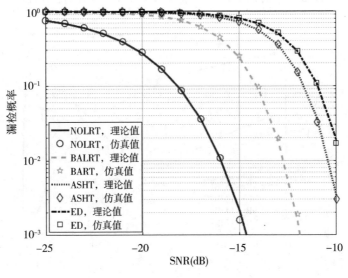

图 5-5   漏检概率(其中 $P_f = 0.01$)

图中，NOLRT 检测器的理论结果由式(5-34)与式(5-41)获得，而 BALRT 检测器的理论结果由式(5-51)与式(5-64)获得。从图中可以看出，仿真结果与理论结果一致。虽然 NOLRT 检测器的性能最好，它需要次用户与主用户在时间上精准同步，这在主用户信号微弱的时候是很难实现的，并且需要高的计算复杂度。作为另一种解决方案，BALRT 检测器不需要时间同步信息，而且计算复杂度低。需要指出，BALRT 检测器与 NOLRT 检测器之间的性能差距可以通过增加 L 减小，只要主用户信号的状态以及无线信道在这 L 个相邻的帧内保持不变。

5.5.2 主用户状态稳定性与信号强度的影响

图 5-6 显示了主用户信噪比(SNR, Signal to Noise Ratio)对 BALRT 检测器接收机操作曲线(ROC, Receiver Operating Curve)的影响。由于仿真结果与理论分析结果一致，我们仅在图中给出理论分析结果。为保持简洁，由于 BALRT 检测器不需要时间同步信息，我们仅评估主用户信号强度对 BALRT 检测器的影响。图中的理论结果由式(5-50)与式(5-64)在 $L = 200$ 时获得。从图 5-6 中可以看出，随着主用户 SNR 的增加，BALRT 检测器的

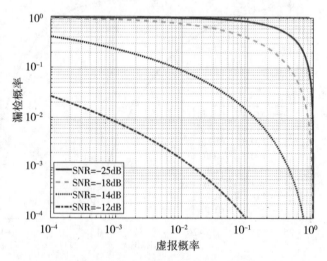

图 5-6　主用户信号强度对 BALRT 检测器的影响，其中 $L = 200$

频谱感知性能显著提升。这主要是因为，导频的功率与主用户信号的功率成比例增加。随着主用户 SNR 的增加，次用户不仅获得更强的主用户信号，而且获得了更可靠的导频估计。理论上，当主用户 SNR 与 L 足够大时，BALRT 检测器的频谱感知性能将接近 NOLRT 检测器的频谱感知性能，因为式 (5-26) 中的 $\hat{p}(n)$ 是 $p(n)$ 的一致无偏估计。需要指出，虽然式 (5-27) 中的 BALRT 检测器是在低 SNR 场景中推导出来的，在主用户 SNR 高的场景中它仍然适用。而且，更大的 L 值意味着主用户在很长的时间内保持传输数据或者空闲。

图 5-7 显示了主用户活动状态的稳定性对 BALRT 检测器 ROC 的影响。主用户活动状态的稳定性用 L 表示，它意味着主用户的活动状态至少在 L 个持续的符号内保持不变。图中的理论结果由式 (5-50) 与式 (5-64) 获得，其中主用户 SNR 为 $-15dB$。从图中可以看到，在 $L=\kappa$ 时，BALRT 检测器退化为普通的能量检测器。这是因为当 $L=\kappa$ 时，BALRT 检测器根据式 (5-26) 把当前接收到的信号当作导频的估计值。从图中也可以看到，L 的值越大，频谱感知性能越好。这主要是因为，随着 L 值的增加，式 (5-26) 中的

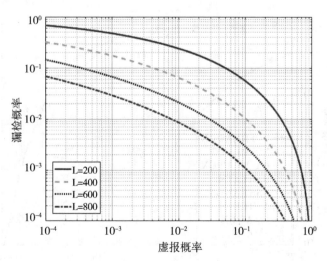

图 5-7　主用户活动状态稳定性 L 的影响 (其中 $SNR=-15dB$)

噪声项被降低，使得导频的估计值更加准确。然而，NOLRT 检测器的频谱感知性能并不是 BALRT 检测器性能的性能上界，因为 NOLRT 检测器是近似最优的。需要指出的是，对于仿真中的所有场景，各个 OFDM 符号的长度为 280μs。因此，$L=800$ 对应于 0.224s 的时间长度。对于传输 DVB-T 信号的主用户，其活动状态可能在数小时内保持不变。因此，主用户活动状态在 $L=800$ 帧内保持不变的假设是合理的。

5.5.3　准静态多径传播的影响

图 5-8 显示了在 $P_d=0.9$ 时准静态多径传播对 LRT 检测器虚报概率的影响。我们采用针对手持接收的共有 $J=20$ 条延迟路径的多径瑞利衰落信道模型，相应的多径衰落传播的相关信道参数可以在文献 [117] 的附录 B 中找到。在仿真中，我们假设信道在 L 帧内是相干的，这对于工作在低载波频段的通信系统来说是一个合理的假设。为了便于讨论，我们将文献 [117] 中的信道定义为 ETSI(European Telecommunications Standards Institute) 信道。ETSI 信道的各条路径的信道系数不仅考虑了大尺度路径损耗，

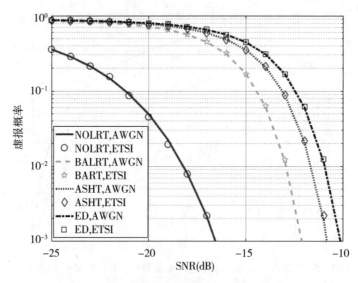

图 5-8　ETSI 信道上的虚报概率(其中 $P_d=0.9$)

也考虑了小尺度信道衰落。为了便于比较,我们在图中也给出了在 AWGN 信道中获得的理论分析结果。对于在 ETSI 信道中的仿真,我们根据式(5-42)获得 NOLRT 检测器的判决门限,而根据式(5-65)获得 BALRT 检测器的判决门限。从图中可以看出,所有方案的虚报概率不受多径传播的的影响。这主要是因为,根据式(5-1),次用户在 $\mathcal{H}_0$ 的假设下仅接收到 AWGN。

图 5-9 显示了在虚报概率 $P_f = 0.01$ 时,ETSI 信道准静态多径传播对 LRT 检测器漏检概率的影响。图中的仿真参数与图 5-8 中的相同。在仿真中,我们根据式(5-34)得到 NOLRT 检测器的判决门限,而根据式(5-51)得到 BALRT 检测器的判决门限。为了便于比较,图中也给出了 AWGN 信道中获得的理论结果。从图中可以看到,在多径传播环境中 NOLRT 检测器的漏检概率急剧上升。这主要是因为,次用户最多能够与一条延迟路径同步,因而其他延迟路径对式(5-23)中 NOLRT 检测器的检验统计量造成破坏性影响。但是相比之下,BALRT 检测器相对于其他检测器的性能优势保持不变。此外,BALRT 检测器的性能不受 ETSI 多径传播信道的影响。这主要是因为,在各条线性延迟路径中导频是周期性的。因此,根据式

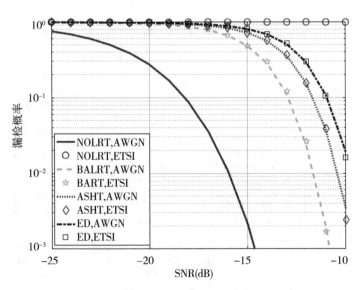

图 5-9 ETSI 信道上的漏检概率(其中 $P_f = 0.01$)

(5-1)，次用户接收到的导频也是周期性的。BALRT 检测器充分利用这种内置的特性来提升频谱感知性能。

5.5.4 噪声不确定性的影响

文献[117]中 ETSI 信道的延迟扩展为 $5.4\mu s$，是一个相对频率平坦的信道。为了评估频率选择性信道的影响，图 5-10 显示了不同检测器在 $P_f = 0.01$ 时在 SUI-6 信道上的漏检概率。SUI-6 信道模型是一个 $J = 3$ 径的信道模型，其延迟扩展与多普勒扩展相对较高，分别为 $20\mu s$ 与 $0.5Hz$。需要指出，$0.5Hz$ 的多普勒扩展对应于 $2s$ 的相干时间，这比 $L = 800$ 帧的时间长度更长。通过比较图 5-10 与图 5-9 可以发现，NOLRT 检测器在 SUI 信道中的性能优于其在 ETSI 信道中的性能。这主要是因为，SUI 信道的路径数量少于 ETSI 信道的路径数量。具体而言，NOLRT 检测器依赖于精确的时间同步信息，但最多只能与一条延迟路径精确同步。从而，所有其他未同步路径中的信号变为检测器的干扰。因此，路径数量越多，NOLRT 检测器的性能越差。相比之下，BALRT 检测器在 SUI 信道中的性能与其在 ETSI 信道

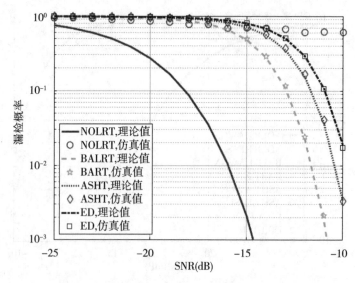

图 5-10　SUI 信道中的漏检概率(其中 $P_f = 0.01$)

中的性能相同，因为它不需要时间同步信息。因此，如果信道相干时间大于若干帧，BALRT 检测器对多径传播具有稳健性，并且在 AWGN 信道中获得的理论结果可以在实际多径传播环境中应用。

　　由于 NOLRT 检测器依赖于精确的时间同步信息而且易受多径传播的影响，图 5-11 仅显示噪声不确定性对 BALRT 检测器频谱感知性能的影响。在图 5-11 中，虚报概率为 P_f=0.01。为了便于比较，图中也给出了根据式(5-46)获得的理论漏检概率，它相应于噪声不确定性(Noise Uncertainty, NU)为 0dB 的场景。BALRT 检测器的判决门限由式(5-51)获得，而 MBAL-RT 检测器的判决门限根据式(5-68)中 $\mathcal{T}_{BALRT}$ 的经验分布获得。从图(5-11)中可以看到，当 NU 为 0.1dB 时，BALRT 检测器的性能几乎不受噪声不确定性影响。然而，当 NU 增加到 1dB 时，BALRT 检测器的性能大幅下降。相比之下，可以通过使用基于式(5-66)噪声估计值的 MBALRT 检测器有效缓解噪声不确定性。图 5-11 中，当 SNR<-14dB 时，BALRT 检测器在 NU 为 0.1dB 时的性能略差于 MBALRT 检测器在 NU 为 1dB 是的性能。这主要是因为，如果不使用噪声功率估计值，噪声不确定性对 BALRT 检测器的影响随主用户信号功率的降低而更加明显。

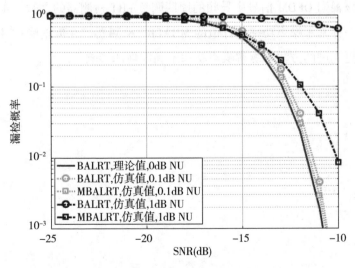

图 5-11　噪声不确定性对漏检概率的影响(其中 P_f=0.01)

5.6 结论

　　在本章中，为了在认知无线电网络中感知包含内置周期性导频的极微弱 OFDM 信号，我们提出了一种 NOLRT 检测器。虽然我们提出的 NOLRT 检测器在 AWGN 信道中的频谱感知性能良好，它需要本地生成的主用户导频与接收信号中的导频在时间上精准同步。此外，NOLRT 检测器的频谱感知性能在多径传播环境中急剧恶化。作为一种解决方案，我们提出利用 OFDM 信号中内置导频周期性的 BALRT 检测器。BALRT 检测器既不需要次用户生成主用户导频，也不需要时间同步信息。此外，BALRT 检测器的性能不受多径传播的影响。虽然 BALRT 检测器是在低信噪比环境中推导出的，但是它适用于信噪比高的环境。我们获得了 AWGN 信道中 LRT 检测器检测概率与虚报概率的闭式解。在 AWGN 信道中获得的 BALRT 检测器的理论分析结果可以在实际多径传播环境中应用。理论分析与仿真结果表明，BALRT 检测器以低复杂度获得了相对于其他方案的显著频谱感知性能优势。此外，BALRT 检测器成本低，仅需要一个简单的缓存。在实际应用中，应该根据 OFDM 信号中导频的周期调整 LRT 检测器的参数。虽然我们提出了一种基于噪声功率估计值的 MBALRT 检测器，在低信噪比环境中仍然需要更先进的方法来缓解噪声功率不确定性的影响。

6 针对时延与吞吐量的持续频谱感知

6.1 引言

文献广泛报道了在整个主用户频带上进行周期性频谱感知(Periodic Spectrum Sensing，PSS)与数据传输的方案。在文献[182]中，主用户出现的概率被用于改进频谱感知性能。文献[80]与文献[183]中的作者研究了主用户的占用状态为恒定与随机两种假设下频谱感知与吞吐量之间的折中。为了缓解静默期的负面影响，文献[184]利用信道状态信息(Channel State Information，CSI)自适应地调度频谱感知与数据传输活动。为了提高次用户网络的总吞吐量，文献[128]在一个两用户协作中继网络中联合分配频谱感知时间与数据传输功率；而文献[185]利用宽带频谱感知在多用户网络中联合分配频谱感知时间与数据传输功率。在文献[126]中，作者通过协作频谱感知获得了主用户系统和次用户系统总的最大信道吞吐量。在文献[186]提出的基于频谱感知的频谱共享方案中，在感知到主用户出现时，次用户以低功率传输；而在感知到主用户空闲时，次用户以高功率传输。为了提高频谱利用率，文献[187]通过根据历史信息自适应地选择频谱感知行为来修改周期性频谱感知方案。在文献[188]中，作者分析了在统计服务质量(Quality of Service，QoS)的约束下，次用户的有效容量。在文献[189]中，作者通过考虑多个接入层感知错误的影响来联合设计频谱感知功能与信道接入策略。文献中也报道了在相同频带同时进行频谱感知与数据传输的方案。在文献[190]中，作者提出了一种非静默的主用户检测（Nonquiet Primary User Detection，NPUD）方案，并且安排次用户在感知主用户行为的同时传输自身的数据。在文献[191]中，作者假设存在精确的 CSI，并且提出了静默-活跃频谱感知方案，以及活跃频谱感知方案。在能够对次用户数据精确解调的假设下，文献[192]作者获得了最大化认知无线电系统容量的最优功率分配策略。文献也报道了在主用户频带的两个不同部分同时分别进行频谱感知与数据传输的持续频谱感知（Countinuous Spectrum Sensing，CSS）方案。在文献[193]中，一个主用户子带被用于频谱感知，而其他主用户子带被用于次用户数据传输。作者分别通过固定中继方案与可变中继方案降低了平均检测时间。在文献[194]中，持续频谱感知与次用户数据传输同时进行。并且作者提出了一种协作策略，以在次用户之间交互感知结果，并降低检测时延。

在 PSS 方案中，次用户必须在频谱感知间隙中断其数据传输，因为频谱感知是在整个频带上进行的。因而，次用户通常经历较长的由数据传输中断导致的时间延迟，即便是在次用户的平均吞吐量能够被有效优化的情况下。显然对于时延敏感的次用户业务，例如语音业务和视频业务，频繁的传输中断通常会降低次用户的时延服务质量。而且，PSS 方案仅能够在每帧的有限时间内调整感知时长。当次用户接收机接收到的主用户信号强度很低时，频谱感知结果是非常不可靠的，这将严重地降低频谱利用率和次用户的吞吐量。参考文献[190]、[191]中提出的方案在相同的频带上同时进行频谱感知和数据传输，因而不需要在感知阶段中断次用户数据传输。与 PSS 方案相比，这些方案能够在主用户信号强度很弱的情况下获得更好的系统性能，因为次用户有较长的感知时间来观测主用户信号。然而，在主用户保护约束下，来自主用户的干扰通常在主用户信号强度增强的情况下降低次用户的性能。相比之下，参考文献[193]、[194]中的 CSS 方案不仅能够调整感知时间，也能够调整感知带宽。此外，与 PSS 方案中感知时长只能在一帧之内调整相比，CSS 方案中的感知时长调整能够跨越多个帧。因而，通过在主用户频带的两个不同部分同时分别进行主用户活动状态感知和次用户数据传输，CSS 方案为降低次用户传输时间和提高次用户吞吐量提供了有效的解决方案。然而在为主用户提供保护的约束下，如果每帧内的用于频谱感知的子带数目固定，频谱利用率和可实现的次用户吞吐量可能很低。

在本章中，我们提出一种新的针对时延的 CSS（Delay Oriented CSS，DO-CSS）方案，它能够调整频谱感知带宽。在保证主用户所需要的保护的条件下，我们获得了最大化次用户吞吐量的最优频谱感知带宽。与传统的 PSS 方案相比，使用我们提出的 DO-CSS 方案能够有效地降低次用户的平均时间延迟。然而，对于一些有较高吞吐量需求的次用户服务，DO-CSS 方案获得的最大吞吐量可能仍然不能满足需要。因而，通过联合调整感知时间与感知带宽，我们进一步提出了一种新的针对吞吐量的 CSS（Throughput Oriented CSS，TO-CSS）方案。在主用户所需要的保护得到保证的条件下，我们获得了最大化次用户吞吐量的最优感知带宽。在 DO-CSS 方案中，次用户在每帧内判定主用户的状态；而在 TO-CSS 方案中，次用户在多个连续的帧内判定主用户的活动状态。在这种意义上，在实际系统中可以很容易地在这两种方案之间为不同的次用户服务切换。理论分析和仿真结果都表明，针对持续频谱感知方案，存在最大化次用户吞吐量的最优感知带宽。而且，我们证明了 DO-CSS 方案相对于传统的 PSS 方案在时延性能上的优势。此外，在传输时延和可获得的次用户吞吐量这两个方面，我们还证明了了 TO-CSS 方案的优势。

本章的剩余部分组织如下：6. 2 节给出系统模型；6. 3 节描述我们提出的 DO-CSS 方案，并且分析 DO-CSS 方案的性能；6. 4 节描述我们提出的 TO-CSS 方案，并且分析 TO-CSS 方案的性能；6. 5 节给出仿真结果；最后，6. 6 节对本章进行简要的总结。

6. 2 系统模型

我们考虑一个各个次用户在时域中逐帧传输的认知无线电网络。通常，各个次用户周期性地在每个帧的整个频带上进行频谱感知。令 W 表示主用户信号的带宽，T 表示主用户信号的帧长，τ 表示用于频谱感知的时间。在每个感知间隔 τ 内，次用户必须中断传输以防止同信道干扰。一旦感知结果表明主用户空闲，次用户在当前帧的剩余时间内接入主用户频带；否则，次用户中断其数据传输，直到检测到主用户空闲。

在本章中，频谱感知与数据传输同时在主用户频带的两个不同部分进行，这与文献[193]、[194]中的一致。在频域，主用户带宽 W 被划分为两部分。其中带宽为 W_s 的部分被用于频谱感知。在这部分主用户频带，为了避免同信道干扰，禁止次用户传输。另外带宽为 $W-W_s$ 的部分被用于次用户数据传输。为了同时进行频谱感知和数据传输，次用户需要配备两部无线电台，一部电台用于频谱感知，而另外一部电台用于数据传输。

6.2.1 主用户信号模型

令 $\mathcal{H}_0$ 与 $\mathcal{H}_1$ 分别表示主用户空闲和占用其授权信道的假设。次用户频谱感知电台观测到的信号可以表示为：

$$x[i]=\begin{cases}n[i], & \mathcal{H}_0\\ n[i]+h_p s[i], & \mathcal{H}_1\end{cases} \tag{6-1}$$

式(6-1)中，$i=1,2,\cdots,L$ 表示样本索引，$L=2TW_s$ 表示在时间 T 和带宽 W_s 内采集到的样本点数；$n[i]$ 表示零均值的复值加性高斯白噪声(AWGN)，其概率分布为 $n[i]\sim\mathcal{CN}(0,\sigma_n^2)$；$\sigma_n^2=N_0 W$ 为整个主用户频带上的噪声功率，N_0 为 AWGN 的功率谱密度(PSD)；h_p 表示主用户发射机与次用户接收机之间的块衰落信道增益，在每帧内为常量；$s[i]$ 表示主用户信号。假设主用户以正交频分复用(OFDM)的方式传输。主用户数据比特流经过编码，交织后采用中心对称的调制方案，如 QAM，对 OFDM 子载波进行调制。需要指出，这种调制方案已经被 DVB 系统采用。因而，可以认为主用户信号是一个均值为零功率为 σ_p^2 的复值高斯过程，其概率分布为 $s[i]\sim\mathcal{CN}(0,\sigma_p^2)$。为不失一般性，假定主用户功率均匀地分布在传输

带宽 W 内，其 PSD 为 N_p，那么 $N_p W = \sigma_p^2$。

6.2.2 次用户信号模型

在时域，次用户在其传输频带 $W - W_s$ 上分时隙进行数据传输。为了保护主用户信号不受到有害干扰，一方面，次用户仅在上一帧的频谱感知结果显示主用户未出现时传输其业务数据；另一方面，如果当前帧的频谱感知结果显示主用户信号出现，次用户在下一帧中断其数据传输，直到再次检测到频谱机会。虽然次用户可能因频谱感知结果显示主用户信号出现而中断其数据传输，也可能因为频谱感知结果显示主用户空闲而重启传输，但是次用户持续不断地在感知频带 W_s 内进行频谱感知。

次用户传输带来的带外辐射可能对次用户发射机的频谱感知功能带来负面影响。为了避免这个问题，我们假定：①次用户以 OFDM 方式传输其业务数据；②次用户信号子载波间距与主用户信号的子载波间距相同。在这些假设下，当次用户同时感知主用户行为并传输其业务数据时，带外干扰可以忽略，因为用于频谱感知的子载波与用于数据传输的子载波在频域是正交的。为不失一般性，假设次用户的信号功率 σ_s^2 在其传输频带 $W - W_s$ 上均匀分布；次用户信号在带宽 $W - W_s$ 内的 PSD 为 N_s，那么 $N_s(W - W_s) = \sigma_s^2$；次用户收发机之间的信道 h_s 为块衰落信道。

6.3 针对时延的持续频谱感知方案

对于一些对时间延迟敏感的次用户业务，微小的时间延迟增量将导致难以接受的服务质量。为降低次用户的平均传输时延，我们提出一种新的针对时延的持续频谱感知（DO-CSS）方案，如图 6-1 所示。由于频谱感知的结果直接影响次用户的系统性能，我们首先介绍频谱感知的性能指标与次用户的数据传输过程，然后分析次用户可获得的吞吐量与次用户的平均传输时延。

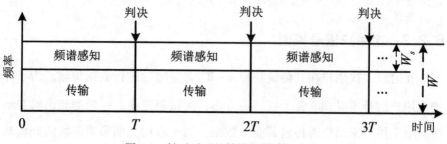

图6-1　针对时延的持续频谱感知方案

6.3.1　次用户频谱感知

为了方便讨论，我们采用能量检测器进行频谱感知。能量检测器的感知性能由接收机操作特性曲线（ROC），或者检测概率与虚报概率来表征。

需要指出，次用户仅感知频带 W_s 内的主用户信号。在本章的剩余部分，如果没有特别说明，$n[i]\sim\mathcal{CN}(0,\sigma_{ns}^2)$ 与 $s[i]\sim\mathcal{CN}(0,\sigma_{ps}^2)$ 分别表示频谱感知频带 W_s 内的噪声与主用户信号，其中 $\sigma_{ns}^2=N_0W_s$ 并且 $\sigma_{ps}^2=N_pW_s$。能量检测器的检验统计量可以表示为 $\Lambda=\dfrac{1}{\sigma_{ns}^2}\sum_{i=1}^{2TW_s}|x[i]|^2$。需要指出，检验统计量 Λ 不同于文献[80]中的检验统计量，因为前者是 W_s 的函数，而后者是 τ 的函数。根据中心极限定理，当 $2TW_s$ 足够大时，可以认为 Λ 近似服从高斯分布。可以推导出，在 $\mathcal{H}_0$ 的假设下，$\Lambda|_{\mathcal{H}_0}\sim\mathcal{N}(2TW_s,2TW_s)$；而在 $\mathcal{H}_1$ 的假设下，$\Lambda|_{\mathcal{H}_1}\sim\mathcal{N}(2TW_s(1+\gamma),2TW_s(1+\gamma)^2)$，其中 $\gamma=|h_p|^2\dfrac{\sigma_{ps}^2}{\sigma_{ns}^2}$ 为次用户接收机观测到的主用户信噪比。由于 $\gamma=|h_p|^2\dfrac{N_pW}{N_0W}$，我们可以得到 $\gamma=|h_p|^2\dfrac{\sigma_p^2}{\sigma_n^2}$。

（1）AWGN 信道中的感知性能

在 AWGN 信道中，信道增益 h_p 为常量。对于给定的感知判决门限 λ，能量检测器的检测概率 $P_d(W_s) = \mathrm{Pr}(\Lambda \geqslant \lambda \mid \mathcal{H}_1)$ 与虚报概率 $P_f(W_s) = \mathrm{Pr}(\Lambda \geqslant \lambda \mid \mathcal{H}_0)$ 可以分别表示为：

$$P_f(W_s) = Q\left(\frac{\lambda}{\sqrt{2TW_s}} - \sqrt{2TW_s}\right) \tag{6-2}$$

$$P_d(W_s) = Q\left(\frac{\lambda}{(1+\gamma)\sqrt{2TW_s}} - \sqrt{2TW_s}\right) \tag{6-3}$$

式中，$Q(x) = \dfrac{1}{\sqrt{2\pi}} \displaystyle\int_x^\infty \exp(-t^2/2)\,\mathrm{d}t$。

（2）衰落信道中的感知性能

在衰落信道中，信道增益 h_p 与信噪比 γ 都是随机变量。令 $f_\gamma(\gamma)$ 表示信噪比 γ 的概率密度函数（probability density function，PDF），其中 $\bar{\gamma}$ 为平均的主用户信噪比。由于平均的虚报概率 $\bar{P}_f(W_s)$ 与信道衰落无关，我们有 $\bar{P}_f(W_s) = P_f(W_s)$。而平均的检测概率取决于信道衰落环境，可以表示为：

$$\bar{P}_d(W_s) = \int_0^\infty f_{\bar{\gamma}}(\gamma) P_d(W_s)\,\mathrm{d}\gamma \tag{6-4}$$

在 Nagakami 衰落信道中，信噪比的 PDF 为 $f_\gamma(\gamma) = \dfrac{1}{\Gamma(m)}(m/\bar{\gamma})^m \gamma^{m-1}$ $\exp\left(-\dfrac{m\gamma}{\bar{\gamma}}\right)$，其中 m 表示 Nakagami 信道衰落指数。

6.3.2 次用户数据传输

频谱感知的结果是一个有关主用户活动状态的二元判决，即当 $\Lambda \geqslant \lambda$ 时判定主用户占用其授权频带，而当 $\Lambda < \lambda$ 时判定主用户在其授权频带上空闲。因而，需要考虑以下四种情况：①正确检测到主用户（Correct Detection of the Primary User，CDPU），这意味着次用户正确地检测到主用户出现；②错误地检测到主用户（Incorrect Detection of the Primary User，ICDPU），这意味着虚报；③正确检测到频谱机会（Correct Detection of Spectrum Opportunity，CDSO），这意味着次用户正确地检测到主用户空闲；④错误地检测

到频谱机会（Incorrect Detection of Spectrum Opportunity，ICDSO），这意味着漏报。

（1）AWGN 信道中的传输

一旦次用户判定主用户空闲，该次用户接入主用户频带。因而，次用户在 CDSO 以及 ICDSO 两种情况下传输数据。在 CDSO 的情况下，仅次用户在授权的主用户频带上传输数据，可获得的次用户吞吐量为：

$$C_1(W_s) = (W-W_s)\ln(1+\Omega_1(W_s)) \tag{6-5}$$

在式（6-5）中，次用户在其传输频带上观测到的信噪比 $\Omega_1(W_s)$ 可以表示为：

$$\Omega_1(W_s) = |h_s|^2 \frac{N_s(W-W_s)}{N_0(W-W_s)} \tag{6-6}$$

由于次用户的信噪比还可以表示为 $\rho = |h_s|^2 \frac{N_s(W-W_s)}{N_0(W-W_s)}$，我们可以推导出 $\Omega_1(W_s)=\rho$。从而式（6-5）可以重新表示为 $C_1(W_s) = (W-W_s)\ln(1+\rho)$。

在 ICDSO 的情况下，次用户与主用户同时在主用户授权的频带上传输数据，因而次用户和主用户之间相互干扰。次用户可获得的吞吐量变为：

$$C_2(W_s) = (W-W_s)\ln(1+\Omega_2(W_s)) \tag{6-7}$$

在式（6-7）中，次用户在其传输频带上观测到的信号与噪声和干扰功率之比 $\Omega_2(W_s)$ 可以表示为：

$$\Omega_2(W_s) = \frac{|h_s|^2 N_s(W-W_s)}{(N_p|h_p|^2+N_0)(W-W_s)} \tag{6-8}$$

由于 $\frac{N_p|h_p|^2(W-W_s)}{N_0(W-W_s)} = |h_p|^2\frac{N_pW}{N_0W}$ 并且主用户信噪比 $\gamma = |h_p|^2\frac{N_pW}{N_0W}$，我们可以推导出 $\Omega_2(W_s) = \frac{\rho}{\gamma+1}$ 以及 $C_2(W_s) = (W-W_s)\ln\left(1+\frac{\rho}{\gamma+1}\right)$。

令 $P(\mathcal{H}_0)$ 与 $P(\mathcal{H}_1)$ 分别表示主用户空闲和忙的概率。那么，CDSO 与 ICDSO 的概率分别为 $P(\mathcal{H}_0)(1-P_f(W_s))$ 与 $P(\mathcal{H}_1)(1-P_d(W_s))$。利用式（6-5）与式（6-7），次用户可获得的吞吐量可以表示为：

$$C(W_s) = P(\mathcal{H}_0)\Pi_1(W_s) + P(\mathcal{H}_1)\Pi_2(W_s) \tag{6-9}$$

式中，$\Pi_1(W_s) = (1-P_f(W_s))C_1(W_s)$，$\Pi_2(W_s) = (1-P_d(W_s))C_2(W_s)$，分别表示次用户在$\mathcal{H}_0$与$\mathcal{H}_1$的假设下可获得的吞吐量。

(2) 衰落信道中的传输

在衰落信道中，信道增益h_s与次用户收发机之间的信噪比ρ都是取决于衰落环境的随机变量。次用户也在CDSO和ICDSO两种情况下传输数据。

在CDSO的情况下，通过对ρ的概率密度函数求平均获得平均的次用户吞吐量：

$$\bar{C}_1(W_s) = (W-W_s)\int_0^\infty f_{\bar{\rho}}(\rho)\ln(1+\rho)\,\mathrm{d}\rho \tag{6-10}$$

式中，$f_{\bar{\rho}}(\rho) = \dfrac{1}{\Gamma(m)}(m/\bar{\rho})^m \rho^{m-1}\exp\left(-\dfrac{m\rho}{\bar{\rho}}\right)$是Nakagami信道中$\rho$的概率密度函数；$\bar{\rho}$是平均的次用户信噪比。在ICDSO的情况下，次用户可获得的平均吞吐量为：

$$\bar{C}_2(W_s) = (W-W_s)\int_0^\infty\int_0^\infty f_{\bar{\gamma}}(\gamma)f_{\bar{\rho}}(\rho)\ln\left(1+\frac{\rho}{\gamma+1}\right)\mathrm{d}\rho\,\mathrm{d}\gamma \tag{6-11}$$

由于CDSO与ICDSO的概率分别为$P(\mathcal{H}_0)(1-\bar{P}_f(W_s))$与$P(\mathcal{H}_1)(1-\bar{P}_d(W_s))$，根据式(6-10)与式(6-11)，衰落信道中次用户可获得的吞吐量可以表示为：

$$\bar{C}(W_s) = P(\mathcal{H}_0)\bar{\Pi}_1(W_s) + P(\mathcal{H}_1)\bar{\Pi}_2(W_s) \tag{6-12}$$

式中，$\bar{\Pi}_1(W_s) = (1-\bar{P}_f(W_s))\bar{C}_1(W_s)$；$\bar{\Pi}_2(W_s) = (1-\bar{P}_d(W_s))\bar{C}_2(W_s)$。从式(6-12)中可以看出，与式(6-9)在AWGN信道中的次用户吞吐量相比，在衰落信道中次用户可获得的吞吐量总体下降。

当次用户接收机远离次用户发射机而接近主用户发射机时，主用户信噪比γ远大于次用户信噪比ρ，这意味着式(6-9)或者式(6-12)右边的第一项起着决定性的作用。然而，当次用户接收机远离主用户发射机并且接近次用户发射机时，主用户信噪比γ远小于次用户信噪比ρ，这意味着式

(6-9)或者式(6-12)右边的第二项起着决定性作用。

6.3.3 可获得的次用户吞吐量

在本小节，我们分别分析 AWGN 信道与衰落信道中使用 DO-CSS 方案可获得的次用户吞吐量。

(1) AWGN 信道中的吞吐量

为了方便讨论，我们分别定义 $U_1 = P(\mathcal{H}_0)\ln(1+\rho)$，$U_2 = P(\mathcal{H}_1)\ln\left(1+\dfrac{\rho}{1+\gamma}\right)$，并且 $\varphi_1(W_s) = (W-W_s)(1-P_f(W_s))$，$\varphi_2(W_s) = (W-W_s)(1-P_d(W_s))$。那么，在式(6-9)中的 $C(W_s)$ 可以重新表示为：

$$C(W_s) = \varphi_1(W_s)U_1 + \varphi_2(W_s)U_2 \tag{6-13}$$

从次用户的角度出发，希望通过调整合适的频谱感知带宽 W_s 来最大化可获得的吞吐量 $C(W_s)$，即 $\max\limits_{0<W_s<W} C(W_s) = \varphi_1(W_s)U_1 + \varphi_2(W_s)U_2$。然而，从拥有频谱使用权的主用户的角度出发，要求主用户得到充分保护。为了保护主用户，检测概率 $P_d(W_s)$ 不能低于预定的门限 P_d^{th}，即 $P_d(W_s) \geqslant P_d^{th}$。检测概率 $P_d(W_s)$ 越大，主用户受到的保护越好。然而，虚报概率 $P_f(W_s)$ 总是随着检测概率 $P_d(W_s)$ 的增加而单调递增。由于虚报概率 $P_f(W_s)$ 的增长通常导致较低的频谱利用率，在实际中只需要满足基本的主用户保护约束条件，即 $P_d(W_s) = P_d^{th}$。

因而，次用户的优化问题可以重新表示为：

$$\max_{0<W_s<W} \quad C(W_s) = \varphi_1(W_s)U_1 + \varphi_2(W_s)U_2$$
$$\text{s. t.} \quad P_d(W_s) = P_d^{th} \tag{6-14}$$

根据式(6-2)和式(6-3)，我们可以得到 $P_f(W_s) = Q\left((1+\gamma)Q^{-1}(P_d(W_s)) + \sqrt{2TW_s}\,\gamma\right)$。因而，式(6-14)中的优化问题可以转换为：

$$\max_{0<W_s<W} \quad \hat{C}(W_s) = (W-W_s)f_1(W_s)$$
$$\text{s. t.} \quad P_f(W_s) = Q(f_2(W_s)) \tag{6-15}$$

式中，$f_1(W_s) = (1 - P_f(W_s))U_1 + (1 - P_d^{th})U_2$；$f_2(W_s) = (1 + \gamma)Q^{-1}(P_d^{th}) + \sqrt{2TW_s}\gamma$。可以证明，在主用户保护约束条件下，对于 $W_s \in (0, W)$，式 (6-15) 中的 $\hat{C}(W_s)$ 是 W_s 的凸函数。因而，存在最大化次用户吞吐量的最优频谱感知带宽 $W_s^{opt} \in (0, W)$。

由于可获得的次用户吞吐量 $\hat{C}(W_s)$ 是频谱感知带宽 W_s 的凸函数，通过令 $\hat{C}(W_s)$ 的一阶偏导为零，即 $\partial\hat{C}(W_s)/\partial W_s = 0$，或者等效地：

$$f_1(W_s) - (W - W_s)\frac{\partial f_1(W_s)}{\partial W_s} = 0 \qquad (6\text{-}16)$$

我们可以获得最优的频谱感知带宽 W_s^{opt}。虽然式(6-16)没有闭式解，从 $\hat{C}(W_s)$ 的凸性我们可以看出 $\partial\hat{C}(W_s)/\partial W_s$ 是 W_s 的单调减函数。因而，可以通过众所周知的二分法搜索式(6-16)的解。

为了进一步分析采用 DO-CSS 方案后次用户可获得的吞吐量，我们考虑以下两种情况：次用户传感器观测到的主用户信噪比 γ 极小；次用户传感器观测到的主用户信噪比 γ 极大。在前一种情况下，我们有 $\gamma \to 0$，这意味着次用户传感器远离主用户发射机。从而，可以推导出 $\lim\limits_{\gamma \to 0} P_f(W_s) = P_d(W_s) = P_d^{th}$。因而，我们可以得到：

$$\lim\limits_{\gamma \to 0}\hat{C}(W_s) = (W - W_s)(1 - P_d^{th})\ln(1 + \rho) \qquad (6\text{-}17)$$

从式(6-17)可以看出，次用户不仅能够在主用户空闲的情况下获得吞吐量，还能够在主用户忙的情况下获得吞吐量。还可以看出，次用户在 $W_s \to 0$ 时获得最优的吞吐量。实际上，当 $\gamma \to 0$ 时，频谱感知是没有必要的，因为可以认为次用户处于主用户发射机的覆盖范围之外。而在后一种情况下，我们有 $\gamma \to \infty$，这意味着次用户传感器位于主用户发射机附近。可以推导出，$\lim\limits_{\gamma \to \infty} P_f(W_s) = 0$。因而：

$$\lim\limits_{\gamma \to \infty}\hat{C}(W_s) = P(\mathcal{H}_0)(W - W_s)\ln(1 + \rho) \qquad (6\text{-}18)$$

从式(6-18)可以看出，次用户仅在它检测到主用户空闲的情况下获得吞吐量。而且，最优的吞吐量在 $W_s \to 0$ 时获得。然而，主用户信号通常是功率受限的。即便次用户传感器紧邻主用户发射机，次用户传感器观测到的主用户信噪比总会低于一定的门限值 γ^{th}，即 $\gamma \leqslant \gamma^{th}$。因而，主用户信噪比 γ 越大，最优的频谱感知带宽 W_s^{opt} 越小。

（2）衰落信道中的吞吐量

为了方便讨论，我们定义 $\bar{U}_1 = \int_0^\infty f_\rho(\rho) U_1 d\rho$ 以及 $\bar{U}_2 = \int_0^\infty \int_0^\infty f_\gamma(\gamma)$ $f_\rho(\rho) U_2 d\gamma d\rho$。那么，式（6-12）中的 $\bar{C}(W_s)$ 可以重新表示为：

$$\bar{C}(W_s) = \bar{\varphi}_1(W_s) \bar{U}_1 + \bar{\varphi}_2(W_s) \bar{U}_2 \tag{6-19}$$

式中，$\bar{\varphi}_1(W_s) = (W - W_s)(1 - \bar{P}_f(W_s))$；$\bar{\varphi}_2(W_s) = (W - W_s)(1 - \bar{P}_d(W_s))$。

在主用户保护约束 $\bar{P}_d(W_s) = P_d^{th}$ 下，次用户期望使得可获得的吞吐量 $\bar{C}(W_s)$ 最大化。因而优化问题可以用公式表示为：

$$\max_{0 < W_s < W} \quad \bar{C}(W_s) = \bar{\varphi}_1(W_s) \bar{U}_1 + \bar{\varphi}_2(W_s) \bar{U}_2$$

$$\text{s. t.} \quad \bar{P}_d(W_s) = P_d^{th} \tag{6-20}$$

从式（6-4）可以看出，平均虚报概率 $\bar{P}_f(W_s)$ 不能表示为平均检测概率 $\bar{P}_d(W_s)$ 的闭式函数。然而，可以证明，平均可获得的吞吐量 $\bar{C}(W_s)$ 也是频谱感知带宽 W_s 的凸函数，并且平均虚报概率 $\bar{P}_d(W_s)$ 是频谱感知带宽 W_s 的单调增函数。因而，式（6-20）中给出的优化问题仍然是一个凸优化问题，并且可以通过凸优化理论求解。

需要指出，在 AWGN 信道上，如果时间与带宽之积恒定，采用 DO-CSS 方案可获得的最大次用户吞吐量与采用 PSS 方案可获得的最大次用户吞吐量相同。在衰落信道中，可以得到类似的结果。因而，相对于已有的 PSS 方案，使用我们提出的 DO-CSS 方案不会给次用户带来吞吐量性能的下降。

6.3.4 次用户传输时延

在我们提出的 DO-CSS 与数据传输方案中，次用户仅在检测到主用户空闲时才能够在授权的主用户频带上传输或者重传。一旦次用户检测到主用户出现，次用户必须中断传输以保护主用户的法定权益。

(1) AWGN 信道中的时延

在 DO-CSS 方案中，次用户在两种情况下推延其数据传输：CDPU 与 ICDPU。在 CDPU 的情况下，次用户的时延为 $D_1(W_s) = TP_d(W_s)$；而在 ICDPU 的情况下，次用户的时延为 $D_2(W_s) = TP_f(W_s)$。在主用户保护条件 $P_d(W_s) = P_d^{th}$ 下，平均的次用户传输时延可以表示为：

$$D(W_s) = T\left[P(\mathcal{H}_1) P_d^{th} + P(\mathcal{H}_0) Q[f_2(W_s)] \right] \qquad (6-21)$$

方括号中的第一项是不可避免的，因为在这种情况下的次用户传输将对授权的主用户造成有害干扰。从式(6-21)可以看出，对于给定的主用户保护阈值 P_d^{th}，用于频谱感知的带宽 W_s 越大，传输时延 $D(W_s)$ 越小。然而，感知带宽 W_s 越大，可用于次用户数据传输的带宽越小，因而可获得的次用户吞吐量越小。

为了进一步理解 DO-CSS 方案的次用户时延，我们也考虑两种情况：次用户传感器观测到的主用户信噪比 γ 极小；次用户传感器观测到的主用户信噪比 γ 极大。在前一种情况下，假定次用户传感器观测到的主用户信噪比趋于无穷小，即 $\gamma \to 0$。由于 $\lim\limits_{\gamma \to 0} f_2(W_s) = Q^{-1}(P_d^{th})$，根据式(6-21)可以得到：

$$\lim_{\gamma \to 0} D(W_s) = TP_d^{th} \qquad (6-22)$$

根据式(6-22)，不管主用户出现还是空闲，次用户数据传输被推延的概率均为 P_d^{th}。而在后一种情况下，我们假定次用户传感器观测到的主用户信噪比趋于无穷大，即 $\gamma \to \infty$。由于 $\lim\limits_{\gamma \to \infty} f_2(W_s) = \infty$，根据式(6-21)可以推导出：

$$\lim_{\gamma \to \infty} D(W_s) = TP(\mathcal{H}_1) P_d^{th} \qquad (6-23)$$

这意味着次用户的数据传输仅在 CDPU 的情况下被推延。在这种情况下，频谱利用率被最大化，因为次用户总是正确地检测到空闲的主用户频带。此外，从式(6-22)与式(6-23)可以看出，主用户保护阈值 P_d^{th} 越大，次用户的平均传输延迟越大。

作为比较,我们给出文献[80]中PSS方案的平均传输延迟:

$$D(\tau, W) = \tau + (P(\mathcal{H}_0)P_f(\tau, W) + P(\mathcal{H}_1)P_d^{th})(T-\tau) \qquad (6\text{-}24)$$

式中,$P_f(\tau, W) = Q((1+\gamma)Q^{-1}(P_d^{th}) + \sqrt{2\tau W}\gamma)$。需要指出,为了防止同信道干扰,在PSS方案中的每个频谱感知时隙τ内中断次用户的数据传输的概率为一。令$P_d(\tau, W)$表示PSS方案的检测概率。可以证明,当$\frac{W_s}{W} = \frac{\tau}{T}$时,虚报概率$P_f(\tau, W) = P_f(W_s)$,并且检测概率$P_d(\tau, W) = P_d(W_s)$。

定义$\Delta D(\tau, W_s) = D(\tau, W) - D(W_s)$。那么,我们可以得到:

$$\Delta D(\tau, W_s) = \tau(1 - P(\mathcal{H}_0)P_f(W_s) - P(\mathcal{H}_1)P_d^{th}) \qquad (6\text{-}25)$$

为了简洁起见,定义$p_{00} = 1 - P_f(W_s)$,$p_{01} = P_f(W_s)$,$p_{11} = P_d^{th}$以及$p_{10} = 1 - P_d^{th}$。根据这些定义,可以推导出$\Delta D(\tau, W_s) = \tau(1 - P(\mathcal{H}_0)p_{01} - P(\mathcal{H}_1)p_{11})$。考虑到在式(6-25)中$1 - P(\mathcal{H}_0)p_{01} - P(\mathcal{H}_1)p_{11} = P(\mathcal{H}_0)p_{00} + P(\mathcal{H}_1)p_{10} > 0$,我们可以得到$\Delta D(\tau, W_s) > 0$。因而,如果PSS方案的最优感知时间$\tau^{opt}$与DO-CSS方案的最优感知带宽$W_s^{opt}$满足$\frac{W_s^{opt}}{W} = \frac{\tau^{opt}}{T}$的关系,我们可以推导出$P_f(\tau^{opt}, W) = P_f(W_s^{opt})$,$P_d(\tau^{opt}, W) = P_d(W_s^{opt})$,并且$\Delta D(\tau^{opt}, W_s^{opt}) > 0$。因此,我们提出的DO-CSS方案的平均传输延迟比已有的PSS方案的平均传输延迟小。

(2)衰落信道中的时延

在衰落信道中,采用我们提出的DO-CSS方案所产生的次用户时延可以表示为:

$$\bar{D}(W_s) = T[P(\mathcal{H}_1)\bar{P}_d(W_s) + P(\mathcal{H}_0)\bar{P}_f(W_s)] \qquad (6\text{-}26)$$

式中,$\bar{P}_d(W_s) = P_d^{th}$。

令$\bar{D}(\tau, W)$表示次用户采用PSS方案后在衰落信道中的平均传输延迟,并且$\Delta\bar{D}(\tau, W_s) = \bar{D}(\tau, W) - \bar{D}(W_s)$表示在相应衰落信道中采用DO-CSS方案后次用户数据传输延迟性能的改进。相应地,令τ^{opt}表示PSS方案在衰落信道中的最优感知时间，$\overline{W}_s^{opt}$ 表示 DO-CSS 方案在衰落信道中的最优感知带宽。如果 $\dfrac{\overline{W}_s^{opt}}{W} = \dfrac{\tau^{opt}}{T}$，那么时延性能的改进可以表示为：

$$\Delta \overline{D}(\tau^{opt}, \overline{W}_s^{opt}) = \tau^{opt} \nabla(\overline{W}_s^{opt}) \tag{6-27}$$

式中，$\overline{P}_d(\overline{W}_s) = P_d^{th}$；$\nabla(\overline{W}_s^{opt}) = (1 - P(\mathcal{H}_0)\overline{P}_f(\overline{W}_s^{opt}) - (P(\mathcal{H}_1)\overline{P}_d(\overline{W}_s^{opt}))$。同样可以证明 $\Delta \overline{D}(\tau^{opt}, \overline{W}_s^{opt}) > 0$。因而，如果在衰落信道中采用我们提出的 DO-CSS 方案，次用户的平均传输延迟也比 PSS 方案的小。

需要指出，虽然 AWGN 信道在无线通信中是不切实际的，但是在 AWGN 信道中对次用户的性能进行分析，能够为在真实的衰落环境中研究次用户的行为提供理论指导。具体而言，可以认为 AWGN 信道中次用户的感知性能、吞吐量性能，以及时延性能是衰落信道中相应性能的上界。

6.4　针对吞吐量的持续频谱感知方案

我们提出的 DO-CSS 方案利用了在频域调整频谱感知带宽 W_s 的自由度来降低平均的次用户传输延迟。然而，DO-CSS 方案并没有在时域充分利用调整频谱感知时间长度的自由度。显然，通过在 CSS 中引入频谱感知时间长度调整可以进一步提升次用户的系统性能。在本节，我们主要集中于 AWGN 信道中的次用户性能，而衰落信道中的次用户性能可以利用 AWGN 信道中的结果获得。

对于一些有高吞吐量需求的次用户业务，从式(6-15)或者式(6-20)中获得的最大吞吐量可能仍然不能满足需求。为提高可获得的最大次用户吞吐量，我们提出了一种新的针对吞吐量的持续频谱感知(Throughput-oriented CSS，TO-CSS)方案，如图 6-2 所示。在频谱感知频带内，K 个相邻的帧时间被用于联合地感知主用户信号。在数据传输频带，如果前一帧的频谱感知结果显示主用户信号空闲，次用户在接下来的 K 帧内传输数据；否则，次用户中断数据传输，直到再次检测到主用户空闲。因此，次用户既利用了时域中调整感知时间的自由度，也利用了频域调整感知带宽的的自由度，从而有效地提高了次用户系统的性能。

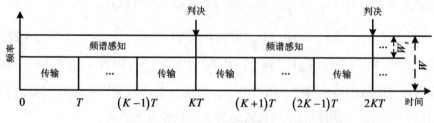

图6-2 针对吞吐量的持续频谱感知与数据传输

6.4.1 次用户频谱感知

由于 TO-CSS 方案的频谱感知时间长度延长为 KT，AWGN 信道中相应的虚报概率 $P'_f(W_s)$ 与检测概率 $P'_d(W_s)$ 分别为：

$$P'_f(W_s) = Q\left(\frac{\lambda}{\sqrt{2KTW_s}} - \sqrt{2KTW_s}\right) \tag{6-28}$$

$$P'_d(W_s) = Q\left(\frac{\lambda}{(1+\gamma)\sqrt{2KTW_s}} - \sqrt{2KTW_s}\right) \tag{6-29}$$

在主用户保护约束条件 $P'_d(W_s) = P_d^{th}$ 下，根据式(6-29)，频谱感知门限 λ 可以表示为检测概率阈值 P_d^{th} 的函数。那么，式(6-28)中的虚报概率 $P'_f(W_s)$ 可以重新表示为：

$$P'_f(W_s) = Q\left((1+\gamma)Q^{-1}(P_d^{th}) + \sqrt{2KTW_s}\,\gamma\right) \tag{6-30}$$

可以看出，对于 $K>1$，式(6-30)中 TO-CSS 方案的虚报概率 $P'_f(W_s)$ 远小于式(6-15)中 DO-CSS 方案的虚报概率 $P_f(W_s)$，因为相对于 DO-CSS 方案，TO-CSS 方案有更长的时间来观察主用户信号的功率特征。

6.4.2 次用户数据传输

在 AWGN 信道中，在 CDSO 情况下次用户传输的概率为 $P(\mathcal{H}_0)(1-P'_f(W_s))$，可获得的次用户吞吐量为 $C_1(W_s)$；而在 ICDSO 情况下次用户的传

输概率为 $P(\mathcal{H}_1)(1-P'_d(W_s))$，相应可获得的次用户吞吐量为 $C_2(W_s)$。因而，次用户可获得的总吞吐量为：

$$C'(W_s)=P(\mathcal{H}_0)\Pi'_1(W_s)+P(\mathcal{H}_1)\Pi'_2(W_s) \tag{6-31}$$

式中，$\Pi'_1(W_s)=(1-P'_f(W_s))C_1(W_s)$，表示在 $\mathcal{H}_0$ 的假设下未授权的认知用户可获得的吞吐量；$\Pi'_2(W_s)=(1-P'_d(W_s))C_2(W_s)$，表示在 $\mathcal{H}_1$ 的假设下认知用户可获得的吞吐量。

6.4.3 次用户可获得的吞吐量

基于式(6-13)中 U_1 与 U_2 的定义，式(6-31)可以重新表示为：

$$C'(W_s)=\varphi'_1(W_s)U_1+\varphi'_2(W_s)U_2 \tag{6-32}$$

式中，$\varphi'_1(W_s)=(W-W_s)(1-P'_f(W_s))$；$\varphi'_2(W_s)=(W-W_s)(1-P'_d(W_s))$。为了给主用户提供充分的保护，次用户应该遵循主用户的保护约束条件 $P'_d(W_s)=P^{th}_d$。从次用户的角度出发，可获得的吞吐量越大越好。因而，优化问题可以用公式表示为：

$$\max_{0<W_s<W} \quad C'(W_s)=\varphi'_1(W_s)U_1+\varphi'_2(W_s)U_2$$
$$\text{s. t.} \quad P'_d(W_s)=P^{th}_d \tag{6-33}$$

利用式(6-30)，式(6-33)中的优化问题可以简化为：

$$\max_{0<W_s<W} \quad \hat{C}'(W_s)=(W-W_s)g_1(W_s)$$
$$\text{s. t.} \quad P'_f(W_s)=Q(g_2(W_s)) \tag{6-34}$$

式中，$g_1(W_s)=(1-P'_f(W_s))U_1+(1-P^{th}_d)U_2$；$g_2(W_s)=(1+\gamma)Q^{-1}(P^{th}_d)+\sqrt{2KTW_s}\gamma$。利用凸优化理论，可以求得式(6-34)的解。

令 $\Delta C(W_s)=C'(W_s)-C(W_s)$。在主用户保护约束条件下，我们可以得到：

$$\Delta C(W_s)=(W-W_s)U_1[Q(f_2(W_s))-Q(g_2(W_s))] \tag{6-35}$$

由于 $Q(f_2(W_s))-Q(g_2(W_s))>0$，对于 $W_s\in(0,W)$，可以推断 $\Delta C(W_s)>0$。这意味着在 AWGN 信道中，TO-CSS 方案的吞吐量总是大于 DO-CSS 方

案的吞吐量。由于 DO-CSS 方案的吞吐量性能与 PSS 方案的吞吐量性能相同，可以推断 TO-CSS 方案在这三种方案中吞吐量性能最好。

6.4.4 次用户传输时延

需要指出，一旦次用户判定主用户出现，采用 TO-CSS 方案的次用户时延为 KT 而不是 T。与 CDPU 和 ICDPU 相应的平均次用户传输延迟分别为 $KT[P(\mathcal{H}_1)P'_d(W_s)]$ 与 $KT[P(\mathcal{H}_0)P'_f(W_s)]$。因而，在主用户的保护约束条件 $P'_d(W_s) = P^{th}_d$ 下，平均的次用户传输延迟变为：

$$D'(W_s) = KT[P(\mathcal{H}_1)P^{th}_d + P(\mathcal{H}_0)Q(g_2(W_s))] \tag{6-36}$$

在时间间隔 KT 内，DO-CSS 方案的平均传输延迟为：

$$D(K, W_s) = P(\mathcal{H}_0)\sum_1(K, W_s) + P(\mathcal{H}_1)\sum_2(K, W_s) \tag{6-37}$$

式中：

$$\Sigma_1(K, W_s) = \sum_{n=0}^{K} C_K^n P_f^n(W_s)(1 - P_f(W_s))^{K-n} nT,$$

$$\Sigma_2(K, W_s) = \sum_{n=0}^{K} C_K^n P_d^n(W_s)(1 - P_d(W_s))^{K-n} nT,$$

$$C_K^n = K! / [n!(K-n)!]。$$

由于 $D(K, W_s) = KT[P(\mathcal{H}_0)P_f(W_s) + P(\mathcal{H}_1)P_d(W_s)]$，在约束条件 $P_d(W_s) = P^{th}_d$ 下，根据式 (6-21)，式 (6-37) 可以表示为 $D(K, W_s) = KD(W_s)$。令 $\Delta D(W_s) = D(K, W_s) - D'(W_s)$。那么，我们可以得到：

$$\Delta D(W_s) = P(\mathcal{H}_0)KT[Q(f_2(W_s)) - Q(g_2(W_s))] \tag{6-38}$$

由于 $f_2(W_s) < g_2(W_s)$，并且 $Q(x)$ 是 x 的单调减函数，我们可以得到 $\Delta D(W_s) > 0$。这意味着 TO-CSS 方案的平均传输延迟低于 DO-CSS 方案的平均时延。由于 DO-CSS 方案的平均时延低于 PSS 方案的平均时延，可以推断，TO-CSS 方案在这三种方案中具有最好的时延性能。

我们从式 (6-35) 与式 (6-38) 知道，K 的值越大，次用户可获得的吞吐量越大，并且次用户的时延性能越好。然而，这个结论是建立在主用户的活动状态在 K 个相邻帧内保持不变的假设上的。对于提供长时间服务的主用户系统，主用户的活动状态通常在多个连续的帧内保持不变，例如 DVB 系统；而对于同时提供长时间服务和短时间服务的主用户系统，主用户的活动状态可能逐帧变化，例如蜂窝系统。因而，有严格 QoS 需求的次用户应该在提供长时间服务的主用户频带上以较大的 K 值寻找频谱机会，而 QoS 需求较松的次用户可以在提供短时间服务的主用户频带上以较小的 K 值寻找频谱机会。

6.5 仿真结果

在仿真中，我们假定主用户系统采用 DVB-T 发信方式传输数据。主用户信号的带宽为 $W=6\text{MHz}$。主用户信号的子载波个数为 2048。次用户以奈奎斯特速率对主用户信号进行采样观察。次用户信号的帧长为 $T=160\text{ms}$。次用户信号的子载波间距与主用户信号的子载波间距相同。平均的次用户信噪比为 $\bar{\rho}=20\text{dB}$，主用户忙的概率为 $P(\mathcal{H}_1)=0.3$，主用户空闲的概率为 $P(\mathcal{H}_0)=1-P(\mathcal{H}_1)=0.7$，并且主用户保护阈值为 $P_d^{th}=0.9$。每次仿真结果都是 10^4 次实例的平均结果。

在 AWGN 信道中，假定主用户与次用户之间的信道增益为 $h_p=1$。在衰落环境中，我们假定信道为准静态块衰落信道。并且，主用户与次用户之间的信道独立于次用户收发机之间的信道。需要指出，在 Nakagami 衰落因子 $m=1$ 时，Nakagami 衰落等效于瑞利衰落。并且在 Nakagami 因子 m 足够大时，Nakagami 衰落信道可以近似为 AWGN 信道。

6.5.1 针对时延的持续频谱感知

图 6-3 分别显示了 AWGN 信道与衰落信道中虚报概率与频谱感知带宽的关系。在图中，平均的主用户信噪比为 $\bar{\gamma}=-20\text{dB}$，检测概率为 $P_d^{th}=0.9$。在 AWGN 信道中的理论结果由式(6-2)和式(6-3)获得，而在衰落信道中的理论结果由式(6-2)和式(6-4)获得。从图中可以看出，仿真结果与理论分析结果一致。一方面，虚报概率随着感知带宽 W_s 的增加而下降。

另一方面，虚报概率随着 Nakagami 指数 m 的增加而下降。

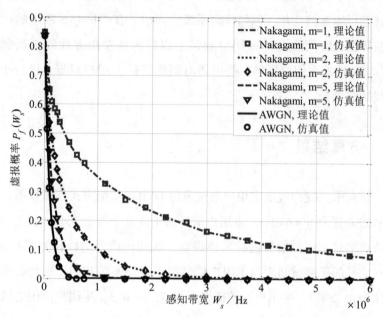

图 6-3　主用户平均信噪比为 $\bar{\gamma} = -20\text{dB}$ 时，DO-CSS 方案的频谱感知性能

图 6-4 显示了不同衰落信道中归一化的次用户吞吐量与频谱感知带宽的关系。在 AWGN 信道中，归一化的次用户吞吐量定义为 $C(W_s)/W$；而在衰落信道中，归一化的次用户吞吐量定义为 $\bar{C}(W_s)/W$。在 AWGN 信道中，理论的归一化次用户吞吐量根据式(6-9)获得，而在 Nakagami 衰落信道中，理论的归一化次用户吞吐量根据式(6-12)获得。从图中可以看出，仿真结果与理论分析结果相符。一方面，Nakagami 衰落信道中的次用户吞吐量总是低于 AWGN 信道中的次用户吞吐量。另一方面，随着 Nakagami 指数 m 的增长，次用户的吞吐量增长。也可以看到，获得最大吞吐量的最优感知带宽随着 Nakagami 指数 m 的减小而增加。由于仿真结果与理论分析结果一致，为了简洁起见，在本章的剩余部分我们仅给出理论结果。

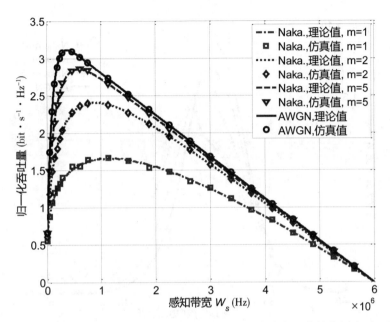

图 6-4　主用户平均信噪比为 $\bar{\gamma}=-20$dB 时，DO-CSS 方案归一化的次用户吞吐量

图 6-5 显示了获得最大次用户吞吐量的最优频谱感知带宽与平均主用户信噪比 $\bar{\gamma}$ 之间的关系。从图中可以看到，在各个最优频谱感知带宽曲线中均存在峰值。这个特征主要源于这样的事实，当平均主用户信噪比 $\bar{\gamma}$ 相对较低时，次用户的吞吐量主要取决于式（6-5）与式（6-7），或式（6-10）与式（6-11）；当平均主用户信噪比 $\bar{\gamma}$ 相对较高时，次用户的吞吐量主要取决于式（6-5），或者式（6-10）。从图中也可以看出，当平均主用户信噪比 $\bar{\gamma}$ 极小或者极大时，最优的频谱感知带宽为一个子频带，这进一步分别证实了式（6-17）与式（6-18）。当平均主用户信噪比 $\bar{\gamma}$ 约低于 -25dB 时，AWGN 信道中的最优频谱感知带宽总是大于 Nakagami 衰落信道中的最优感知带宽；而当 $\bar{\gamma}$ 约高于 -25dB 时，情况刚好相反。然而，如将要在图 6-6 中显示的那样，衰落信道中的次用户吞吐量总是低于 AWGN 信道中的吞吐量，即便在主用户信噪比相对较低时分配了较小的频带用于感知。

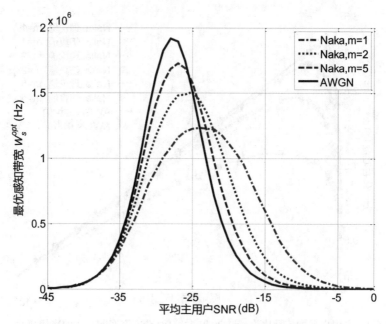

图 6-5　获得 DO-CSS 方案最大次用户吞吐量的频谱感知带宽

图 6-6 比较了 DO-CSS 方案与 NPUD 方案的最大的归一化次用户吞吐量。可以看出，信道衰落通常降低次用户的吞吐量性能。对于 DO-CSS 方案，次用户可获得的最大吞吐量在平均主用户信噪比 $\bar{\gamma}$ 极小或者极大时趋于常量，这分别与式（6-17）与式（6-18）中的理论分析一致。一方面，当 $\bar{\gamma}$ 约小于−15dB 时，最大可获得的次用户吞吐量随着 $\bar{\gamma}$ 的增加而增长，因为虚报概率随着 $\bar{\gamma}$ 的增加而下降。另一方面，当 $\bar{\gamma}$ 约大于−15dB 时，次用户的吞吐量随着 $\bar{\gamma}$ 的增加而降至常量，因为从 ICDPU 的情况中获得的吞吐量减少。也可以看到，NPUD 方案与 DO-CSS 方案有着相似的吞吐量性能变化趋势。然而，由于次用户在相同的频带上同时进行感知和数据传输，在平均信噪比 $\bar{\gamma}$ 约大于−30dB 时，NPUD 方案的性能劣于 DO-CSS 方案的性能。

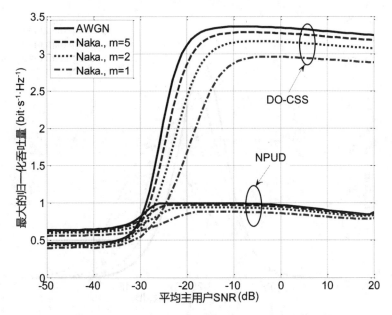

图 6-6　归一化的可获得的次用户吞吐量的最大值比较

图 6-7 显示了相对于文献［80］中提出的 PSS 方案，采用 DO-CSS 方案对次用户平均传输延迟性能的改进。在图 6-7 中，PSS 方案的平均次用户传输延迟通过使用最优的频谱感知时间 τ_{opt} 获得，而 DO-CSS 方案的平均次用户传输延迟通过使用最优的频谱感知带宽 W_s^{opt} 获得。可以看到，我们提出的 DO-CSS 方案的平均次用户传输延迟总是低于 PSS 方案的平均次用户传输延迟，这与式(6-25)中的理论结果一致。还可以看到，时延性能随着平均主用户信噪比与信道衰落环境的变化而改变。一方面，当平均主用户信噪比约为–15dB 时，较小的 Nakagami 指数 m 产生较大的时延性能改进。另一方面，当平均主用户信噪比约为–30dB 时，情况刚好相反。这些主要是因为，当平均主用户信噪比约为–15dB 时，平均主用户信噪比的影响比信道衰落的影响更加显著；而在信噪比约为–30dB 时，信道衰落的影响比平均主用户信噪比的影响更加显著。

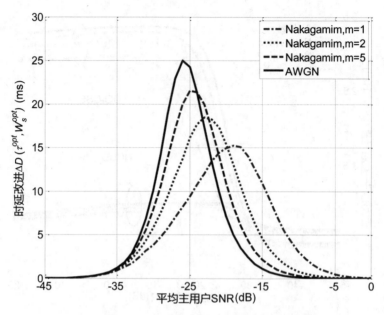

图 6-7　相对于 PSS 方案，DO-CSS 方案的时延性能改进

6.5.2　针对吞吐量的持续频谱感知

图 6-8 比较了 TO-CSS 方案和 DO-CSS 方案归一化的次用户吞吐量在 $K=2$ 时与频谱感知带宽的关系。可以看到，相对于 DO-CSS 方案，使用 TO-CSS 方案既能够在 AWGN 信道中提高次用户的吞吐量，也能够在瑞利衰落信道中提高次用户的吞吐量。此外，在相同条件下，获得 TO-CSS 方案最大吞吐量的最优感知带宽比获得 DO-CSS 方案最大吞吐量的最优感知带宽小。这主要是因为，TO-CSS 方案的频谱感知时间比 DO-CSS 方案的频谱感知时间长。因而，对于给定主用户保护约束条件，TO-CSS 方案频谱感知所需的带宽更小，更多的带宽可用于数据传输。需要指出，通过使用 TO-CSS 方案，能够在平均主用户信噪比 $\bar{\gamma}$ 或次用户帧长 T 较小时获得显著的性能增益。对于较大的平均主用户信噪比或者次用户帧长，通过增加 K 获得的

吞吐量增益较小。

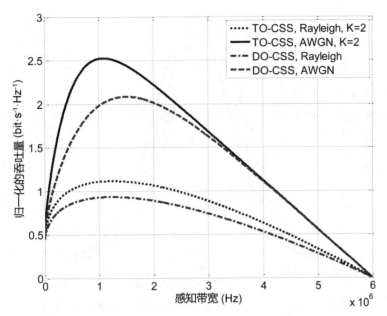

图 6-8　当主用户平均信噪比为 $\bar{\gamma}=-25\text{dB}$ 时，归一化的次用户吞吐量比较

　　图 6-9 显示了 AWGN 信道中获得 TO-CSS 方案最大的归一化次用户吞吐量的最优频谱感知带宽与平均主用户信噪比的关系。从图中可以看到，对于任意的 K 值，在各条最优频谱感知带宽曲线中都存在峰值，这与图 6-5 中观察到的结果类似。从图中也可以看到，在平均主用户信噪比为 $\bar{\gamma}=-25\text{dB}$ 左右时，最优的频谱感知带宽 W_s^{opt} 随着 K 的增加而下降。这是因为，随着 K 的增加，可用于频谱感知的时间增长，因而频谱感知所需的带宽减少。然而，当平均主用户信噪比为 $\bar{\gamma}=-35\text{dB}$ 左右时，最优的感知带宽随着 K 的增加而增加。这是因为，即便更多的时间可以用于频谱感知，随着 K 的增加，较低的主用户信噪比需要更多的带宽来进行频谱感知，以满足对主用户的保护约束条件。

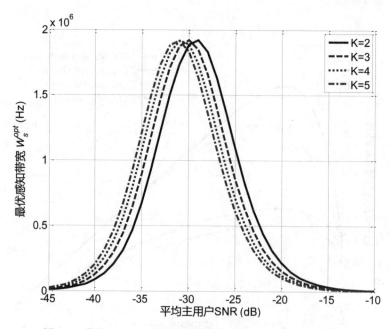

图 6-9 获得 TO-CSS 方案最大次用户吞吐量的最优感知带宽

图 6-10 显示了在获得相应最优频谱感知带宽时，相对于 DO-CSS 方案，TO-CSS 方案归一化的次用户吞吐量性能改进。需要指出，图中显示的吞吐量性能改进不同于式（6-35）中的吞吐量性能改进，因为 TO-CSS 方案与 DO-CSS 方案有不同的最优频谱感知带宽。可以看到，相对于 DO-CSS 方案，使用 TO-CSS 方案可以提高次用户的吞吐量。也可以看到，对于任何 K 值，在各条吞吐量改进曲线中均存在峰值。这是因为，在高主用户信噪比的场景中，次用户的吞吐量主要源于 CDSO 的情形。而在低主用户信噪比的场景中，次用户的吞吐量来自 CDSO 和 ICDSO 两种情形。此外，通过延长次用户的帧长，或者增加 K，可以提高次用户可获得的吞吐量。这主要是因为，随着 K 的增加，频谱感知时间也增加。

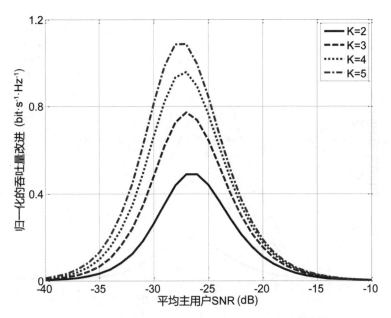

图 6-10　相对于 DO-CSS 方案，TO-CSS 方案归一化的吞吐量改进

　　图 6-11 显示了在获得相应最优频谱感知带宽时，相对于 DO-CSS 方案，TO-CSS 方案的传输延迟性能改进。这里也需要指出，图中所示的时延性能改进不同于式(6-38)中的时延性能改进，因为 TO-CSS 方案与 DO-CSS 方案有不同的最优频谱感知带宽。相对于 DO-CSS 方案，对于任意 $K>2$，次用户的传输延迟可以通过使用 TO-CSS 方案来降低。可以看到，时延性能改进在平均主用户信噪比 $\bar{\gamma}$ 小于−28dB 左右时随着 $\bar{\gamma}$ 的增加而增大，这是因为次用户的传输延迟由 CDPU 和 ICDPU 两种情况共同造成。然而，在平均主用户信噪比 $\bar{\gamma}$ 大于−28dB 左右时，时延性能改进随着 $\bar{\gamma}$ 的增加而减小，这是因为次用户的传输延迟主要由 CDPU 造成。此外，通过增加 K 可以进一步减小次用户传输延迟，因为由 ICDPU 造成的次用户传输延迟随着 K 的增加而减小。

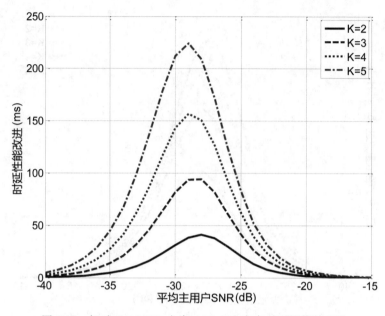

图 6-11 相对于 DO-CSS 方案，TO-CSS 方案时延性能的改进

6.6 结论

在本章中，我们考虑次用户不同业务有不同服务质量要求的场景，并提出了基于频分的 CSS 方案。首先，针对时延敏感的次用户业务，提出了一种新的 DO-CSS 方案。在我们提出的 DO-CSS 方案中，主用户频带被划分为两个正交的部分，一部分用于持续频谱感知，而另外一部分用于持续数据传输。在保证为主用户提供所需保护的条件下，我们获得了最大化次用户吞吐量的最优频谱感知带宽。其次，针对有大吞吐量需求并且对时延敏感的次用户业务，进一步提出了一种新的针对有较大吞吐量需求的次用户业务的 TO-CSS 方案。我们提出的 TO-CSS 方案通过在多个相邻的帧中进行持续频谱感知，提高了次用户可获得的最大吞吐量。对于给定的主用户保

护要求，我们也获得了最大化次用户吞吐量的最优频谱感知带宽。理论分析和仿真结果表明，相对于已有的方案，我们提出的 DO-CSS 方案能够有效降低次用户的时延，并且我们提出的 TO-CSS 方案能够在降低次用户时延的同时提高次用户的吞吐量。

7 针对 AF 中继辅助主用户传输的联合感知与传输

7.1 引言

中继被广泛地应用于授权的主用户网络中。与传统基站(base station, BS)相比,中继站(relay station, RS)在成本和性能两方面都具有优势。一方面,中继台的设备开销和运营开销比基站的低。另一方面,中继台可以有效地提高主用户网络覆盖范围和系统容量。用于扩展覆盖范围的中继被划分为第 I 类中继或者非透明中继,而用于提高系统容量的中继被划分为第 II 类中继或者透明中继。基站与中继之间的链路被称为中继链路,而中继台或者基站与移动台之间的链路被称为接入链路。如果中继在中继链路和接入链路上使用相同的频率,称该中继为带内中继;否则,称该中继为带外中继。通常有两种基本的中继协议,也就是放大转发(amplify-and-forward, AF)与解码转发(decode-and-forward, DF)。在文献[202]中,作者针对两跳 AF 多输入多输出(multiple-input multiple-output, MIMO)中继网络提出了四种联合中继与天线选择策略,以最大化分集增益。作者获得了各个选择策略中断概率的精确闭式解。在文献[203]中,作者提出了两种资源分配算法,以最大化多个 DF 中继辅助的正交频分复用(orthorgonal frequency division multiplexing, OFDM)传输系统中的和速率。作者考虑了源与中继各自的总功率约束。在文献[204]中,作者获得了针对双路(two-way)中继信道的最优传输策略,以最大化可获得的速率,并且实现最优的分集与复用折衷。

中继也被未授权的次用户网络用于协作频谱感知和伺机数据传输。在文献[205]中,作者研究了多径衰落和阴影信道中能量检测器的检测性能。辅助数据融合中心进行协作频谱感知的次用户被认为是认知中继或者次用户中继。在文献[206]中,作者提出了一种基于中继选择的不需要专用报告信道的协作频谱感知方案。该方案在不损失检测性能的前提下节省了专用报告信道资源。在文献[207]中,作者研究了能量受限的认知无线电中继网络中的传输控制协议(transmission control protocol, TCP)性能的优化问题。次用户保证主用户的传输速率在一定的时间比例内高于最小传输速率。在文献[208]中,作者提出了一种同步频谱感知协议,以提高中继辅助的次用户系统的频谱效率。在通信的两个阶段中的各个阶段,次用户系统仅在源节点进行频谱感知。在文献[209]中,针对多中继认知无线电网络,作者提出了一种选择性的中继频谱感知和最优中继数据传输的方案。来自各个次用户中继的频谱感知结果被送到融合中心,而且不需要专门的频谱感知中继。在文献[210]中,作者研究了对未充分利用的信道资源的伺机多址接入。协助主用户节点传输的认知中继能够为次用户节点提供更多的接入机会。

在授权的主用户网络中的中继拥有授权的频带,而在未授权的次用户网络中的中继没有授权的频带。在文献[202]~[204]中,作者提出的主用户中继辅助的传输方案一般包括两个阶段。在第一个阶段,主用户发射机向主用户中继与主用户接收机发射信号;在第二个阶段,主用户中继根据所选的中继协议向主用户接收机发射信号。在文献[205]、[206]~[209]中,作者提出的次用户中继辅助的传输方案专注于利用主用户发射机直接向主用户接收机传输的频带上的频谱机会。一方面,文献[205]、[206]研究了次用户中继辅助的协作频谱感知方案的性能,但是没有考虑频谱感知性能对数据传输性能的影响。另一方面,在文献[207]~[209]中提出的联合频谱感知与数据传输方案分别以 TCP 吞吐量,频谱效率与中断概率为性能指标。虽然文献[210]中的认知中继在主用户接收机没有成功接收到来自主用户发射机的数据时协作主用户发射机传输，作者假设认知中继能够无误地进行检测。显然，传统主用户中继辅助的传输方案在各个阶段呈现不同的行为。然而，当前所做的努力仅限于在授权的频带上利用这样的频谱机会：主用户发射机在该授权频带上直接传输给主用户接收机。最近测量表明，在授权的蜂窝频带上频谱利用率很低。由于在授权的蜂窝网络中广泛地部署了主用户中继，开发针对中继辅助的主用户传输的联合感知与传输方案具有重要意义。需要指出，授权的蜂窝网络中的低频谱利用率并不意味着授权的中继辅助蜂窝网络中的低频谱利用率。虽然文献[197]中的作者并没有说明在进行频谱利用率的测量时是否在授权的蜂窝网络中部署了主用户中继，我们认为在授权的中继辅助蜂窝网络中存在频谱机会。首先，在任何蜂窝中主用户中继的部署不会改变主用户的业务需求。其次，当一个蜂窝的业务流量普遍较高的时候，主用户中继的部署通常提供更高的传输速率，这意味着更少的传输时间。再次，主用户蜂窝中继通常被用于缓解蜂窝小区中的阴影衰落，虽然该蜂窝小区中的业务流量并不高。最后，各个蜂窝小区中均有为越区切换预留的频谱资源。次用户可以在这些预留的频带上伺机传输数据。

在本章，我们考虑主用户使用透明的带内中继的情形。在认知无线电网络中，我们提出了一种针对 AF 中继辅助主用户传输的两阶段联合感知与传输方案（two-phase joint sensing and transmission scheme，TP-JSTS）。我们考虑了一般主用户中继采用的两个传输阶段，并在各阶段中考虑主用户系统的中继行为。在第一阶段的开始，次用户传感器侦听主用户发射机；而在第二个阶段的开始，次用户传感器侦听主用户中继。在各个阶段，一旦次用户检测到主用户空闲，次用户发射机在相应阶段的剩余时间内传输；否则，为了保护主用户的法定权益，次用户发射机推延数据传输。我们既考虑了大尺度路径损耗，也考虑了小尺度信道衰落。我们所作的贡献总结如下。

第一，构建了针对主用户中继传输进行频谱感知的理论框架。相对于已有的针对主用户发射机与接收机之间直接传输的感知方案,该框架考虑了主用户中继的两阶段中继行为。理论分析表明,第二阶段针对主用户中继与主用户接收机之间链路的频谱感知性能取决于第一阶段针对主用户发射机与主用户中继之间链路的频谱感知性能。

第二,得到了最大化次用户可获得的吞吐量的最优感知时间分配策略。该分配策略考虑了这样的事实,取决于频谱感知结果,次用户发射机在第一个阶段发射的信号可能会被主用户中继放大转发,并且在第二个阶段成为次用户接收机的干扰。

第三,获得了最小化次用户平均传输时延的最优感知时间分配策略。该最优的感知时间分配策略既取决于第一个阶段的频谱感知性能,也取决于第二个阶段的频谱感知性能。此外,它还取决于对主用户的保护水平。

仿真结果显示,第二阶段的频谱感知性能取决于第一阶段的频谱感知性能。而且,在第一阶段和第二阶段存在一对最优的频谱感知时间长度,使得次用户可获得的吞吐量最大。此外,在第一阶段和第二阶段存在另外一对最优的频谱感知时间长度,使得次用户的平均传输时延最小。

针对放大转发中继辅助的主用户传输,本书提出了一种两阶联合感知与传输方案(two-phase joint sensing and transmission scheme, TP-JSTS)。在第一个阶段的开始,次用户传感器侦听主用户(Primary User, PU)发射机;而在第二个阶段的开始,次用户(Secondary User, SU)传感器侦听主用户中继。我们获得了第一阶段频谱感知性能与第二阶段频谱感知性能之间的关系,以及最大化次用户可获得吞吐量的最优感知时间分配策略。我们也获得了最小化次用户平均传输时延的最优频谱感知时间分配策略。仿真结果显示,第二阶段的频谱感知性能取决于第一阶段的频谱感知性能。而且,在第一阶段和第二阶段存在一对最优的感知时间长度,使得次用户可获得的吞吐量最大。此外,在第一阶段和第二阶段,存在另外一对最优的感知时间长度,使得次用户的平均传输时延最小。

本章剩余部分按照下述方式组织:7.2 节描述系统模型;7.3 节介绍TP-JSTS;7.4 节分析 TP-JSTS 的频谱感知性能,吞吐量性能以及延迟性能；仿真结果在 7.5 节给出；7.6 节对本章进行简要总结。

7.2 系统模型

在授权的蜂窝网络中，中继台有许多应用场景，例如临时覆盖，高密度蜂窝部署等。这些应用场景可以被归纳为非透明中继和透明中继应用的特例。非透明中继或者第 I 类中继的位置远离基站，其作用是提高覆盖范围和协助远离基站的移动台进行通信，而透明中继或者第 II 类中继位于基站的覆盖范围内，其作用是提高移动台的链接容量。受非透明中继服务的移动台与基站之间没有视距链路，而受透明中继服务的移动台与基站之间有视距链路。

我们考虑授权蜂窝网络中中继辅助的一个扇区，如图 7-1 所示。在图中，主用户发射机（PU transmitter，PU-Tx）可能是基站或者中继台；相应地，主用户接收机（PU receiver，PU-Rx）可能是移动台或者中继台。由于我们考虑主用户利用透明的带内中继的情形，假定主用户发射机和主用户接收机分别为基站和移动台。在主用户发射机与主用户接收机之间，M 个主用户中继（R_1，R_2，$\cdots$，R_M）均匀地分布在半径为 L 角度为 θ_M 的圆弧上，其中 $2L$ 为蜂窝的边长。对于一个三扇区的蜂窝，各个扇区的角度 θ_M 应该为 $\theta_M = 2\pi/3$。当主用户中继数目为 $M=1$ 时，唯一的主用户中继 R_1 的角度为 $\theta_1 = 0$。当主用户中继数目为 $M \geqslant 2$ 时，第 m 个主用户中继 R_m 的角度为 $\theta_m = \dfrac{m-1}{M-1}\theta_M$。为不失一般性，我们假定主用户发射机位于坐标为（0，0）的原点。那么，第 m 个主用户中继 R_m 的坐标或者位置可以表示为（$L\cos\theta_m$，$L\sin\theta_m$）。

主用户中继辅助的下行链路传输过程通常包括两个阶段。在第一阶段，PU-Tx 向 PU-Rx 发射信号。发射给主用户接收机的信号同时通过中继信道 h_{P1}，$\cdots$，h_{PM} 分别传播到主用户中继 R_1，$\cdots$，R_M，其中 $h_{Pm} = \sqrt{K(L/d_0)^{-\varepsilon}}\,\tilde{h}_{Pm}$，$K$ 表示参考距离 d_0 处的路径损耗，ε 为路径损耗因子，

并且 $\hbar_{Pm}$ 为主用户发射机与第 m 个主用户中继之间的小尺度信道衰落。各个主用户中继根据放大转发的中继协议处理其接收到的来自主用户发射机的信号。在第二个阶段，主用户中继 R_1，$\cdots$，R_M 把处理过的信号通过主用户中继与主用户接收机之间的接入信道转发给主用户接收机。

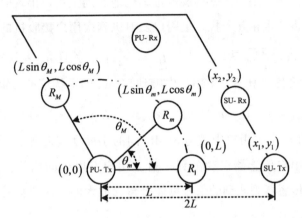

图 7-1　在授权蜂窝网络中，次用户伺机接入中继辅助的蜂窝小区留下的频带

在蜂窝扇区的覆盖范围内，次用户发射机（SU Transmitter，SU-Tx）伺机向次用户接收机（SU Receiver，SU-Rx）传输信号，如图 7-1 所示。在图中，(x_1,y_1) 与 (x_2,y_2) 分别为 SU-Tx 与 SU-Rx 的坐标或者位置。为了避免对主用户造成有害干扰，各个次用户在传输前必须确保当前频带上的主用户空闲。因而，除了用于发射/接收信号的电台外，次用户需要配备另外一副用于频谱感知的电台（为了方便讨论，我们称该电台为次用户传感器）。次用户一旦检测到主用户空闲，次用户发射机便通过信道 $h_S = \sqrt{K(d_S/d_0)^{-\varepsilon}}\hbar_S$ 向次用户接收机发射信号，其中 $d_S = \sqrt{(x_2-x_1)^2+(y_2-y_1)^2}$，并且 $\hbar_S$ 表示次用户发射机与次用户接收机之间的小尺度信道衰落。在主用户的第一个传输阶段，主用户发射机发射的信号也通过信道 $h_{PS} = \sqrt{K(d_{PS}/d_0)^{-\varepsilon}}\hbar_{PS}$ 传播到次用户的传感器，其中 $d_{PS} = \sqrt{x_1^2+y_1^2}$，并且 $\hbar_{PS}$ 表示主 PU-Tx 与 SU-Rx 间的小尺度信道衰落。在第二个传输阶段，来自主用户

中继的信号也会通过信道 g_{1S}，g_{2S}，…，g_{MS} 被次用户传感器观测到，其中
$g_{mS} = \sqrt{K(d_{mS}/d_0)^{-\varepsilon}} \lambda_{mS}$，$d_{mS} = \sqrt{(x_1 - L\cos\theta_m)^2 + (y_1 - L\sin\theta_m)^2}$，并且 λ_{mS} 表示
第 m 个主用户中继与次用户传感器之间的小尺度信道衰落。

为了获得可靠的频谱感知结果，在频谱感知期间，次用户发射机不能
传输。然而，在次用户传感器没有正确检地测到主用户出现时，主用户和
次用户之间将产生相互干扰。主用户发射机到次用户接收机的干扰信道用
$h_{PR} = \sqrt{K(d_{PR}/d_0)^{-\varepsilon}} \hbar_{PR}$ 表示，其中 $d_{PR} = \sqrt{x_2^2 + y_2^2}$，并且 $\hbar_{PR}$ 表示 PU-Tx 与 SU-
Rx 间的小尺度信道衰落。主用户中继到 SU-Rx 的干扰信道分别为 h_{1R}，…，
h_{MR}，其中 $h_{mR} = \sqrt{K(d_{mR}/d_0)^{-\varepsilon}} \hbar_{mR}$，$d_{mR} = \sqrt{(L\cos\theta_m - x_2)^2 + (L\sin\theta_m - y_2)^2}$，并
且 $\hbar_{mR}$ 表示第 m 个主用户中继与 SU-Rx 间的小尺度信道衰落。因而在第一
个阶段，次用户传感器仅观测到来自主用户发射机的信号；在第二个阶
段，次用户传感器观测到的信号可能既包含放大的主用户信号，也包含放
大的次用户信号。

为不失一般性，我们假设图 7-1 所包含的所有小尺度衰落信道都是准
静态并且相互统计独立的。令 $\hbar$ 表示小尺度的瑞利衰落系数。那么，随机
变量 $|\hbar|$ 概率密度函数 $f_{|\hbar|}(x)$ 可以表示为 $f_{|\hbar|}(x) = 2x\exp(-x^2)$，其中 $x \geqslant$
0，因此，可以得到随机变量 $|\hbar|^2$ 的概率密度函数：

$$f_{|\hbar|^2}(x) = \exp(-x)，x \geqslant 0 \qquad (7\text{-}1)$$

令 d 表示一对收发机之间的距离，并且 $h = \sqrt{K(d/d_0)^{-\varepsilon}} \hbar$ 表示这对收发机
之间同时考虑了小尺度衰落和大尺度损耗的信道衰落系数。那么，可以根
据式(7-1)推导出随机变量 $|h|^2$ 的概率密度函数：

$$f_{|h|^2}(x) = \frac{1}{K(d/d_0)^{-\varepsilon}} \exp\left(-\frac{x}{K(d/d_0)^{-\varepsilon}}\right)，x \geqslant 0 \qquad (7\text{-}2)$$

从式(7-2)中可以看出，虽然假设图 7-1 中的所有衰落信道都是独立的，但
是它们未必是同分布的。在实际中，蜂窝网络中继台的部署取决于具体
的实际无线环境。为了方便讨论，我们仅考虑图 7-1 所示的特殊部署场景。
需要指出，频谱感知功能可以同时在次用户发射机和次用户接收机中实

施。受限于篇幅，我们仅考虑在次用户发射机实施频谱感知功能。

7.3 联合感知与数据传输

从图 7-1 中可以看出，次用户传感器在第一阶段观测到的信号与在第二阶段观测到的信号不同。针对中继辅助的主用户传输，通过考虑主用户中继台的中继传输行为，我们提出了一种两阶联合频谱感知与传输方案（two-phase joint sensing and transmission scheme，TP-JSTS），如图 7-2 所示。在图中，各个时长为 T 的数据帧被划分为两个时长为 $T/2$ 的阶段。在第一阶段，用于频谱感知的时长为 $\alpha T/2$，其中 $0<\alpha<1$；在第二阶段，用于频谱感知的时长为 $\beta T/2$，其中 $0<\beta<1$。由于主用户的随机到达/离开行为对频谱感知性能的影响很小，可以假定主用户在各个帧内不会离开或者到达。

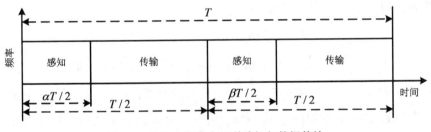

图 7-2 次用户的联合频谱感知与数据传输

相应于主用户的两个传输阶段，次用户传感器在第 $k(k=1, 2)$ 个阶段观测到的信号 $y_k[i]$ 可以表示为：

$$y_k[i]=\begin{cases}w_k[i], & \mathcal{H}_0 \\ x_k[i]+w_k[i], & \mathcal{H}_1\end{cases} \tag{7-3}$$

式中，$w_k[i]$ 为次用户传感器的 AWGN，$w_k[i]\sim\mathcal{CN}(0, \sigma_n^2)$，并且 σ_n^2 是 $w_k[i]$ 的功率；$x_k[i]$ 是在第 k 个阶段来自其他无线电台（主用户基站或者主用户中继台）的信号；$\mathcal{H}_0$ 与 $\mathcal{H}_1$ 分别表示主用户空闲与忙的假设；$\mathcal{CN}(\mu,$

σ^2）表示均值为 μ 方差为 σ^2 的复值 AWGN。

在 $\mathcal{H}_0$ 的假设下，PU-Tx 空闲，并且 PU-Tx 通知所有的主用户中继切换到空闲状态以节省能量。因而，次用户传感器在各阶段观测到的信号仅为 AWGN。然而在 $\mathcal{H}_1$ 的假设下，PU-Tx 在第一阶段发射的信号以及主用户中继在第二阶段转发的信号都被次用户传感器观测到。在第一个阶段，在频谱感知期间仅 PU-Tx 传输。因而，我们可以得到 $x_1[i]=h_{PS}s[i]$。在第二个阶段，信号 $x_2[i]$ 取决于感知时间长度 $\alpha T/2$ 与 $\beta T/2$，以及第一阶段的频谱感知结果。

在 $\mathcal{H}_1$ 的假设下，如果次用户正确地检测到主用户忙，各个主用户中继仅接收到来自主用户发射机的信号。但是如果次用户传感器没有检测到主用户出现，次用户发射机在第一个阶段传输的信号 $\hat{s}[i]$ 也将被各个主用户接收机接收到。令 θ 表示第一个阶段次用户传感器的频谱感知判决结果，如果判定主用户出现，那么 $\theta=0$；否则，$\theta=1$。因而，第 m 个主用户中继接收到的信号 $r_m[i]$ 可以表示为：

$$r_m[i] = \begin{cases} h_{Pm}s[i]+n_m[i], & 0<i\leqslant\alpha TW \\ h_{Pm}s[i]+\theta g_{mS}\hat{s}[i]+n_m[i], & \alpha TW<i\leqslant TW \end{cases} \tag{7-4}$$

式中，$m=1$，2，$\cdots$，M；W 为主用户信号的带宽；$n_m[i]$ 表示第 m 个主用户中继的 AWGN，并且 $n_m[i]\sim\mathcal{CN}(0,\sigma_n^2)$；$s[i]$ 表示主用户信号，并且 $s[i]\sim\mathcal{CN}(0,\sigma_p^2)$；$\hat{s}[i]$ 表示次用户信号，并且 $\hat{s}[i]\sim\mathcal{CN}(0,\sigma_s^2)$；$\sigma_p^2$ 表示主用户信号 $s[i]$ 的功率；σ_s^2 表示次用户信号 $\hat{s}[i]$ 的功率。这里，我们假定 $s[i]$ 与 $\hat{s}[i]$ 都服从高斯分布。在第二个阶段，第 m 个主用户中继根据 AF 中继协议放大并转发它在第一个阶段接收到的信号 $r_m[i]$。根据式（7-4），第 m 个中继转发的信号 $\wp_m[i]$ 可以表示为：

$$\wp_m[i] = \begin{cases} \wp_{m,1}[i], & 0<i\leqslant\alpha TW \\ \wp_{m,2}^{\theta}[i], & \alpha TW<i\leqslant TW \end{cases} \tag{7-5}$$

式中，$\wp_{m,1}[i]=a_1(m)(h_{Pm}s[i]+n_m[i])$，，$\wp_{m,2}^{\theta}[i]=a_2^{\theta}(m)(h_{Pm}s[i]+\theta g_{mS}\hat{s}[i]+n_m[i])$，有：

$$a_1(m) = \sqrt{\frac{\sigma_p^2}{|h_{Pm}|^2 \sigma_p^2 + \sigma_n^2}}$$

$$a_2^\theta(m) = \sqrt{\frac{\sigma_p^2}{|h_{Pm}|^2 \sigma_p^2 + \theta |g_{mS}|^2 \sigma_s^2 + \sigma_n^2}}$$

为方便讨论,定义主用户平均信噪比为 $\gamma_T = \dfrac{\sigma_p^2}{\sigma_n^2}$,次用户平均信噪比为 $\rho_T = \dfrac{\sigma_s^2}{\sigma_n^2}$。

可以得到 $a_1(m) = \sqrt{\dfrac{\gamma_T}{|h_{Pm}|^2 \gamma_T + 1}}$,以及 $a_2^\theta(m) = \sqrt{\dfrac{\gamma_T}{|h_{Pm}|^2 \gamma_T + \theta |g_{mS}|^2 \rho_T + 1}}$。

由于所有的主用户中继同时在相同的频带上放大转发,次用户观测到的信号 $x_2[i] = \sum_{m=1}^{m=M} g_{mS} \wp_m[i-TW]$ 可以表示为:

$$x_2[i] = \begin{cases} x_{1,M}[i], & TW < i \leq (1+\alpha)TW \\ x_{2,M}^\theta[i], & (1+\alpha)TW < i \leq 2TW \end{cases} \tag{7-6}$$

式中,$x_{1,M}[i] = \sum_{m=1}^{M} g_{mS} \wp_{m,1}[i-TW]$,$x_{2,M}^\theta[i] = \sum_{m=1}^{M} g_{mS} \wp_{m,2}^\theta[i-TW]$。在式 (7-5) 与式 (7-6) 中,我们假定次用户发射机到第 m 个主用户中继的干扰信道与第 m 个主用户中继到次用户传感器的频谱感知信道在每一帧内都是对称的。

在本章中,我们使用能量检测器来进行频谱感知。在式 (7-3) 的基础上,在第 k 个阶段能量检测器的检验统计量可以表示为 $\Lambda_k = \dfrac{1}{\sigma_n^2} \sum_{i=1+(k-1)TW}^{N_k+(k-1)TW} |y_k[i]|^2$,其中 $N_1 = \alpha TW$ 与 $N_2 = \beta TW$ 分别表示第一阶段和第二阶段的样本大小。为不失一般性,我们假定样本大小 N_1 与 N_2 足够大,以致可以使用中心极限定理。在第一个感知阶段,次用户传感器利用检验统计量 $\Lambda_1 = \dfrac{1}{\sigma_n^2} \sum_{i=1}^{N_1} |y_1[i]|^2$ 与预设的频谱感知判决门限 λ_1 判定主用户是否出现。如果 $\Lambda_1 < \lambda_1$,次用户判定主用户空闲;否则,判定主用户出现。在第二个阶段,次用户通过比较检验统计量 $\Lambda_2 = \dfrac{1}{\sigma_n^2} \sum_{i=1+TW}^{N_2+TW} |y_2[i]|^2$ 与预设的频谱感知判决

门限 λ_2 来判定主用户的活动状态。一旦 $\Lambda_2 < \lambda_2$，次用户判定主用户空闲；否则判定主用户出现。

为了保护主用户不受有害干扰，能量检测器的检测概率不能低于给定的阈值 P_d^{th}。此外，次用户仅在检测到主用户空闲的时候传输；否则，次用户发射机必须推延其数据传输。因而，在推导次用户可获得的吞吐量时需要考虑四种不同的频谱感知结果。①正确检测到频谱机会（Correct Detection of the Spectrum Opportunity，CDSO）：次用户传感器正确地检测到主用户空闲。②没有检测到频谱机会（Miss Detection of the Spectrum Opportunity，MDSO）：次用户传感器错误地判定主用户出现。③正确地检测到主用户（Correct Detection of the Primary User，CDPU）：次用户传感器正确地判定主用户出现。④没有检测到主用户出现（Miss Detection of the Primary User，MDPU）：次用户传感器错误地判定主用户空闲。显然，在 MDSO 和 CDPU 的情况下，次用户发射机是不能传输数据的。也就是说，次用户仅在 CDSO 和 MDPU 两种情况下获得传输机会。

令 η 表示第二阶段的频谱感知结果。如果次用户传感器判定主用户出现，那么 $\eta = 0$；否则，$\eta = 1$。基于第一阶段的判决结果 θ 和第二阶段的判决结果 η，在每个帧内，频谱感知结果可能有四种不同的组合。①$\theta = 1$ 且 $\eta = 1$：在第一阶段和第二阶段都判定主用户空闲。②$\theta = 0$ 且 $\eta = 1$：在第一阶段判定主用户出现，而在第二阶段判定主用户空闲。③$\theta = 1$ 且 $\eta = 0$：在第一阶段判定主用户空闲，而在第二阶段判定主用户出现。④$\theta = 0$ 且 $\eta = 0$：在第一个阶段和第二个阶段都判定主用户出现。由于主用户可能空闲或者忙，应该分别在 $\mathcal{H}_0$ 和 $\mathcal{H}_1$ 的假设下考虑频谱感知结果的这四种不同的组合。

在 $\mathcal{H}_0$ 的假设下，次用户在第二阶段的感知/传输性能独立于次用户在第一阶段的感知/传输性能。然而，在 $\mathcal{H}_1$ 的假设下，情况相反。一旦次用户传感器在第一阶段没有检测到主用户出现，次用户传感器在第二阶段观测到的信号中可能包含被主用户中继放大了的次用户发射机在第一阶段发射的信号，如式(7-6)所示。在实际中，次用户难以获得主用户系统中的信道增益信息。因而，我们可以合理地认为，在第二阶段次用户传感器和次用户接收机都不能消除次用户发射机在第一阶段发射的信号的回音。从而，次用户发射机在第一阶段发射信号的回音信号同时被次用户传感器和次用户接收机视为干扰。

7.4 性能分析

在本节，我们分析所有主用户中继采用 AF 中继协议时，我们提出的两阶段联合感知与传输方案（TP-JSTS）的性能。由于频谱感知是次用户伺机传输的基础，并且影响次用户的延迟性能，在分析吞吐量性能与平均传输延迟性能之前，我们分析频谱感知的性能。

7.4.1 频谱感知的性能

能量检测器的频谱感知性能通常由其检测概率和虚报概率表征。在第一个频谱感知时期，次用户传感器观测到的信号仅来自于主用户发射机，因而第一阶段的频谱感知性能独立于第二阶段的频谱感知性能。然而，第二个阶段的频谱感知性能取决于第一个阶段的频谱感知性能，这是因为第一个阶段的频谱感知性能影响主用户中继的数据传输性能。接下来，我们分别分析次用户传感器在第一个阶段和第二个阶段的频谱感知性能。

（1）第一阶段的频谱感知

在 $\mathcal{H}_0$ 的假设下，根据式（7-3），能量检测器用于频谱感知的检验统计量可以重新写为 $\Lambda_1|_{\mathcal{H}_0} = \frac{1}{\sigma_n^2} \sum_{i=1}^{N_1} |w_1[i]|^2$。从而可以推导出检验统计量 $\Lambda_1|_{\mathcal{H}_0}$ 的均值 $\mu_0|_{\mathcal{H}_0} = E[\Lambda_1|_{\mathcal{H}_0}]$ 与方差 $\sigma_0^2|_{\mathcal{H}_0} = \mathrm{Var}[\Lambda_1|_{\mathcal{H}_0}]$，分别为 $\mu_0|_{\mathcal{H}_0} = N_1$ 与 $\sigma_0^2|_{\mathcal{H}_0} = N_1$。因此，能量检测器的虚报概率 $P_f^1(\alpha) = \mathrm{Pr}\{\Lambda_1|_{\mathcal{H}_0} > \lambda_1\}$ 可以表示为：

$$P_f^1(\alpha) = Q\left(\frac{\lambda_1}{\sqrt{\alpha TW}} - \sqrt{\alpha TW}\right) \tag{7-7}$$

式中，$Q(x) = \dfrac{1}{\sqrt{2\pi}} \displaystyle\int_x^\infty e^{-t^2/2} dt$ 为 Q 函数。

在 $\mathcal{H}_1$ 的假设下，根据式(7-3)，能量检测器用于频谱感知的检验统计量可以表示为 $\Lambda_1|_{\mathcal{H}_1} = \dfrac{1}{\sigma_n^2} \displaystyle\sum_{i=1}^{N_1} |x_1[i] + w_1[i]|^2$。由于 $x_1[i] = h_{PS} s[i]$，我们可以得到检验统计量 $\Lambda_1|_{\mathcal{H}_1}$ 的均值 $\mu_0|_{\mathcal{H}_1} = E[\Lambda_1|_{\mathcal{H}_1}]$ 与方差 $\sigma_0^2|_{\mathcal{H}_1} = \mathrm{Var}[\Lambda_1|_{\mathcal{H}_1}]$，分别为 $\mu_0|_{\mathcal{H}_1} = N_1(1 + \gamma_T |h_{PS}|^2)$ 与 $\sigma_0^2|_{\mathcal{H}_1} = N_1(1 + \gamma_T |h_{PS}|^2)^2$。那么，对于给定的信道实现 h_{PS}，能量检测器的检测概率 $P_d^1(\alpha) = \Pr\{\Lambda_1|_{\mathcal{H}_1} > \lambda_1\}$ 可以表示为 $P_d^1(\alpha) = Q\left(\dfrac{\lambda_1}{(1 + |h_{PS}|^2 \gamma_T)\sqrt{\alpha TW}} - \sqrt{\alpha TW} \right)$。由于在衰落信道中 $h_{PS} = \sqrt{K(d_{PS}/d_0)^{-\varepsilon}}\, \hbar_{PS}$ 是一个随机变量，可以得到能量检测器的平均检测概率：

$$\bar{P}_d^1(\alpha) = \int_0^\infty Q\left(\dfrac{\lambda_1}{(1 + x\gamma_T)\sqrt{\alpha TW}} - \sqrt{\alpha TW} \right) f_{|h_{PS}|^2}(x)\, dx \tag{7-8}$$

式中，$f_{|h_{PS}|^2}(x)$ 是随机变量 $|h_{PS}|^2$ 的概率密度函数，它可以根据式(7-2)获得。

（2）第二阶段的频谱感知

在 $\mathcal{H}_0$ 的假设下，为了节省能耗，所有的主用户中继都处于关闭状态。因此，在第一个阶段来自于次用户发射机的潜在干扰将不会在第二个阶段被主用户中继放大或者转发。根据式(7-3)，能量检测器的检验统计量可以表示为 $\Lambda_2|_{\mathcal{H}_0} = \dfrac{1}{\sigma_n^2} \displaystyle\sum_{i=1+TW}^{N_2+TW} |w_2[i]|^2$。从而可以得到检验统计量 $\Lambda_2|_{\mathcal{H}_0}$ 的均值 $\mu_1|_{\mathcal{H}_0} = E[\Lambda_2|_{\mathcal{H}_0}]$ 与方差 $\sigma_1^2|_{\mathcal{H}_0} = \mathrm{Var}[\Lambda_2|_{\mathcal{H}_0}]$，分别为 $\mu_1|_{\mathcal{H}_0} = N_2$ 与 $\sigma_1^2|_{\mathcal{H}_0} = N_2$。因而，相应的虚报概率 $P_f^2(\beta) = \Pr\{\Lambda_2|_{\mathcal{H}_0} > \lambda_2\}$ 为：

$$P_f^2(\beta) = Q\left(\dfrac{\lambda_2}{\sqrt{\beta TW}} - \sqrt{\beta TW} \right) \tag{7-9}$$

在 $\mathcal{H}_1$ 的假设下，所有主用户中继协助 PU-Tx 传输数据。由于 $s[i]$，$\hat{s}[i]$，$n_1[i]$，$\cdots$，$n_m[i]$ 之间相互统计独立，根据式(7-6)可以得到：

$$\begin{cases} x_{1,M}[i] \sim \mathcal{CN}(0,\ \xi_1\sigma_n^2), & TW < i \leqslant (1+\alpha)TW \\ x_{2,M}^{\theta}[i] \sim \mathcal{CN}(0,\ \xi_2^{\theta}\sigma_n^2), & (1+\alpha)TW < i \leqslant 2TW \end{cases} \tag{7-10}$$

式中，$\xi_1 = \sum\limits_{m=1}^{M} |g_{mS}a_1(m)|^2 + \Big| \sum\limits_{m=1}^{M} g_{mS}h_{Pm}a_1(m) \Big|^2 \gamma_T$，

$\xi_2^{\theta} = \sum\limits_{m=1}^{M} |a_2^{\theta}(m)g_{mS}|^2 + \Big| \sum\limits_{m=1}^{M} g_{mS}h_{Pm}a_2^{\theta}(m) \Big|^2 \gamma_T + \theta \Big| \sum\limits_{m=1}^{M} g_{mS}^2 a_2^{\theta}(m) \Big|^2 \rho_T$。

如果频谱感知的时间长度 $\beta T/2$（或者样本大小 $N_2 = \beta TW$）不大于频谱感知的时间长度 $\alpha T/2$（或者样本大小 $N_1 = \alpha TW$），次用户传感器在第二个阶段仅观测到来自主用户中继的信号。这是因为在频谱感知期间，SU-Tx 不能传输数据。否则，如果 $N_2 > N_1$ 并且次用户传感器在第一个阶段没有正确检测到主用户出现，次用户发射机在第一个阶段发射的信号将在第二个阶段被主用户中继放大转发，并且被次用户传感器观测到。也就是说，次用户传感器在第二个阶段观测到的信号中可能既包含放大了的主用户信号，也可能包含放大了的次用户信号。因此，能量检测器的检验统计量 $\Lambda_2|_{\mathcal{H}_1} = \dfrac{1}{\sigma_n^2} \sum\limits_{i=1+TW}^{N_2+TW} |x_2[i]+w_2[i]|^2$ 可以表示为：

$$\Lambda_2|_{\mathcal{H}_1} = \begin{cases} E_{1,M}(N_2), & N_2 \leqslant N_1 \\ E_{1,M}(N_1) + E_{2,M}^{\theta}(N_1,\ N_2), & N_2 > N_1 \end{cases} \tag{7-11}$$

式中，$E_{1,M}(N) = \dfrac{1}{\sigma_n^2} \sum\limits_{i=1+TW}^{N+TW} |x_{1,M}[i]+w_2[i]|^2$；$E_{2,M}^{\theta}(N_1,\ N_2) = \dfrac{1}{\sigma_n^2} \sum\limits_{i=N_1+1+TW}^{N_2+TW}$ $|x_{2,M}^{\theta}[i]+w_2[i]|^2$。

根据式（7-10）与式（7-11），检验统计量 $\Lambda_2|_{\mathcal{H}_1}$ 的均值 $\mu_1|_{\mathcal{H}_1} = E[\Lambda_2|_{\mathcal{H}_1}]$ 与方差 $\sigma_1^2|_{\mathcal{H}_1} = \mathrm{Var}[\Lambda_2|_{\mathcal{H}_1}]$ 可以分别表示为：

$$\mu_1|_{\mathcal{H}_1} = \begin{cases} (1+\xi_1)N_2, & N_2 \leqslant N_1 \\ (1+\xi_1)N_1 + (1+\xi_2^{\theta})(N_2-N_1), & N_2 > N_1 \end{cases} \tag{7-12}$$

$$\sigma_1^2|_{\mathcal{H}_1} = \begin{cases} (1+\xi_1)^2 N_2, & N_2 \leqslant N_1 \\ (1+\xi_1)^2 N_1 + (1+\xi_2^{\theta})^2(N_2-N_1), & N_2 > N_1 \end{cases} \tag{7-13}$$

利用式(7-12)与式(7-13)，当 $N_2 \leqslant N_1$ 时，检测概率为 $P_{d,1}(\alpha, \beta) =$
$Q\left(\dfrac{\lambda_2}{(1+\xi_1)\sqrt{\beta TW}} - \sqrt{\beta TW}\right)$。当 $N_2 > N_1$ 时，检测概率为 $P_{d,2}^{\theta}(\alpha, \beta) = Q(\xi(\lambda_2, \theta))$，
其中：

$$\xi(\lambda_2, \theta) = \frac{\lambda_2 - [(1+\xi_1)\alpha + (1+\xi_2^{\theta})(\beta-\alpha)]TW}{\sqrt{TW}\sqrt{(1+\xi_1)^2\alpha + (1+\xi_2^{\theta})^2(\beta-\alpha)}}$$

检测概率 $P_{d,1}(\alpha, \beta)$ 与 $P_{d,2}^{\theta}(\alpha, \beta)$ 取决于 PU-Tx 与主用户中继间的
衰落信道 $h_{P1}, \cdots, h_{PM}$ 以及主用户中继与次用户传感器之间的衰落信
道 $g_{1S}, \cdots, g_{MS}$。在 $N_2 \leqslant N_1$ 时，平均的检测概率为 $\bar{P}_{d,1}(\alpha, \beta) = \displaystyle\int_0^{\infty} P_{d,1}$
$(\alpha, \beta)f_{\xi_1}(x)\mathrm{d}x$；而在 $N_2 > N_1$ 时，平均的检测概率为 $\bar{P}_{d,2}^{\theta}(\alpha, \beta) = \displaystyle\int_0^{\infty} P_{d,2}^{\theta}$
$(\alpha, \beta)f_{\xi(\lambda_2,\theta)}(x)\mathrm{d}x$，其中 $f_{\xi_1}(x)$ 与 $f_{\xi(\lambda_2,\theta)}(x)$ 分别是 ξ_1 与 $\xi(\lambda_2, \theta)$ 的概率
密度函数。由于在 $\mathcal{H}_1$ 的假设下 $\theta = 0$ 的概率为 $\bar{P}_d^1(\alpha)$，我们可以获得第二
个阶段的平均检测概率：

$$\bar{P}_d^{AF}(\alpha, \beta) = \begin{cases} \bar{P}_{d,1}^{AF}(\alpha, \beta), & 0<\beta \leqslant \alpha < 1 \\ \bar{P}_{d,2}^{AF}(\alpha, \beta), & 0<\alpha<\beta<1 \end{cases} \tag{7-14}$$

式中，$\bar{P}_{d,1}^{AF}(\alpha, \beta) = \bar{P}_{d,1}(\alpha, \beta)$，$\bar{P}_{d,2}^{AF}(\alpha, \beta) = \bar{P}_d^1(\alpha)\bar{P}_{d,2}^0(\alpha, \beta) + (1-$
$\bar{P}_d^1(\alpha))\bar{P}_{d,2}^1(\alpha, \beta)$。需要指出，$\beta > \alpha$ 与 $N_2 > N_1$ 是等效的，而 $\beta \leqslant \alpha$ 与 $N_2 \leqslant$
N_1 是等效的。此外，容易得到 $P_{d,1}(\alpha, \beta) = P_{d,2}^0(\alpha, \beta)$，因而 $\bar{P}_{d,1}(\alpha, \beta)$
$= \bar{P}_{d,2}^0(\alpha, \beta)$。

从式(7-14)可以看出，在 $\beta \leqslant \alpha$ 时平均检测概率 $\bar{P}_{d,1}^{AF}(\alpha, \beta)$ 仅随着 β
的增加而增大。这是因为，不论第一个阶段的感知结果如何，次用户传感
器在第二个阶段观测到的信号仅包含来自主用户发射机的信号。然而，在
$\beta > \alpha$ 时，从式(7-14)可以看到，检测概率 $\bar{P}_d^{AF}(\alpha, \beta)$ 既是 α 的函数，也是
β 的函数。可以得出两个结论。首先，主用户的平均信噪比 γ_T 越大，第二
个阶段的频谱感知性能越容易受到频谱感知时间长度 $\alpha T/2$ 的影响。这是
因为，随着主用户额定功率的提高，第一个阶段来自次用户发射机的干扰

信号功率与主用户中继发射功率之比下降。其次，对于给定 β 值，平均检测概率 $\bar{P}_{d,2}^{AF}(\alpha,\beta)$ 的第一项 $\bar{P}_d^1(\alpha)\bar{P}_{d,2}^0(\alpha,\beta)$ 随着 α 值的增加而增大，而 $\bar{P}_{d,2}^{AF}(\alpha,\beta)$ 的第二项 $(1-\bar{P}_d^1(\alpha))\bar{P}_{d,2}^1(\alpha,\beta)$ 随着 α 值的增加而下降。因而，对于给定 β 值，存在最优的频谱感知时间长度 $\alpha T/2$，以使 $\bar{P}_{d,2}^{AF}(\alpha,\beta)$ 最大。这主要是因为，随着 α 值的增加，从次用户发射机与主用户中继之间的分集中获得的检测性能增益下降。然而，随着 α 值的进一步增加，第一个阶段的平均检测概率 $\bar{P}_d^1(\alpha)$ 增加，因而第二个阶段的平均检测概率 $\bar{P}_{d,2}^{AF}(\alpha,\beta)$ 也增加。

7.4.2　次用户可获得的吞吐量

次用户可获得的吞吐量取决于主用户的行为和次用户传感器的频谱感知性能。在 $\mathcal{H}_0$ 的假设下，次用户不会对主用户造成任何干扰。然而在 $\mathcal{H}_1$ 的假设下，一旦次用户没有正确检测到主用户的出现，次用户和主用户将产生相互干扰。主用户和次用户之间的相互干扰必定同时降低次用户和主用户的吞吐量性能。接下来，利用 7.4.1 节中获得的结果，我们分别在 $\mathcal{H}_0$ 和 $\mathcal{H}_1$ 的假设下推导出次用户可获得的吞吐量。然后，我们构建使次用户可获得的吞吐量最大化的最优频谱感知时间分配策略。

（1）在 $\mathcal{H}_0$ 假设下可获得的平均吞吐量

在第一个阶段，在 CDSO 的情况下仅次用户发射机在授权的主用户频带上传输数据。因而在 $\mathcal{H}_0$ 的假设下，次用户在第一个阶段可获得的归一化吞吐量为：

$$C_0 = \int_0^\infty \log(1+\rho_T x) f_{|h_S|^2}(x)\,\mathrm{d}x \qquad (7\text{-}15)$$

式中，$f_{|h_S|^2}(x)$ 是随机变量 $|h_S|^2$ 的概率密度函数。在第二个阶段与 $\mathcal{H}_0$ 的假设下，次用户在 CDSO 情况下可获得的归一化吞吐量也为 C_0。

在 $\mathcal{H}_0$ 的假设下，次用户在各帧内平均可获得的吞吐量取决于两个阶段频谱感知结果的组合，以及相应组合的概率。在 $\theta=1$ 且 $\eta=1$ 的情况下，第一个阶段和第二个阶段频谱感知的结果均为 CDSO。次用户吞吐量为 $A_{\mathcal{H}_0}^{11}=(1-\alpha)C_0+(1-\beta)C_0$，并且 $\theta=1$ 且 $\eta=1$ 的概率为 $P_{\mathcal{H}_0}^{11}=(1-P_f^1(\alpha))(1-P_f^2(\beta))$。在 $\theta=1$ 且 $\eta=0$ 的情况下，第一个阶段频谱感知的结果为 CDSO，而第二个阶段的频谱感知结果为 MDSO。在这种情况下，归一化的次用户吞吐量为 $A_{\mathcal{H}_0}^{10}=(1-\alpha)C_0$，其概率为 $P_{\mathcal{H}_0}^{10}=(1-P_f^1(\alpha))P_f^2(\beta)$。在 $\theta=0$ 且 $\eta=1$ 的情况下，第一个阶段的频谱感知结果为 MDSO，而第二个阶段的频谱感知结果为 CDSO。次用户可获得的吞吐量为 $A_{\mathcal{H}_0}^{01}=(1-\beta)C_0$，并且 $\theta=0$ 且 $\eta=1$ 的概率为 $P_{\mathcal{H}_0}^{01}=P_f^1(\alpha)(1-P_f^2(\beta))$。在 $\theta=0$ 且 $\eta=0$ 的情况下，第一个阶段和第二个阶段频谱感知的结果均为 MDSO。次用户可获得的归一化吞吐量为 $A_{\mathcal{H}_0}^{00}=0$，并且 $\theta=0$ 且 $\eta=0$ 的概率为 $P_{\mathcal{H}_0}^{00}=P_f^1(\alpha)P_f^2(\beta)$。基于这四种不同的潜在频谱感知结果组合与它们相应的概率，在 $\mathcal{H}_0$ 假设下次用户在各帧内可获得的平均吞吐量为：

$$C_{\mathcal{H}_0}(\alpha,\ \beta)=\frac{1}{2}TWP(\mathcal{H}_0)\{P_{\mathcal{H}_0}^{00}A_{\mathcal{H}_0}^{00}+P_{\mathcal{H}_0}^{01}A_{\mathcal{H}_0}^{01}+P_{\mathcal{H}_0}^{10}A_{\mathcal{H}_0}^{10}+P_{\mathcal{H}_0}^{11}A_{\mathcal{H}_0}^{11}\} \quad (7\text{-}16)$$

式中，$P(\mathcal{H}_0)$ 表示授权的主用户频带空闲的概率。

(2) 在 $\mathcal{H}_1$ 假设下可获得的平均吞吐量

不失一般性，假定在次用户传感器执行频谱感知和检测到主用户出现的时候关闭次用户发射机，以避免干扰。在第一个阶段 MDPU 的情况下，次用户和主用户之间存在相互干扰。次用户接收机接收到的干扰仅来自于 PU-Tx，并且干扰信号可以表示为 $IN_1[i]=h_{PR}s[i]$，其中 $i=\alpha TW+1$，$\cdots$，TW。因此，在出现干扰 $IN_1[i]$ 的情况下，次用户可获得的归一化吞吐量 C_1 为：

$$C_1=\int_0^\infty\int_0^\infty\log\left(1+\frac{p_T x}{1+\gamma_T y}\right)f_{|h_S|^2}(x)f_{|h_{PR}|^2}(y)\,\mathrm{d}x\mathrm{d}y \quad (7\text{-}17)$$

式中，$f_{|h_{PR}|^2}(y)$ 是随机变量 $|h_{PR}|^2$ 的概率密度函数。

然而在第二个阶段，可获得的归一化吞吐量取决于第一个阶段和第二个阶段用于频谱感知的时长和频谱感知结果。在次用户接收机观测到的信号中存在两类潜在的干扰信号：$\mathrm{IN}_{A,1}[i]$ 与 $\mathrm{IN}_{A,2}^{\theta}[i]$。当 $0<\beta\leqslant\alpha<1$ 且 $(\beta+1)TW<i\leqslant(1+\alpha)TW$ 时，干扰信号为 $\mathrm{IN}_{A,1}[i]=\sum_{m=1}^{M}h_{mR}\wp_{m,1}[i-TW]$；否则，干扰信号为 $\mathrm{IN}_{A,2}^{\theta}[i]=\sum_{m=1}^{M}h_{mR}\wp_{m,2}^{\theta}[i-TW]$。令 $C_{A,1}$ 与 $C_{A,2}^{\theta}$ 分别表示出现干扰信号 $IN_1^A[i]$ 与 $IN_2^B[i]$ 的情况下可获得的归一化吞吐量。经过推导，我们可以得到：

$$\begin{cases} C_{A,1}=\int_0^{\infty}\int_0^{\infty}\log\left(1+\dfrac{\rho_T x}{1+y}\right)f_{\mid h_S\mid^2}f_{\vartheta_1}(y)\,\mathrm{d}x\mathrm{d}y \\[2mm] C_{A,2}^{\theta}=\int_0^{\infty}\int_0^{\infty}\log\left(1+\dfrac{\rho_T x}{1+y}\right)f_{\mid h_S\mid^2}f_{\vartheta_2^{\theta}}(y)\,\mathrm{d}x\mathrm{d}y \end{cases} \tag{7-18}$$

式中，$\vartheta_1=\sum_{m=1}^{M}\mid h_{mR}a_1(m)\mid^2+\left|\sum_{m=1}^{M}h_{Pm}h_{mR}a_1(m)\right|^2\gamma_T$，$\vartheta_2^{\theta}=\left|\sum_{m=1}^{M}h_{Pm}h_{mR}a_2^{\theta}(m)\right|^2\gamma_T+\theta\left|\sum_{m=1}^{M}g_{mS}h_{mR}a_2^{\theta}(m)\right|^2\rho_T+\sum_{m=1}^{M}\mid h_{mR}\alpha_2^{\theta}(m)\mid^2$，$f_{\vartheta_1}(y)$ 是 ϑ_1 的概率密度函数，$f_{\vartheta_2^{\theta}}(y)$ 是 ϑ_2^{θ} 的概率密度函数。需要指出，在推导 $C_{A,2}^{\theta}$ 的过程中，次用户发射机在第一个阶段发射并且被主用户中继在第二个阶段放大转发的信号，在第二个阶段被次用户接收机视为干扰。

如果第二阶段的频谱感知时间长度不大于第一阶段的频谱感知时间长度，我们可以得到 $0<\beta\leqslant\alpha<1$。在 $\theta=1$ 并且 $\eta=1$ 的情况下，第一个阶段和第二个阶段的频谱感知结果均为 MDPU。归一化的吞吐量为 $A_{\mathcal{H}_1}^{11}=(1-\alpha)C_1+(\alpha-\beta)C_{A,1}+(1+\alpha)C_{A,2}^1$，其概率为 $P_{\mathcal{H}_1}^{11}=(1-\bar{P}_d^1(\alpha))(1-\bar{P}_{d,1}(\alpha,\beta))$。在 $\theta=1$ 并且 $\eta=0$ 的情况下，第一个阶段的频谱感知结果为 MDPU，而第二个阶段的频谱感知结果为 CDPU。次用户可获得的归一化吞吐量为 $A_{\mathcal{H}_1}^{10}=(1-\alpha)C_1$，其概率为 $P_{\mathcal{H}_1}^{10}=(1-\bar{P}_d^1(\alpha))\bar{P}_{d,1}(\alpha,\beta)$。在 $\theta=0$ 并且 $\eta=1$ 的情况下，第一个阶段的频谱感知结果为 CDPU，而第二个阶段的频谱感知结果为 MDPU。次用户可获得的归一化吞吐量可以表示为 $A_{\mathcal{H}_1}^{01}=(\alpha-\beta)C_{A,1}+(1-$

$\alpha)C_{A,2}^0$，相应的概率为 $P_{\mathcal{H}_1}^{01}=\bar{P}_d^1(\alpha)(1-\bar{P}_{d,1}(\alpha,\beta))$。在 $\theta=0$ 并且 $\eta=0$ 的情况下，第一个阶段和第二个阶段的频谱感知结果均为 CDPU。次用户可获得的归一化吞吐量为 $A_{\mathcal{H}_1}^{00}=0$，相应的概率为 $P_{\mathcal{H}_1}^{00}=\bar{P}_d^1(\alpha)\bar{P}_{d,1}(\alpha,\beta)$。因此，当 $0<\beta\leq\alpha<1$ 时，在 $\mathcal{H}_1$ 的假设下次用户可获得的平均吞吐量为：

$$C_{1,\mathcal{H}_1}^{AF}(\alpha,\beta)=\frac{1}{2}TWP(\mathcal{H}_1)\{P_{\mathcal{H}_1}^{11}A_{\mathcal{H}_1}^{11}+P_{\mathcal{H}_1}^{10}A_{\mathcal{H}_1}^{10}+P_{\mathcal{H}_1}^{01}A_{\mathcal{H}_1}^{01}+P_{\mathcal{H}_1}^{00}A_{\mathcal{H}_1}^{00}\}\quad(7\text{-}19)$$

式中，$P(\mathcal{H}_1)$ 表示主用户占用其授权频带的概率，并且 $P(\mathcal{H}_0)+P(\mathcal{H}_1)=1$。

如果第二个阶段的频谱感知时间长度大于第一个阶段的频谱感知时间长度，我们可以得到 $0<\alpha<\beta<1$。在 $\theta=1$ 并且 $\eta=1$ 的情况下，第一个阶段和第二个阶段的频谱感知结果均为 MDPU。次用户可获得的归一化吞吐量为 $\hat{A}_{\mathcal{H}_1}^{11}=(1-\alpha)C_1+(1-\beta)C_{A,2}^1$，其概率为 $\hat{P}_{\mathcal{H}_1}^{11}=(1-\bar{P}_d^1(\alpha))(1-\bar{P}_{d,2}(\alpha,\beta))$。在 $\theta=1$ 并且 $\eta=0$ 的情况下，第一个阶段的频谱感知结果为 MDPU，而第二个阶段的频谱感知结果为 CDPU。次用户可获得的归一化吞吐量为 $\hat{A}_{\mathcal{H}_1}^{10}=(1-\alpha)C_1$，其概率为 $\hat{P}_{\mathcal{H}_1}^{10}=(1-\bar{P}_d^1(\alpha))\bar{P}_{d,2}^1(\alpha,\beta)$。在 $\theta=0$ 并且 $\eta=1$ 的情况下，第一个阶段的频谱感知结果为 CDPU，而第二个阶段的频谱感知结果为 MDPU。归一化吞吐量为 $\hat{A}_{\mathcal{H}_1}^{01}=(1-\beta)C_{A,2}^0$，其概率为 $\hat{P}_{\mathcal{H}_1}^{01}=\bar{P}_d^1(\alpha)(1-\bar{P}_{d,2}^0(\alpha,\beta))$。在 $\theta=0$ 并且 $\eta=0$ 的情况下，第一个阶段和第二个阶段的频谱感知结果均为 CDPU。次用户可获得的归一化吞吐量为 $\hat{A}_{\mathcal{H}_1}^{00}=0$，其概率为 $\hat{P}_{\mathcal{H}_1}^{00}=\bar{P}_d^1(\alpha)\bar{P}_{d,2}^0(\alpha,\beta)$。因此，当 $0<\alpha<\beta<1$ 时，在 $\mathcal{H}_1$ 的假设下次用户可获得的平均吞吐量为：

$$C_{2,\mathcal{H}_1}^{AF}(\alpha,\beta)=\frac{1}{2}TWP(\mathcal{H}_1)\{\hat{P}_{\mathcal{H}_1}^{11}\hat{A}_{\mathcal{H}_1}^{11}+\hat{P}_{\mathcal{H}_1}^{10}\hat{A}_{\mathcal{H}_1}^{10}+\hat{P}_{\mathcal{H}_1}^{01}\hat{A}_{\mathcal{H}_1}^{01}+\hat{P}_{\mathcal{H}_1}^{00}\hat{A}_{\mathcal{H}_1}^{00}\}\quad(7\text{-}20)$$

(3)次用户可获得的最大吞吐量

考虑式(7-16)、式(7-19)以及式(7-20)，我们可以得到次用户总共可获得的平均吞吐量：

$$C_{AF}(\alpha,\ \beta)=\begin{cases}C_{\mathcal{H}_0}(\alpha,\ \beta)+C_{1,\mathcal{H}_1}^{AF}(\alpha,\ \beta),\ 0<\beta\leqslant\alpha<1\\ C_{\mathcal{H}_0}(\alpha,\ \beta)+C_{2,\mathcal{H}_1}^{AF}(\alpha,\ \beta),\ 0<\alpha<\beta<1\end{cases} \tag{7-21}$$

显然，次用户期望最大化 $C_{AF}(\alpha,\ \beta)$。为了使主用户不受有害干扰，在第一个频谱感知阶段要求 $\bar{P}_d^1(\alpha)\geqslant P_d^{th}$，而第二个频谱感知阶段要求 $\bar{P}_d^{AF}(\alpha,\ \beta)\geqslant P_d^{th}$。然而虚报概率总是随着检测概率的增加而单调地增加。换言之，检测概率越大，次用户的频谱利用率越低。因此，在实际中仅需要满足基本的频谱感知约束条件 $\bar{P}_d^1(\alpha)=P_d^{th}$ 以及 $\bar{P}_d^{AF}(\alpha,\ \beta)=P_d^{th}$。那么根据式 (7-21) 可以构建最优的频谱感知时间分配策略：

$$\max\ \ \{\max_{0<\beta\leqslant\alpha<1}C_{\mathcal{H}_0}(\alpha,\ \beta)+C_{1,\mathcal{H}_0}^{AF}(\alpha,\ \beta),\ \max_{0<\alpha<\beta<1}C_{\mathcal{H}_0}(\alpha,\ \beta)+C_{2,\mathcal{H}_1}^{AF}(\alpha,\ \beta)\}$$

$$\text{s. t.}\ \ \ \ \bar{P}_d^1(\alpha)=P_d^{th},\ \bar{P}_{d,1}^{AF}(\beta)=P_d^{th},\ \bar{P}_{d,2}^{AF}(\beta)=P_d^{th}$$

$$\tag{7-22}$$

在主用户保护约束条件下，频谱感知时间长度越长，虚报概率越低，因而频谱利用率越高。然而，频谱感知时间长度越长，可用于次用户数据传输的时间越少。因此，存在一对最优的频谱感知时间长度。利用这对感知时间长度，能够实现频谱利用率和吞吐量之间的折中。

7.4.3 平均传输延迟

次用户的传输延迟主要由次用户传感器的频谱感知行为以及 SU-Tx 保持静默以保护主用户的决策导致的。一方面，在各个频谱感知时期，次用户发射机保持静默。在每帧内由频谱感知所导致的延迟为 $(\alpha+\beta)\dfrac{T}{2}$，并且其概率为一。另一方面，为了保护主用户不受有害干扰，在 MDSO 和 CD-PU 的情况下在授权的主用户频带上推迟 SU-Tx 的数据传输。在实际中，应该最小化由 MDSO 造成的时间延迟，以提高次用户的延迟服务质量。然而，为了保护主用户，由 CDPU 造成的时间延迟是不可避免的。

(1) 在 $\mathcal{H}_0$ 假设下的平均延迟

次用户传感器可能在第一与/或第二阶段错误地认为主用户出现，这

173

将导致次用户数据传输过程中意外的传输延迟。在 $\mathcal{H}_0$ 的假设与 CDSO 的情况下，仅次用户发射机在各个阶段传输。因此，次用户的延迟性能仅取决于每帧各个阶段的感知性能。在 $\theta=1$ 且 $\eta=1$ 的情况下，第一阶段和第二阶段的频谱感知结果均为 CDSO。传输延迟为 $D_{\mathcal{H}_0}^{11}=(\alpha+\beta)\frac{T}{2}$，相应的概率为 $P_{\mathcal{H}_0}^{11}$。在 $\theta=1$ 且 $\eta=0$ 的情况下，第一阶段的频谱感知结果为 CDSO，而第二阶段的频谱感知结果为 MDSO。传输延迟为 $D_{\mathcal{H}_0}^{10}=(\alpha+1)\frac{T}{2}$，相应的概率为 $P_{\mathcal{H}_0}^{10}$。在 $\theta=0$ 且 $\eta=1$ 的情况下，第一阶段的频谱感知结果为 MDSO，而第二阶段的频谱感知结果为 CDSO。传输延迟为 $D_{\mathcal{H}_0}^{01}=(1+\beta)\frac{T}{2}$，相应的概率为 $P_{\mathcal{H}_0}^{01}$。在 $\theta=0$ 并且 $\eta=0$ 的情况下，第一阶段和第二阶段的频谱感知结果均为 MDSO。传输延迟为 $D_{\mathcal{H}_0}^{00}=T$，相应的概率为 $P_{\mathcal{H}_0}^{00}$。因而，在 $\mathcal{H}_0$ 的假设下，次用户的平均传输延迟为：

$$D_{AF}^0(\alpha,\ \beta)=P(\mathcal{H}_0)\left[D_{\mathcal{H}_0}^{11}P_{\mathcal{H}_0}^{11}+D_{\mathcal{H}_0}^{10}P_{\mathcal{H}_0}^{10}+D_{\mathcal{H}_0}^{01}P_{\mathcal{H}_0}^{01}+D_{\mathcal{H}_0}^{00}P_{\mathcal{H}_0}^{00}\right]\quad(7\text{-}23)$$

(2) 在 $\mathcal{H}_1$ 假设下的平均延迟

次用户传感器可能在每帧的第一个阶段与/或第二个阶段正确地检测到主用户的出现，这将为主用户提供所需要的保护。在 $\mathcal{H}_1$ 的假设下，在授权的主用户频带上传输的信号既取决于各个阶段用于频谱感知的时间长度，也取决于各个阶段相应的频谱感知性能，它们共同决定了次用户的延迟性能。

如果第二个阶段用于频谱感知的时间不大于第一个阶段用于频谱感知的时间，我们有 $0<\beta\leqslant\alpha<1$。在 $\theta=1$ 且 $\eta=1$ 的情况下，第一个阶段和第二个阶段的频谱感知结果均为 MDPU。传输延迟为 $D_{\mathcal{H}_1}^{11}=D_{\mathcal{H}_0}^{11}$，相应的概率为 $P_{\mathcal{H}_1}^{11}$。在 $\theta=1$ 且 $\eta=0$ 情况下，第一阶段的频谱感知结果为 MDPU，而第二阶段的频谱感知结果为 CDPU。次用户的传输延迟为 $D_{\mathcal{H}_1}^{10}=D_{\mathcal{H}_0}^{10}$，相应的概率为 $P_{\mathcal{H}_1}^{10}$。在 $\theta=0$ 且 $\eta=1$ 的情况下，第一阶段的频谱感知结果为 CDPU，而第二阶段的频谱感知结果为 MDPU。传输延迟为 $D_{\mathcal{H}_1}^{01}=D_{\mathcal{H}_0}^{01}$，相应的概率为 $P_{\mathcal{H}_1}^{01}$。在 $\theta=0$ 且 $\eta=0$ 的情况下，第一阶段和第二阶段的频谱感知结果均

为 CDPU。传输延迟为 $D_{\mathcal{H}_1}^{00} = D_{\mathcal{H}_0}^{00}$，相应的概率为 $P_{\mathcal{H}_1}^{00}$。通过考虑上述四种情况，次用户在 $0 < \beta \leq \alpha < 1$ 时的平均传输延迟为：

$$D_{AF}^1(\alpha, \beta) = P(\mathcal{H}_1) \left[D_{\mathcal{H}_1}^{11} P_{\mathcal{H}_1}^{11} + D_{\mathcal{H}_1}^{10} P_{\mathcal{H}_1}^{10} + D_{\mathcal{H}_1}^{01} P_{\mathcal{H}_1}^{01} + D_{\mathcal{H}_1}^{00} P_{\mathcal{H}_1}^{00} \right] \quad (7\text{-}24)$$

如果第二个阶段用于频谱感知的时间大于第一个阶段用于频谱感知的时间，我们可以得到 $0 < \alpha < \beta < 1$。在 $\theta = 1$ 且 $\eta = 1$ 的情况下，第一个阶段和第二个阶段的频谱感知结果均为 MDPU。传输延迟为 $D_{\mathcal{H}_1}^{11}$，相应的概率为 $\hat{P}_{\mathcal{H}_1}^{11}$。在 $\theta = 1$ 且 $\eta = 0$ 的情况下，第一阶段的频谱感知结果为 MDPU，而第二阶段的频谱感知结果为 CDPU。次用户的传输延迟为 $D_{\mathcal{H}_1}^{10}$，相应的概率为 $\hat{P}_{\mathcal{H}_1}^{10}$。在 $\theta = 0$ 且 $\eta = 1$ 的情况下，第一阶段的频谱感知结果为 CDPU，而第二阶段的频谱感知结果为 MDPU。次用户的传输延迟为 $D_{\mathcal{H}_1}^{01}$，相应的概率为 $\hat{P}_{\mathcal{H}_1}^{01}$。在 $\theta = 0$ 且 $\eta = 0$ 的情况下，第一阶段和第二阶段的频谱感知结果均为 CDPU。传输延迟为 $D_{\mathcal{H}_1}^{00}$，相应的概率为 $\hat{P}_{\mathcal{H}_1}^{00}$。因此，在 $0 < \alpha < \beta < 1$ 时，次用户的平均传输延迟为：

$$\hat{D}_{AF}^1(\alpha, \beta) = P(\mathcal{H}_1) \left[D_{\mathcal{H}_1}^{11} \hat{P}_{\mathcal{H}_1}^{11} + D_{\mathcal{H}_1}^{10} \hat{P}_{\mathcal{H}_1}^{10} + D_{\mathcal{H}_1}^{01} \hat{P}_{\mathcal{H}_1}^{01} + D_{\mathcal{H}_1}^{00} \hat{P}_{\mathcal{H}_1}^{00} \right] \quad (7\text{-}25)$$

(3) 次用户最小的平均传输延迟

利用式(7-23)、式(7-24)以及式(7-25)中的结果，我们可以得到次用户的平均传输延迟：

$$D_{AF}(\alpha, \beta) = \begin{cases} D_{AF}^0(\alpha, \beta) + D_{AF}^1(\alpha, \beta), & 0 < \beta \leq \alpha < 1 \\ D_{AF}^0(\alpha, \beta) + \hat{D}_{AF}^1(\alpha, \beta), & 0 < \alpha < \beta < 1 \end{cases} \quad (7\text{-}26)$$

对于延迟敏感的次用户而言，期望使 $D_{AF}(\alpha, \beta)$ 最小。对于授权的主用户而言，期望其法定权益得到充分保护。由于检测概率概率越大，次用户的频谱利用率越低，我们也在第一阶段和第二阶段分别考虑基本的主用户保护约束条件 $\bar{P}_d^1(\alpha) = P_d^{th}$ 与 $\bar{P}_d^{AF}(\alpha, \beta) = P_d^{th}$。那么最小化次用户平均传输延迟的最优频谱感知时间分配问题可以表示为：

$$\min \quad \{ \min_{0<\beta\leqslant\alpha<1} D_{AF}^0(\alpha, \beta) + D_{AF}^1(\alpha, \beta), \quad \min_{0<\alpha<\beta<1} D_{AF}^0(\alpha, \beta) + \hat{D}_{AF}^1(\alpha, \beta) \}$$

$$\text{s. t.} \quad \bar{P}_d^1(\alpha) = P_d^{th}, \quad \bar{P}_{d,1}^{AF}(\alpha, \beta) = P_d^{th}, \quad \bar{P}_{d,2}^{AF}(\alpha, \beta) = P_d^{th}$$

$$(7\text{-}27)$$

在各个阶段的主用户保护约束条件下，感知时间越长，虚报概率越低，因而由虚报事件造成的传输时延越小。然而，在各个频谱感知阶段，次用户发射机不能进行传输。作为结果，频谱感知时间越长，由频谱感知造成的延迟越大。因此，存在一对最优的频谱感知时间长度，使得次用户的平均传输延迟最小。显然，式(7-27)中的最优化问题不同于式(7-22)中的最优化问题，这意味着式(7-27)的最优解不同于式(7-22)的最优解。

7.5 仿真结果

在本节中，我们通过仿真来研究 TP-JSTS 的性能。为不失一般性，我们假定所有小尺度衰落信道都是统计独立且同分布的瑞利衰落信道。在仿真中，如果没有作特别说明，仿真参数设置如下。主用户占用其授权频带的概率为 $P(\mathcal{H}_1) = 0.3$，这意味着主用户空闲的概率为 $P(\mathcal{H}_0) = 1 - P(\mathcal{H}_1) = 0.7$；参考距离为 $d_0 = 1\text{km}$，参考距离处的路径损耗为 $K = 1$，路径损耗因子为 $\varepsilon = 3$；主用户的带宽为 $W = 5\text{MHz}$，帧长为 $T = 10\text{ms}$；次用户发射机的坐标或者位置为 $(x_1, y_1) = (2L, 0)$；次用户接收机的坐标或者位置为 $(x_2, y_2) = (2L\cos^2(\pi/6), 2L\cos(\pi/6)\sin(\pi/6))$；次用户信号的平均信噪比为 $\rho_T = 10\text{dB}$。需要指出，在文献[215]中帧长为 5ms。然而，主用户可以很容易地在中继过程的每个阶段以 5ms 的时间长度进行传输，这将产生 $T = 10\text{ms}$ 的帧长。由于主用户每次呼叫的时间长度通常大于 50ms，可认为主用户的活动状态在 10ms 的时间长度内保持不变。

在第一个阶段，针对主用户发射机和次用户接收机之间直达链路的能量检测器的频谱感知性能已经在文献报道中得到广泛研究，例如在文献[169]中。为了简洁性，在仿真中我们仅给出能量检测器在第二个阶段的频谱感知性能。然后，我们给出 TP-JSTS 的吞吐量性能和延迟性能。

7.5.1　第二阶段的频谱感知性能

图 7-3 显示了感知时间比例 α 与 β，以及主用户平均信噪比 γ_T 对平均检测概率 $\bar{P}_d^{AF}(\alpha,\beta)$ 的影响。在图中，虚报概率 $P_f^1(\alpha)$ 与 $P_f^2(\beta)$ 都被设为 0.01，并且主用户中继数为 $M=1$。从图 7-3(a)中可以看出，对于给定的 α，平均的检测概率随着 β 的增加而增加。然而，对于给定的 β 值，平均的检测概率几乎与 α 值无关。从图 7-3(b)中也可以看出，对于给定的 α 值，平均的检测概率随着 β 的增加而增加。然而，对于给定的 β 值，在 $\beta<\alpha$ 时，平均的检测概率与 α 值无关；在 $\beta>\alpha$ 时，平均的检测概率是 α 值的凸函数。此外，通过比较图 7-3(a)与图 7-3(b)可以看到，在 $\beta\leq\alpha$ 时，对于给定的 β 值，平均检测概率与 α 无关。当 $\beta>\alpha$ 时，对于给定的 β 值，平均检测概率 $\bar{P}_d^{AF}(\alpha,\beta)$ 与 α 的关系取决于主用户信噪比。这些观察与式(7-14)中的分析一致。

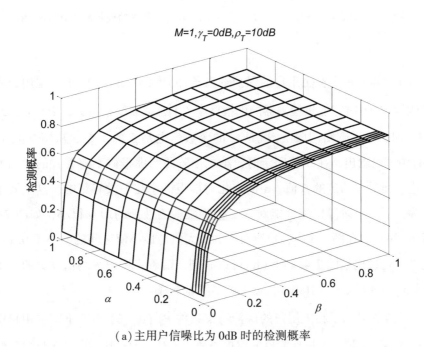

(a)主用户信噪比为 0dB 时的检测概率

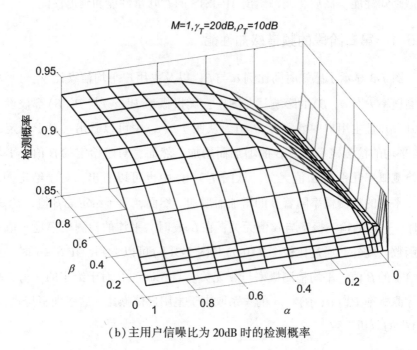

（b）主用户信噪比为 20dB 时的检测概率

图 7-3   当 $P_f^1(\alpha) = P_f^2(\beta) = 0.01$ 并且 $\rho_T = 10\text{dB}$ 时，平均的检测概率 $\bar{P}_d^{AF}(\alpha, \beta)$

图 7-4 显示了在主用户的保护约束条件 $\bar{P}_d^{AF}(\alpha, \beta) = P_d^{th}$ 下，主用户中继数为 $M=1$ 时，能量检测器的虚报概率 $P_f^2(\beta)$。需要指出，在 $\bar{P}_d^{AF}(\alpha, \beta) = P_d^{th}$ 时，频谱感知门限 λ_2 既是 α 的函数，也是 β 的函数。从图 7-4(a)(b)中可以看出，在 α 值固定时，第二个阶段的虚报概率随着 β 的增加而减小；而对于给定的 β 值，α 的变化对虚报概率几乎没有影响。这主要是因为，第一个阶段检测性能对第二个阶段检测性能的影响很小，如图 7-3 所示（注意，在图 7-3 中，检测概率的最大值与最小值之间的差小于 0.1）。此外，通过比较图 7-4(a)和(b)可以看到，随着主用户平均信噪比的增加（从 $\lambda_T = 0\text{dB}$ 到 $\lambda_T = 10\text{dB}$），虚报概率明显下降。

图 7-5 显示了在主用户的保护约束条件 $\bar{P}_d^{AF}(\alpha, \beta) = P_d^{th}$ 下，主用户中继数为 $M=4$ 时，能量检测器的虚报概率 $P_f^2(\beta)$。通过比较图 7-5 与图 7-4

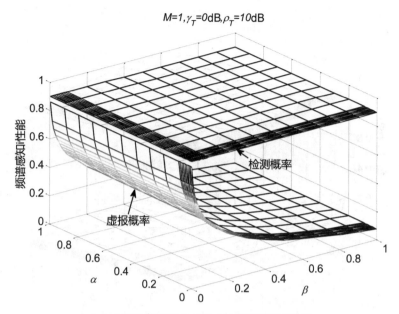

（a）主用户信噪比为 0dB 时的频谱感知性能

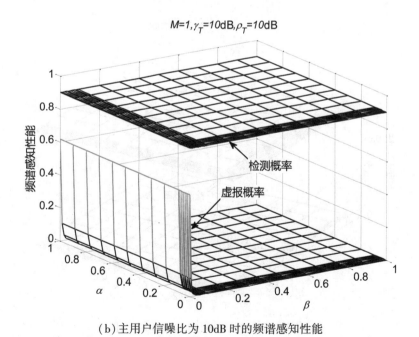

（b）主用户信噪比为 10dB 时的频谱感知性能

图 7-4　天线数为 1 且次用户信噪比为 10dB 时，主用户信噪比对检测性能的影响

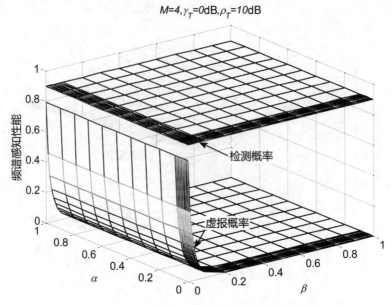

（a）主用户信噪比为 0dB 时的频谱感知性能

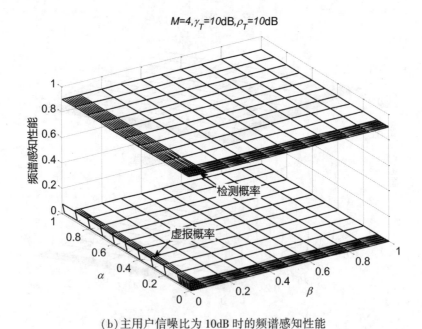

（b）主用户信噪比为 10dB 时的频谱感知性能

图 7-5　天线数为 4 且次用户信噪比为 10dB 时，主用户信噪比对检测性能的影响

可以发现，当主用户信噪比 γ_T 和次用户信噪比 ρ_T 都固定时，中继个数越大，次用户传感器的检测性能越好。这是因为，我们提出的 TP-JSTS 方案利用了主用户系统提供的空间分集，并且假定所有的主用户中继经历独立的衰落。在实际中，主用户中继数量 M 越大，空间分集增益越大。然而在给定的地理区域内，随着 M 的增加，主用户中继之间的空间相关性将降低分集性能。因此，次用户传感器的检测性能不仅依赖于主用户中继的数量与传输功率，也依赖于主用户中继所在的蜂窝扇区的尺寸。

7.5.2　次用户归一化的平均吞吐量

图 7-6 显示了在主用户保护约束条件 $P_d^1(\alpha) = P_d^{th}$ 以及 $\bar{P}_d^{AF}(\alpha, \beta) = P_d^{th}$ 下，主用户中继数量为 $M = 1$ 时，次用户归一化的平均吞吐量 $C_{AF}(\alpha, \beta)/(TW)$。从各个子图中可以看到，存在一对最优的感知时间比例 (α^{opt}, β^{opt})，使次用户归一化的吞吐量最大，这与 7.4.2 节中的理论分析结果一致。而且，第二阶段的最优感知时间长度 $\beta^{opt} T/2$ 总是低于第一阶段的最优感知时间长度 $\alpha^{opt} T/2$。这是因为，次用户传感器在第一个阶段观测到的信号仅来自于主用户发射机，而在第二阶段观测到的信号是一组来自主用户中继的信号的组合。通过比较图 7-6(a) 与图 7-6(b) 可以发现，相对于 β^{opt}，α^{opt} 对于主用户信噪比 γ_T 的变化更加敏感。这主要是因为，各个主用户中继是功率受限的。

图 7-7 显示了在主用户保护约束条件 $P_d^1(\alpha) = P_d^{th}$ 以及 $\bar{P}_d^{AF}(\alpha, \beta) = P_d^{th}$ 下，主用户中继数量为 $M = 4$ 时，次用户归一化的平均吞吐量。通过比较图 7-7 与图 7-6 可以发现，次用户归一化的吞吐量随着 M 的增加而增加。而且，由 M 的增加而导致的显著性能提升是在 $\gamma_T = 0$dB 时获得的。这是因为，当主用户信噪比较低时，随着 M 的增加，次用户在第二阶段的虚报概率下降。然而，当主用户信噪比较高时，次用户的检测性能接近其性能上界，因此吞吐量的性能也接近其性能上界。从图中也可以看到，在 $\gamma_T = 0$dB 时，获得最大次用户吞吐量的最优感知时间比例 β^{opt} 随着 M 的增加而显著下降。然而在 $\gamma_T = 10$dB 时，随着 M 的增加，β^{opt} 没有显著下降。

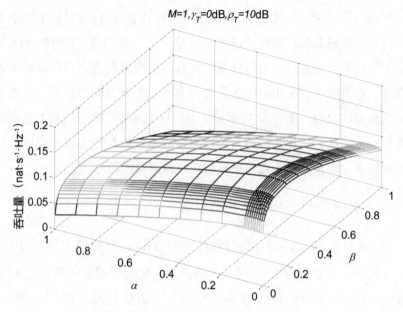

（a）主用户信噪比为 0dB 时归一化的次用户吞吐量

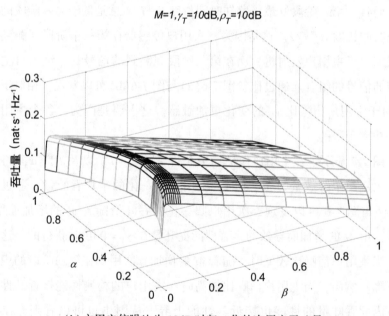

（b）主用户信噪比为 10dB 时归一化的次用户吞吐量

图 7-6　天线数为 1 且次用户信噪比为 10dB 时，主用户信噪比对吞吐量性能的影响

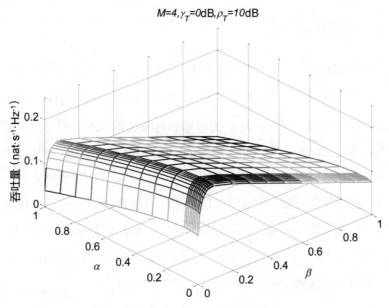

(a) 主用户信噪比为 0dB 时归一化的次用户吞吐量

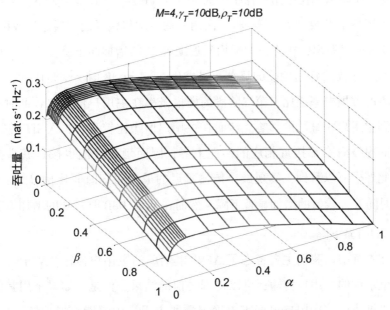

(b) 主用户信噪比为 10dB 时归一化的次用户吞吐量

图 7-7 天线数为 4 且次用户信噪比为 10dB 时，主用户信噪比对吞吐量性能的影响

7.5.3 平均传输延迟

图 7-8 显示了在主用户保护约束条件 $P_d^1(\alpha) = P_d^{th}$ 以及 $\bar{P}_d^{AF}(\alpha, \beta) = P_d^{th}$ 下，主用户中继数量为 $M = 1$ 时，次用户的平均传输延迟 $D_{AF}(\alpha, \beta)$。从各个子图中可以看到，存在一对最优的感知时间比例 $(\hat{\alpha}^{opt}, \hat{\beta}^{opt})$，使得次用户的平均延迟最小，这与 7.4.3 节中的理论分析结果一致。而且，第二个阶段的最优感知时间长度 $\hat{\beta}^{opt}T/2$ 通常小于第一个阶段的最优感知时间长度 $\hat{\alpha}^{opt}T/2$。这主要是因为，中继辅助的主用户系统内在的空间分集被我们提出的 TP-JSTS 在第二阶段用于改进检测性能。通过比较图 7-8(a)(b) 可以看到，与 $\hat{\beta}^{opt}$ 相比，$\hat{\alpha}^{opt}$ 更容易受到 γ_T 的影响。这是因为随着信噪比 γ_T 的增加，主用户中继的额定功率增加。这里需要指出，$\hat{\alpha}^{opt} \neq \alpha^{opt}$，并且 $\hat{\beta}^{opt} \neq \beta^{opt}$。

图 7-9 显示了在主用户保护约束条件 $P_d^1(\alpha) = P_d^{th}$ 以及 $\bar{P}_d^{AF}(\alpha, \beta) = P_d^{th}$ 下，主用户中继数量为 $M = 4$ 时，次用户的平均传输延迟。通过比较图 7-9 与图 7-8 可以看出，次用户的平均延迟随着 M 的增加而下降。而且，由 M 值的增加导致的延迟性能的显著改进发生在 $\gamma_T = 0\mathrm{dB}$ 时。这是因为，与第一阶段的虚报概率相比，第二阶段的虚报概率在主用户信噪比较低时更容易受到主用户中继数的影响。然而在主用户信噪比较高时，次用户在两个阶段的虚报概率都接近相应的性能上界，因而延迟性能也接近其性能上界。此外也可以看到，实现最小传输延迟的最优感知时间比例 $\hat{\beta}^{opt}$ 在 $\gamma_T = 0\mathrm{dB}$ 时随着天线数的增加显著下降。然而在 $\gamma_T = 10\mathrm{dB}$ 时，M 的增加没有引起 $\hat{\beta}^{opt}$ 的明显下降。

在本章中，我们主要考虑了 AF 中继辅助的主用户传输。对于其他类型中继辅助的主用户传输，可以得到类似的结果。但是，如果采用其他类型的中继协议，次用户可能难以确定哪些主用户中继能够成功转发数据，因为次用户难以获取主用户的衰落环境信息。此外，我们仅考虑了单个次用户进行频谱感知的情形。然而，我们的提案可以扩展到多个次用户通过

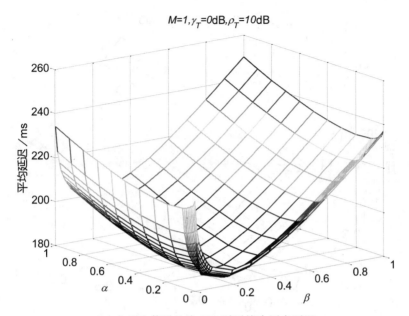

（a）主用户信噪比为 0dB 时平均次用户延迟

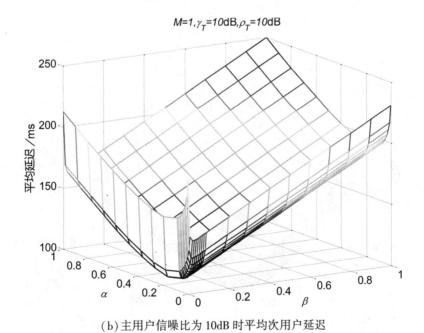

（b）主用户信噪比为 10dB 时平均次用户延迟

图 7-8　天线数为 1，次用户信噪比为 10dB 时，主用户信噪比对延迟性能的影响

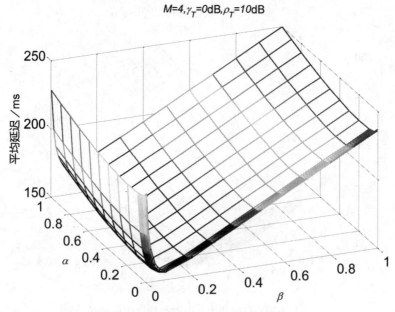

（a）主用户信噪比为 0dB 时平均次用户延迟

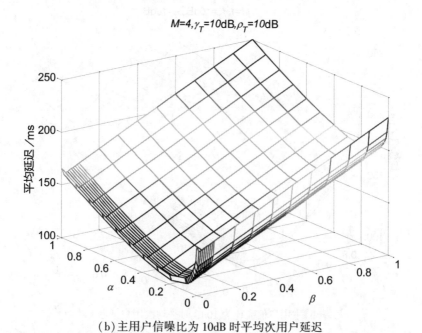

（b）主用户信噪比为 10dB 时平均次用户延迟

图 7-9 天线数为 4 且次用户信噪比为 10dB 时，主用户信噪比对延迟性能的影响

协作来感知主用户频谱的使用状况，并且在某个时刻以 TDMA 的方式选择其中一个次用户传输数据的情形，其中次用户之间的频谱感知与数据传输的协调在公共控制信道上进行。需要指出，即便是在一个有多个次用户的网络中，式(7-22)与式(7-27)中的最优感知时间分配策略是针对某个次用户的，因为各个次用户有独特的衰落环境。

7.6 结论

在本章中，针对 AF 中继辅助的主用户传输网络，我们提出了一种新的两阶段联合频谱感知和数据传输方案。我们提出的方案包括两个感知时段，这两个时段分别相应于传统 AF 中继协议的两个传输阶段。如果在各个阶段的频谱感知时间段内检测到主用户空闲，次用户在该阶段的剩余时间内在授权的主用户频带上传输数据；否则，次用户推延其数据传输。我们证明，第二阶段的频谱感知性能取决于第一阶段的频谱感知性能。我们获得了最大化次用户吞吐量的最优频谱感知时间分配策略。此外，我们也获得了最小化次用户平均传输延迟的最优频谱感知时间分配策略。仿真结果证实了我们的理论分析。

8　感知判决驱动的时间自适应联合
感知与传输

8.1　引言

对于交织模式的认知无线电，次用户周期性地进行频谱感知，不仅是为了获取频谱机会，也是为了在次用户传输数据时监测主用户的活动状态。在文献[80]中，作者提出了一种周期性频谱感知的帧结构，构建了感知与吞吐量折中的数学问题，并获得了使次用户吞吐量最大的感知时间。在文献[166]中，作者考虑了 LTE 的实现选项，并引入了一种基于 LBT（Listen Before Talk）的数据帧结构。其中，次用户在每次传输前都通过 CCA（Clear Channel Access）评估信道的可用性。在文献[175]中，作者提出在低信噪比场景中使用渐近简单假设检验来检测 OFDM 信号。其中，次用户利用相关参数的估计值周期性地在感知阶段执行频谱感知。文献[216]提出，LTE（Long Term Evolution）在未授权频带采用周期性感知。每个 LTE 帧被分为用于频谱感知的感知阶段，以及 LTE 基站周期性传输的执行阶段。在文献[217]中，作者提出了一种次奈奎斯特采样接收机，以在宽带系统中同时感知主用户信号并检测次用户信号。在该文献中，作者假设次用户周期性地进行频谱感知，且频谱感知结果无误。在文献[218]中，作者提出基于实时且时变的信道的估值自适应地调整周期性频谱感知的时长。作者证明，使次用户吞吐量最大的最优周期感知时间随信道增益改变。在文献[219]中，作者提出了一种1-坚持(1-persistent)的感知方案来检测有中等业务速率的主用户信号。各个次用户在每帧的开始执行主要感知，部分次用户在剩余的帧时间内执行额外的感知以捕获可能的主用户状态变化。在文献[220]中，一个占空周期被分为感知时间、V2X(vehicle-to-everything)时间与VANET时间(vehicular ad hoc network)。V2X用户总在V2X时间传输，并仅在没有检测到VANET用户的时候在VANET时间上传输。在文献[52]中，次用户交替地在工作模式与能量收集模式之间切换，其中工作模式中频谱感知与数据传输所耗的能量源自能量收集模式中收集的能量。

对于文献[52]、[80]、[166]、[175]，以及[216]~[220]中基于周期性频谱感知与数据传输的认知无线电系统而言，每个数据帧时间被分为一个频谱感知阶段和一个数据传输阶段。未授权的次用户在感知阶段感知授权的主用户的活动状态。次用户一旦在频谱感知阶段感知到主用户空闲，立即在传输阶段在主用户的频带上传输；否则，次用户继续执行频谱感知，直到检测到频谱机会。虽然这种周期性频谱感知与数据传输的机制得到了广泛研究，但是资源利用率低，违背了利用认知无线电提升资源利用率的初衷。具体而言，一旦在当前感知阶段检测到主用户出现，次用户什么都不做，并且这种状态一直持续到下一个感知阶段，从而浪费了时频资源。在低信噪比环境中，在主用户必须得到充分保护的约束下，次用户很难在有限的感知时间内正确地感知到频谱机会。从而，时频资源的浪费更加严重。为了更加有效地利用时频资源，文献中提出了混合频谱感知方案。基于文献[171]中提出的混合频谱感知方案，次用户在每帧开始执行周期性频谱感知。次用户不仅在感知到主用户空闲时传输数据，也在感知到主用户出现时在干扰温度的约束下传输数据。在文献[221]中，作者在混合交织-下垫(hybrid interweave-underlay)模式的协作无线电网络中使用周期性频谱感知。在检测到主用户没有出现时，次用户发射机与次用户中继采用额定功率传输；否则，在干扰温度的约束下调整传输功率。显然，文献[171]与[221]中的混合频谱感知强依赖于次用户发射机与主用户接收机之间的信道状态信息。这种信道状态信息不仅需要修改主用户系统，而且需要额外的信令开销，因而难以实现。为了提升时频资源利用率，文献[222]中提出了同时进行频谱感知和数据传输的方法。然而，频谱感知的门限依赖于特定的调制方案，并且频谱感知性能高度依赖于次用户之间的信道估计。在实际中，不精确的信道估计将使重构的次用户信号的准确性变差，从而使频谱感知性能下降。

在本章中，我们主要考虑工作在交织模式的单用户频谱感知，相应于一对次用户收发机工作在人烟稀少的郊区场景。为了提升频谱利用率与能量效率，我们提出了一种判决驱动的时间自适应频谱感知(Time-Adaptive Spectrum Sensing，TASS)方案。具体而言，一旦在数据帧的频谱感知阶段感知到主用户空闲，次用户在剩余的帧时间内传输数据；否则，次用户利用一帧的时间来完成下一次频谱感知，这一帧的时间包括当前用于数据传输的时间与下一帧用于频谱感知的时间。显然，我们提出的 TASS 方案不需要对现有系统进行复杂的修改，且容易实现。我们获得了在高斯噪声中感知类高斯信号的最优的最大似然比检测器。我们也获得了周期性频谱感知与数据传输的频谱利用率与次用户吞吐量性能的理论上界。仿真结果证明，相对于普通的时间固定的周期性频谱感知与数据传输方案，我们提出的方案能够在极低信噪比环境中有效提升频谱利用率，次用户吞吐量以及能量效率。

本章剩余部分组织如下：8.2 节描述系统模型；8.3 节给出我们提出的判决驱动的时间自适应频谱感知方案；8.4 节分析判决驱动的时间自适应频谱感知方案的性能；8.5 节给出仿真结果；最后，8.6 节进行总结。

8.2 系统模型

我们考虑次用户伺机接入主用户授权频带的场景，如图 8-1 所示。在图 8-1 中，d_{pt} 与 h_{pt} 分别表示主用户发射机(PU transmitter，PU TX)与次用户发射机(SU transmitter，SU TX)之间的空间距离与信道系数；d_{tr} 与

h_{tr}分别表示 SU TX 与次用户接收机（SU receiver，SU RX）之间的空间距离与信道系数；d_{pr} 与 h_{pr} 分别表示 PU TX 与 SU RX 之间的空间距离与信道系数。

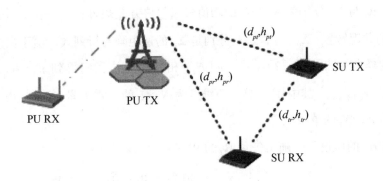

图 8-1　频谱感知的系统模型

基于 PU TX 是否发射信号，SU TX 从 PU TX 接收到的信号可以表示为：

$$r[n] = \begin{cases} w[n], & \mathcal{H}_0 \\ \sqrt{\mathcal{K}(d_0/d_{pt})^\varepsilon} \, h_{pt} s[n] + w[n], & \mathcal{H}_1 \end{cases} \tag{8-1}$$

其中 $n=1$，2，$\cdots$，N_τ，$N_\tau = \lfloor 2W\tau \rfloor$；$W$ 是授权主用户的带宽；τ 是次用户的感知时间，$\mathcal{H}_0$ 是主用户信号出现的假设；$\mathcal{H}_1$ 是主用户信号未出现的假设；$w[n]$ 是独立同分布的循环对称高斯（circular symmetric Gaussian，CSG）噪声，其均值为零，方差为 σ_w^2，即 $w[n] \sim \mathcal{CN}(0,\ \sigma_w^2)$；$s[n]$ 是主用户发射的基带信号；$\mathcal{K}$ 是在参考距离 d_0 的路径损耗，相应的路径损耗因子为 ε。不失一般性，我们假设主用户总是预留整个频带 W。此外，我们假设主用户对其二进制比特流进行编码、随机化、交织等处理后，使用中心对称的调制方案对载波进行调制。因此，可以假设主用户信号 $s[n]$ 也是一个独立同分布的 CSG 随机变量，其均值为零，方差为 σ_s^2，即 $s[n] \sim \mathcal{CN}(0,\ \sigma_s^2)$。

令 $\mathbf{r}_\tau = (r[1],\ r[2],\ \cdots,\ r[N_\tau])^{\mathrm{T}}$ 表示维度为 $N_\tau \times 1$ 的样本矢量，它

是随机矢量 $\mathbf{R}_\tau$ 的一个实现。那么，在 $\mathcal{H}_0$ 的假设下 $\mathbf{R}_\tau$ 的概率密度函数（probability density function，PDF）可以表示为：

$$f_{\mathbf{R}_\tau}(\mathbf{r}_\tau \mid \mathcal{H}_0) = \frac{1}{(2\pi)^{N_\tau} \mid \boldsymbol{\Sigma}_0 \mid} \exp\left[- \frac{(\mathbf{r}_\tau - \boldsymbol{\mu}_0)^{\mathrm{H}} \boldsymbol{\Sigma}_0^{-1}(\mathbf{r}_\tau - \boldsymbol{\mu}_0)}{2} \right] \quad (8\text{-}2)$$

其中，$\boldsymbol{\mu}_0$ 与 $\boldsymbol{\Sigma}_0$ 分别为 $\mathbf{R}_\tau \mid \mathcal{H}_0$ 的均值矢量与协方差矩阵；$(\mathbf{r}_\tau - \boldsymbol{\mu}_0)^{\mathrm{H}}$ 是 $(\mathbf{r}_\tau - \boldsymbol{\mu}_0)$ 的共轭转置；$\boldsymbol{\Sigma}_0^{-1}$ 与 $\mid \boldsymbol{\Sigma}_0 \mid$ 分别是 $\boldsymbol{\Sigma}_0$ 的逆矩阵与行列式。由于白高斯噪声的样本 $w[1]$，$w[2]$，$\cdots$，$w[N_\tau]$ 相互独立，我们得到 $\boldsymbol{\mu}_0 = \mathbf{0}_{N_\tau \times 1}$ 与 $\boldsymbol{\Sigma}_0 = 0.5\sigma_w^2 \mathbf{I}_{N_\tau \times N_\tau}$，其中 $\mathbf{0}_{N_\tau \times 1}$ 是一个维度为 $N_\tau \times 1$ 的全零矢量，$\mathbf{I}_{N_\tau \times N_\tau}$ 是一个维度为 $N_\tau \times N_\tau$ 的单位矩阵。

在 $\mathcal{H}_1$ 的假设下，随机矢量 $\mathbf{R}_\tau$ 的 PDF 可以表示为：

$$f_{\mathbf{R}_\tau}(\mathbf{r}_\tau \mid \mathcal{H}_1) = \frac{1}{(2\pi)^{N_\tau} \mid \boldsymbol{\Sigma}_1 \mid} \exp\left[\frac{(\mathbf{r}_\tau - \boldsymbol{\mu}_1)^{\mathrm{H}} \boldsymbol{\Sigma}_1^{-1}(\mathbf{r}_\tau - \boldsymbol{\mu}_1)}{2} \right] \quad (8\text{-}3)$$

其中，$\boldsymbol{\mu}_1$ 与 $\boldsymbol{\Sigma}_1$ 分别表示 $\mathbf{R}_\tau \mid \mathcal{H}_1$ 的均值矢量与协方差矩阵；$(\mathbf{r}_\tau - \boldsymbol{\mu}_1)^{\mathrm{H}}$ 是 $(\mathbf{r}_\tau - \boldsymbol{\mu}_1)$ 的共轭转置，$\boldsymbol{\Sigma}_1^{-1}$ 与 $\mid \boldsymbol{\Sigma}_1 \mid$ 分别是 $\boldsymbol{\Sigma}_1$ 的逆矩阵与行列式；由于主用户信号 $s[n]$ 独立于白高斯噪声 $w[n]$，可以得到 $\boldsymbol{\mu}_1 = \mathbf{0}_{N_\tau \times 1}$ 与 $\boldsymbol{\Sigma}_1 = 0.5(\sigma_w^2 + \mid \hbar_{pt} \mid^2 \sigma_s^2) \mathbf{I}_{N_\tau \times N_\tau}$，其中 $\hbar_{pt} = \sqrt{\mathcal{K}(d_0/d_{pt})^\varepsilon} h_{pt}$ 考虑了路径损耗与信道衰落的影响。

8.3　判决驱动的感知时间自适应

为了简化系统设计，未授权的次用户系统采用图 8-2 所示的数据帧结构作为空中接口。令 T 表示每帧的时间长度。在各帧内，第一部分时间 τ 被用于频谱感知（Spectrum Sensing，SS），而剩余的时间 $T-\tau$ 被用于潜在的数据传输（Data Transmission，DT）。不失一般性，我们假设主用户的状态在 F 个连续的帧内保持不变，其中 $F>1$。这种假设是合理的，因为在实际应用中主用户的状态可能在数小时内保持不变，例如在数字电视信号频带工作的主用户。

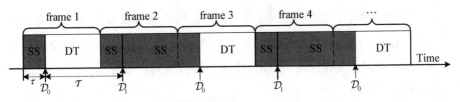

图 8-2　频谱感知判决过程

8.3.1　感知判决过程

在主用户的频带上传输数据之前，SU TX 必须根据式(8-1)中观测到的信号 $r[n]$ 感知主用户的活动状态。为不失一般性，我们假设图 8-1 中所有的信道都是准静态的，而且只有 SU TX 执行频谱感知。在频谱感知的过程中，为了防止自干扰，次用户不能传输数据。基于最大似然比(Maximum Likelihood Ratio，MLR)准则，最优的频谱感知器可以表示为：

$$\frac{f_{\mathbf{R}_\tau}(\mathbf{r}_\tau \mid \mathcal{H}_1)}{f_{\mathbf{R}_\tau}(\mathbf{r}_\tau \mid \mathcal{H}_0)} \overset{\mathcal{H}_1}{\underset{\mathcal{H}_0}{\gtrless}} \dot{\lambda}_\tau \tag{8-4}$$

其中 $\dot{\lambda}_\tau$ 表示 MLR 判决门限。将式(8-2)与式(8-3)代入式(8-4)，可以推导出：

$$\frac{f_{\mathbf{R}_\tau}(\mathbf{r}_\tau \mid \mathcal{H}_1)}{f_{\mathbf{R}_\tau}(\mathbf{r}_\tau \mid \mathcal{H}_0)} = \mathcal{A}^{N_\tau} \exp\left(\frac{\mathcal{B}}{\sigma_w^2}\mathbf{r}_\tau^{\mathrm{H}} \mathbf{r}_\tau\right) \tag{8-5}$$

其中，$\mathcal{A} = \dfrac{\sigma_w^2}{\sigma_w^2 + |\hbar_{pt}|^2 \sigma_s^2}$，$\mathcal{B} = \dfrac{|\hbar_{pt}|^2 \sigma_s^2}{\sigma_w^2 + |\hbar_{pt}|^2 \sigma_s^2}$。对式(8-5)两边取对数，可得：

$$\frac{1}{\sigma_w^2}\mathbf{r}_\tau^{\mathrm{H}}\mathbf{r}_\tau \overset{\mathcal{H}_1}{\underset{\mathcal{H}_0}{\gtrless}} \frac{1}{\mathcal{B}}(\ln\dot{\lambda}_\tau - N_\tau \ln \mathcal{A}) \tag{8-6}$$

为了便于讨论，令 $\Lambda_\tau = \mathbf{r}_\tau^{\mathrm{H}}\mathbf{r}_\tau / \sigma_w^2$ 表示检验统计量，且令 $\lambda_\tau = (\ln\dot{\lambda}_\tau - N_\tau \ln \mathcal{A})/\mathcal{B}$ 表示判决门限。根据式(8-6)中的判决规则，如果条件 $\Lambda_\tau \geq \lambda_\tau$ 满足，则 MLR 检测器判定主用户信号出现；否则，判定主用户信号未出现。

主用户信号是否出现的判决是在每个频谱感知时隙的最后时刻执行的，如图 8-2 所示。在图 8-2 中，$\mathcal{D}_0$ 表示主用户信号没有出现的判决，而 $\mathcal{D}_1$ 表示主用户信号出现的判决。如果判决结果为 $\mathcal{D}_0$，次用户在剩余长度为 $T-\tau$ 的帧时间内传输数据；否则，次用户持续进行频谱感知，直到频谱感知的判决结果为 $\mathcal{D}_0$。

我们在式（8-6）中获得的最优 MLR 检测器在形式上类似于众所周知的能量检测器，这意味着对于本章中所考虑的信号模型，最优的 MLR 检测器为普通的能量检测器。需要指出，能量检测器易受噪声不确定性影响。然而，除了能量检测器以外，其他不受噪声不确定性影响的检测器也可以应用于我们所提的方案，例如循环平稳特性检测器与协方差检测器。为了讨论的简洁性，我们假设能量检测器工作于信噪比墙（SNR wall）之上。接下来，我们给出判决驱动的时间自适应频谱感知方案，并聚焦于提升频谱利用率与次用户吞吐量，以及能量效率。

8.3.2　感知时间调整

在实际中，为了不同认知通信系统之间的兼容以及防止自干扰，频谱感知时间长度通常是固定值。在一般的周期性时间固定的频谱感知（fixed-time spectrum sensing，FTSS）方案中，各帧内用于频谱感知的时间通常是经过优化的，并且是固定的值。对于高占空比的连续或者非连续主用户传输，当次用户错误地判定授权主用户信号出现时，时长为 $T-\tau$ 且带宽为 W 的时频资源块总是被浪费。可以重新利用这些被浪费的时频资源，以提升检验统计量估值的准确性。

基于上述事实，我们提出根据前一帧的频谱感知判决结果动态地调整当前的频谱感知时间长度。具体而言，次用户将频谱感知时间初始化为默认的时长 τ。当次用户感知到主用户没有在当前帧出现时，下一帧用于频谱感知的时间长度仍然为 τ；否则，次用户在下一次频谱感知活动中同时利用当前帧中原本用于数据传输的时长（$T-\tau$）以及下一帧中用于频谱感知的时长 τ 进行频谱感知。换言之，如果当前帧中的频谱感知判决结果为 $\mathcal{D}_0$，下一次频谱感知时长为τ；如果当前帧中的频谱感知判决结果为$\mathcal{D}_1$，下一频谱感知时长为$T-\tau+\tau=T$。

我们所提出的判决驱动的感知时间调整过程如图8-2所示。从图中可以看到，当第一帧的感知判决为$\mathcal{D}_0$时，第二帧的频谱感知时间为τ。然而，由于第二帧的感知判决为$\mathcal{D}_1$，第三帧中有效的频谱感知时间为$T-\tau+\tau=T$。在第三帧，频谱感知的判决结果为$\mathcal{D}_0$。因而，在第四帧，频谱感知时间为τ。简言之，当前帧的频谱感知判决结果决定了下一帧的有效频谱感知时间。显然，我们提出的方案不需要对现有的基于周期性频谱感知的认知无线电系统进行复杂的调整。

判决驱动的时间自适应频谱感知方案可以用次用户频谱感知器的两种不同状态来描述，即$\mathcal{S}_{\mathcal{H}_i,\tau}^{\mathcal{D}_j}$与$\mathcal{S}_{\mathcal{H}_i,T}^{\mathcal{D}_j}$，其中$i\in\{0,1\}$，$j\in\{0,1\}$。状态$\mathcal{S}_{\mathcal{H}_i,\tau}^{\mathcal{D}_j}$表示在$\mathcal{H}_i$的假设下频谱感知时间为$\tau$时频谱感知结果为$\mathcal{D}_j$；$\mathcal{S}_{\mathcal{H}_i,T}^{\mathcal{D}_j}$表示在$\mathcal{H}_i$的假设下频谱感知时间为$T$时频谱感知结果为$\mathcal{D}_j$。在我们提出的判决驱动的时间自适应频谱感知方案中，不管是在$\mathcal{H}_0$的假设下还是在$\mathcal{H}_1$的假设下，当前帧的实际感知时间是集合$\{\tau,T\}$的元素，并取决于上一次频谱感知判决结果$\{\mathcal{D}_0,\mathcal{D}_1\}$。

次用户频谱感知器的不同状态可以用频谱状态转移链来描述，如图8-3所示。在频谱感知过程中，次用户的感知状态可能根据前一个频谱感知判决结果动态地从一个状态转移到另一个状态。各个状态可能转移至两个状态中的一个，而每个状态可能来自两个状态中的一个。例如，状态$\mathcal{S}_{\mathcal{H}_1,\tau}^{\mathcal{D}_1}$可能转移至状态$\mathcal{S}_{\mathcal{H}_1,T}^{\mathcal{D}_0}$或者状态$\mathcal{S}_{\mathcal{H}_1,T}^{\mathcal{D}_1}$。此外，$\mathcal{S}_{\mathcal{H}_1,\tau}^{\mathcal{D}_1}$可能源自状态$\mathcal{S}_{\mathcal{H}_1,\tau}^{\mathcal{D}_0}$或状态$\mathcal{S}_{\mathcal{H}_1,T}^{\mathcal{D}_0}$。需要指出，次用户并不知道哪种假设是真的。在图8-3中，为了便

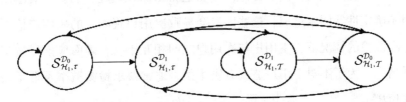

图8-3　判决驱动自适应频谱感知方案的频谱感知状态转移链

于分析，我们考虑不同的状态（$i \in \{0, 1\}$）。

下一次频谱感知的有效感知时间可以根据当前的感知状态以及频谱感知状态转移链来决定。然而，下一次频谱感知的状态需要由当前的频谱感知状态以及下一次的频谱感知判决一起来决定。例如，假设次用户处于状态$\mathcal{S}_{\mathcal{H}_1, \tau}^{\mathcal{D}_1}$。由于这种状态可能转移至状态$\mathcal{S}_{\mathcal{H}_1, \tau}^{\mathcal{D}_0}$或者状态$\mathcal{S}_{\mathcal{H}_1, \tau}^{\mathcal{D}_1}$，下一次频谱感知的时间长度为$\tau$。然而，要决定下一次频谱感知的状态是$\mathcal{S}_{\mathcal{H}_1, \tau}^{\mathcal{D}_0}$还是$\mathcal{S}_{\mathcal{H}_1, \tau}^{\mathcal{D}_1}$，需要利用频谱感知的判决结果。如果频谱感知的判决结果为$\mathcal{D}_0$，则下一次的状态为$\mathcal{S}_{\mathcal{H}_1, \tau}^{\mathcal{D}_0}$；否则，下一次的状态为$\mathcal{S}_{\mathcal{H}_1, \tau}^{\mathcal{D}_1}$。

8.3.3 频谱机会接入

次用户利用检测到的频谱机会传输数据。次用户以时分的方式进行频谱感知与数据传输。一方面，为了利用频谱机会，次用户在传输的时候不能进行频谱感知。另一方面，为了确保不将自身传输的信号当作主用户信号，次用户在进行频谱感知的时候不能传输数据。需要指出，虽然文献[222]提出了基于全双工频谱感知与数据传输，次用户仍然受来自非理想全双工的自干扰。此外，假设采用专业的高速信号处理器，因而频谱感知判决所需的硬件处理时间可以忽略不计。

为了充分利用主用户留下的频谱机会，次用户一旦检测到主用户信号未出现，就立即传输数据。由于次用户并不知道哪种假设是真的，它不仅在正确检测到频谱机会时传输数据，也在错误地检测到频谱传输机会时传输数据。错误地检测到频谱传输机会对应于漏检，即主用户信号实际出现，而未检测到主用户信号出现。漏检通常由路径损耗、阴影、衰落以及噪声不确定性等因素造成，这些因素会导致次用户观测到的主用户信号恶化。在漏检的情况下，主用户与次用户之间相互干扰，因而应该尽量避免这种情况。为了不对主用户造成有害干扰，通常要求检测概率不低于指定的阈值P_d^{th}。

为了方便讨论，我们在本章中考虑单用户单信道的场景，并致力于提升资源利用率。然而，我们所提的方法也能应用于多用户在多个频带上运行的一般场景，其中利用一个中心节点对所有的次用户进行分组，并且每个次用户仅附着于一个分组。在一个组内的所有次用户在一个信道上工作，并且每个次用户通过公共控制信道与其他次用户共享频谱感知结果。需要指出，这种协作方式不需要对现有的协作认知无线电系统进行任何修改。这主要是因为，基于我们所提的方案，所有的次用户在相互同步的情况下在同一时刻做出频谱感知判决，即使每个次用户根据其自身的感知判决调整感知时间。当检测到一个频谱机会时，中心节点将该频谱机会分配给一个选定的次用户。

8.4 性能分析

为了便于讨论，我们将次用户的一次传输机会定义为检测到主用户空闲时次用户可用的时间间隔，而不管主用户的实际状态如何，例如图 8-2 所示的第一帧以及第三帧中的 DT 时隙。同时，定义 $\mathcal{F} \in \{0, 1, \cdots, F\}$ 为连续的 F 帧中次用户检测到的传输机会的总数，其中 $\mathcal{F} = 0$ 表示次用户没有检测到频谱机会，$\mathcal{F} = F$ 表示次用户检测到 F 次频谱机会。此外，定义 $\ell \in \{1, \cdots, 2^F\}$ 为一个传输机会组合的索引，定义 $\mathcal{O} = \{\mathcal{D}^1\, \mathcal{D}^2 \cdots \mathcal{D}^k \cdots \mathcal{D}^F\}$ 为一组频谱感知判决结果或者一个传输机会的组合，其中 $\mathcal{D}^k \in \{\mathcal{D}_0, \mathcal{D}_1\}$ 是第 k 帧的频谱感知判决结果，且 $k \in \{1, \cdots, F\}$。

8.4.1 频谱感知性能

次用户在初始化频谱感知时，频谱感知时长为 τ，这是因为在次用户开机时没有可用的更早的频谱感知结果。由于式(8-1)中观测到的信号样本 $r[1], r[2], \cdots, r[N_\tau]$ 相互统计独立，根据中心极限定理(central limit theory，CLT)，式(8-6)中的检验统计量 $\Lambda_\tau = \mathbf{r}_\tau^H \mathbf{r}_\tau / \sigma_w^2$ 可以近似为高斯随机变量，其 PDF 为：

$$f_{\Lambda_\tau}(x \mid \mathcal{H}_0) = \frac{1}{\sqrt{2\pi N_\tau}} \exp\left[-\frac{(x-N_\tau)^2}{2N_\tau}\right]$$

$$f_{\Lambda_\tau}(x \mid \mathcal{H}_1) = \frac{1}{\sqrt{2\pi N_\tau \dot\gamma_{pt}}} \exp\left[-\frac{(x-N_\tau \dot\gamma_{pt})^2}{2N_\tau \dot\gamma_{pt}^2}\right] \tag{8-7}$$

其中，$\dot\gamma_{pt} = 1+\gamma_{pt}$，$\gamma_{pt} = |\hbar_{pt}|^2 \sigma_s^2 / \sigma_w^2$ 为主用户信噪比（PU SNR，PSNR）。

在 $\mathcal{H}_0$ 的假设下，虚报概率 $P_f^\tau = \Pr\{\Lambda_\tau > \lambda_\tau \mid \mathcal{H}_1\} = \int_{\lambda_\tau}^{+\infty} f_{\Lambda_\tau}(x \mid \mathcal{H}_0)\,\mathrm{d}x$ 与主用户信号 $s[n]$ 或主用户发射机与次用户接收机之间的信道 $\hbar_{pt}$ 无关。根据式(8-7)可以得到：

$$P_f^\tau = \int_{\lambda_\tau}^{+\infty} \frac{1}{\sqrt{2\pi N_\tau}} \exp\left[-\frac{(x-N_\tau)^2}{2N_\tau}\right]\mathrm{d}x = Q\left(\frac{\lambda_\tau}{\sqrt{N_\tau}} - \sqrt{N_\tau}\right) \tag{8-8}$$

其中，$Q(x) = \frac{1}{\sqrt{2\pi}} \int_x^{+\infty} \exp(-t^2/2)\,\mathrm{d}t$ 为 Marcum-Q 函数。

在 $\mathcal{H}_1$ 的假设下，检测概率 $P_d^\tau = \Pr\{\Lambda_\tau > \lambda_\tau \mid \mathcal{H}_1\} = \int_{\lambda_\tau}^{+\infty} f_{\Lambda_\tau}(x \mid \mathcal{H}_1)\,\mathrm{d}x$ 取决于主用户信号 $s[n]$ 以及信道 $\hbar_{pt}$。基于准静态信道的假设（信道 $\hbar_{pt}$ 在每帧内保持不变，但是在不同帧间动态变化），可以根据式(8-7)得到瞬时检测概率：

$$P_d^\tau = \int_{\lambda_\tau}^{+\infty} \frac{1}{\sqrt{2\pi N_\tau \dot\gamma_{pt}}} \exp\left[-\frac{(x-N_\tau \dot\gamma_{pt})^2}{2N_\tau \dot\gamma_{pt}^2}\right]\mathrm{d}x = Q\left(\frac{\lambda_\tau}{\sqrt{N_\tau}\,\dot\gamma_{pt}} - \sqrt{N_\tau}\right) \tag{8-9}$$

由于 $\gamma_{pt} = |\hbar_{pt}|^2 \sigma_s^2 / \sigma_w^2$ 且 $\hbar_{pt} = \sqrt{\mathcal{K}(d_0/d_{pt})^\varepsilon}\, h_{pt}$，对于环境参数 σ_s^2、σ_w^2、$\mathcal{K}$、d_0、d_{pt} 以及 ε 未知但确定的具体应用场景，式(8-9)中仅有的随机变量是小尺度信道衰落系数 h_{pt}。在瑞利衰落环境中，γ_{pt} 的 PDF 可以表示为：

$$f_{\gamma_{pt}}(x) = \frac{1}{\mathcal{K}}\left(\frac{d_{pt}}{d_0}\right)^\varepsilon \frac{\sigma_w^2}{\sigma_s^2} \exp\left[-\frac{x}{\mathcal{K}}\left(\frac{d_{pt}}{d_0}\right)^\varepsilon \frac{\sigma_w^2}{\sigma_s^2}\right] \tag{8-10}$$

其中，$x \geq 0$。用式(8-10)对式(8-9)求平均，我们获得平均检测概率，即：

$$\bar{P}_d^\tau = \int_0^{+\infty} f_{\gamma_{pt}}(x)\, Q\left(\frac{\lambda_\tau}{\sqrt{N_\tau}(1+x)} - \sqrt{N_\tau}\right)\mathrm{d}x \tag{8-11}$$

如果前一次频谱感知的判决为$\mathcal{D}_1$，并且因此将频谱感知的时长调为T，式(8-6)中MLR检测器的检验统计量可表示为$\Lambda_T = \mathbf{r}_T^H \mathbf{r}_T / \sigma_w^2$，其中$\mathbf{r}_T = (r[1], r[2], \cdots, r[N_T])^T$且$N_T = \lfloor 2WT \rfloor$。在这种情况下，判决门限为$\lambda_T = (\ln \lambda_T - N_T \ln \mathcal{A})/\mathcal{B}$。在频谱感知的过程中，如果$\Lambda_T \geq \lambda_T$，次用户输出判决结果$\mathcal{D}_1$；否则给出判决结果$\mathcal{D}_0$。可以将式(8-8)与式(8-9)以及式(8-11)中的τ替换为T，从而获得相应的虚报概率P_f^T与检测概率P_d^T，以及平均的检测概率$\bar{P}_d^T$。需要指出，虽然我们仅考虑瑞利衰落，式(8-11)中所用的方法可以被用于其他类型的衰落信道。

为方便讨论，定义$P_{\mathcal{H}_0}^\ell(P_f^\tau) = \prod_{k=1}^{F} p_{\mathcal{H}_0}^{\ell,k}$为在$\mathcal{H}_0$的假设下次用户的第$\ell$个传输机会组合的概率，其中$p_{\mathcal{H}_0}^{\ell,k} \in \{P_f^\tau, 1-P_f^\tau, P_f^T, 1-P_f^T\}$为第$\ell$次传输机会组合中第$k$帧的判决结果为$\mathcal{D}^k$的概率。类似地，我们定义$P_{\mathcal{H}_1}^\ell(P_f^\tau) = \prod_{k=1}^{F} p_{\mathcal{H}_1}^{\ell,k}$为在$\mathcal{H}_1$的假设下次用户的第$\ell$个传输机会组合的概率，其中$p_{\mathcal{H}_1}^{\ell,k} \in \{\bar{P}_d^\tau, 1-\bar{P}_d^\tau, \bar{P}_d^T, 1-\bar{P}_d^T\}$。根据这些定义，当有$\mathcal{F}$次传输机会时，总共有$C_F^\mathcal{F} = \dfrac{F!}{(F-\mathcal{F})! \, \mathcal{F}!}$种不同的传输机会组合。

表8-1展示了当$F=4$时，在$\mathcal{H}_0$的假设下，所有传输机会组合及其相应的概率。在每个传输机会组合中，$\mathcal{D}_1^k$表示第k帧中的判决结果为$\mathcal{D}_1$，相应于没有传输机会；$\mathcal{D}_0^k$表示第k帧中的判决结果为$\mathcal{D}_0$，相应于有一次传输机会。例如，$\{\mathcal{D}_1^1 \mathcal{D}_1^2 \mathcal{D}_1^3 \mathcal{D}_1^4\}$表示在所有的四个相邻的帧中没有检测到传输机会，而$\{\mathcal{D}_1^1 \mathcal{D}_1^2 \mathcal{D}_1^3 \mathcal{D}_0^4\}$表示在第四帧中检测到一次传输机会。可以根据图8-3中的状态转移链获得各个传输机会组合的概率$P_{\mathcal{H}_0}^\ell(P_f^\tau)$。

表8-1 在$\mathcal{H}_0$的假设下且$F=4$时传输机会的组合

$\mathcal{F}$	ℓ	$\mathcal{O}$	$P_{\mathcal{H}_0}^\ell(P_f^\tau)$
0	1	$\{\mathcal{D}_1^1 \mathcal{D}_1^2 \mathcal{D}_1^3 \mathcal{D}_1^4\}$	$P_f^\tau P_f^T P_f^T P_f^T$

$\mathcal{F}$	ℓ	$\mathcal{O}$	$P_{\mathcal{H}_0}^{\ell}(P_f^{\tau})$
1	2	$\{\mathcal{D}_1^1\,\mathcal{D}_1^2\,\mathcal{D}_1^3\,\mathcal{D}_0^4\}$	$P_f^{\tau}P_f^{T}P_f^{T}(1-P_f^{T})$
	3	$\{\mathcal{D}_1^1\,\mathcal{D}_1^2\,\mathcal{D}_0^3\,\mathcal{D}_1^4\}$	$P_f^{\tau}P_f^{T}(1-P_f^{T})P_f^{\tau}$
	4	$\{\mathcal{D}_1^1\,\mathcal{D}_0^2\,\mathcal{D}_1^3\,\mathcal{D}_1^4\}$	$P_f^{\tau}(1-P_f^{T})P_f^{\tau}P_f^{T}$
	5	$\{\mathcal{D}_0^1\,\mathcal{D}_1^2\,\mathcal{D}_1^3\,\mathcal{D}_1^4\}$	$(1-P_f^{\tau})P_f^{\tau}P_f^{T}P_f^{T}$
2	6	$\{\mathcal{D}_1^1\,\mathcal{D}_1^2\,\mathcal{D}_0^3\,\mathcal{D}_0^4\}$	$P_f^{\tau}P_f^{T}(1-P_f^{T})(1-P_f^{\tau})$
	7	$\{\mathcal{D}_1^1\,\mathcal{D}_0^2\,\mathcal{D}_1^3\,\mathcal{D}_0^4\}$	$P_f^{\tau}(1-P_f^{T})P_f^{\tau}(1-P_f^{T})$
	8	$\{\mathcal{D}_1^1\,\mathcal{D}_0^2\,\mathcal{D}_0^3\,\mathcal{D}_1^4\}$	$P_f^{\tau}(1-P_f^{T})(1-P_f^{\tau})P_f^{\tau}$
	9	$\{\mathcal{D}_0^1\,\mathcal{D}_1^2\,\mathcal{D}_1^3\,\mathcal{D}_0^4\}$	$(1-P_f^{\tau})P_f^{\tau}P_f^{T}(1-P_f^{T})$
	10	$\{\mathcal{D}_0^1\,\mathcal{D}_1^2\,\mathcal{D}_0^3\,\mathcal{D}_1^4\}$	$(1-P_f^{\tau})P_f^{\tau}(1-P_f^{T})P_f^{\tau}$
	11	$\{\mathcal{D}_0^1\,\mathcal{D}_0^2\,\mathcal{D}_1^3\,\mathcal{D}_1^4\}$	$(1-P_f^{\tau})(1-P_f^{\tau})P_f^{\tau}P_f^{T}$
3	12	$\{\mathcal{D}_1^1\,\mathcal{D}_0^2\,\mathcal{D}_0^3\,\mathcal{D}_0^4\}$	$P_f^{\tau}(1-P_f^{T})(1-P_f^{\tau})(1-P_f^{\tau})$
	13	$\{\mathcal{D}_0^1\,\mathcal{D}_1^2\,\mathcal{D}_0^3\,\mathcal{D}_0^4\}$	$(1-P_f^{\tau})P_f^{\tau}(1-P_f^{T})(1-P_f^{\tau})$
	14	$\{\mathcal{D}_0^1\,\mathcal{D}_0^2\,\mathcal{D}_1^3\,\mathcal{D}_0^4\}$	$(1-P_f^{\tau})(1-P_f^{\tau})P_f^{\tau}(1-P_f^{T})$
	15	$\{\mathcal{D}_0^1\,\mathcal{D}_0^2\,\mathcal{D}_0^3\,\mathcal{D}_1^4\}$	$(1-P_f^{\tau})(1-P_f^{\tau})(1-P_f^{\tau})P_f^{\tau}$
4	16	$\{\mathcal{D}_0^1\,\mathcal{D}_0^2\,\mathcal{D}_0^3\,\mathcal{D}_0^4\}$	$(1-P_f^{\tau})(1-P_f^{\tau})(1-P_f^{\tau})(1-P_f^{\tau})$

例如，当 $\mathcal{F}=2$ 且 $\ell=7$ 时，频谱感知判决结果依次为 $\mathcal{D}_1$、$\mathcal{D}_0$、$\mathcal{D}_1$、$\mathcal{D}_0$。第一帧中 $\mathcal{D}_1$ 的概率为 $p_{\mathcal{H}_0}^{7,1}=P_f^{\tau}$，次用户频谱感知器的状态为 $\mathcal{S}_{\mathcal{H}_0,\tau}^{\mathcal{D}_1}$，这意味着下一次的频谱感知时间长度为 T。由于第二帧中频谱感知的判决结果为 $\mathcal{D}_0$，频谱感知器的状态从 $\mathcal{S}_{\mathcal{H}_0,\tau}^{\mathcal{D}_1}$ 转移到 $\mathcal{S}_{\mathcal{H}_0,\tau}^{\mathcal{D}_0}$。相应的概率为 $p_{\mathcal{H}_0}^{7,2}=1-P_f^{T}$，且第三帧的频谱感知时间为 τ。由于第三帧的频谱感知判决结果为 $\mathcal{D}_1$，频谱感知器的状态从 $\mathcal{S}_{\mathcal{H}_0,\tau}^{\mathcal{D}_0}$ 变为 $\mathcal{S}_{\mathcal{H}_0,\tau}^{\mathcal{D}_1}$。相应的概率为 $p_{\mathcal{H}_0}^{7,3}=P_f^{\tau}$，且第四帧的频谱感知时间为 T。在最后一帧，频谱感知器的状态从 $\mathcal{S}_{\mathcal{H}_0,\tau}^{\mathcal{D}_1}$ 切换到 $\mathcal{S}_{\mathcal{H}_0,\tau}^{\mathcal{D}_0}$。相应的概率为 $p_{\mathcal{H}_0}^{7,4}=1-P_f^{T}$。因此，$P_{\mathcal{H}_0}^{7}(P_f^{\tau})=\prod_{k=1}^{F}p_{\mathcal{H}_1}^{7,k}=P_f^{\tau}(1-P_f^{T})P_f^{\tau}(1-P_f^{T})$。

显然，当 $\mathcal{F}=2$ 时，一共有 $C_4^2 = \dfrac{4!}{(4-2)! \; 2!} = 6$ 次不同的传输机会组合，如表 8-1 所示。

8.4.2 次用户频谱利用率

次用户频谱利用率定义为，次用户传输时间与主用户总的空余时间之比。因此，虽然次用户可能在 $\mathcal{H}_1$ 的假设下漏检主用户，在这种情况下的数据传输对提升次用户频谱利用率没有贡献。根据该定义，次用户频谱利用率 $\mathbb{U}_F(P_f^\tau)$ 仅与 $\mathcal{H}_0$ 的假设相关，并且是虚报概率 P_f^τ 的函数，可以表示为：

$$\mathbb{U}_F(P_f^\tau) = P(\mathcal{H}_0)\left(1 - \frac{\tau}{T}\right)\frac{1}{F}\sum_{\mathcal{F}=1}^{F}\mathcal{F}\sum_{\ell=\ell_{\mathcal{F}-1}+1}^{\ell_{\mathcal{F}}}P_{\mathcal{H}_0}^\ell(\rho_f^\tau) \qquad (8\text{-}12)$$

其中，$P(\mathcal{H}_0)$ 表示授权主用户信号未出现的概率，其值可以通过实际频谱测量预先获得；$\ell_{\mathcal{F}} = \displaystyle\sum_{i=0}^{\mathcal{F}}\frac{F!}{(F-i)! \; i!}$，且 $\ell_{\mathcal{F}} - \ell_{\mathcal{F}-1} = \dfrac{F!}{(F-\mathcal{F})! \; \mathcal{F}!}$。注意，在式(8-12)中，当 $\mathcal{F}=0$ 时，频谱利用率为零，因为没有检测到频谱机会。可以看到，频谱利用率主要取决于 $P_{\mathcal{H}_0}^\ell(P_f^\tau)$。与表 8-1 中的概率类似，$P_{\mathcal{H}_0}^\ell(P_f^\tau)$ 的值可以根据图 8-3 获得。

在式(8-12)中，当 $F=1$ 时，一帧内总的传输机会数量 $\mathcal{F} \in \{0, 1\}$，次用户传输机会组合的索引 $\ell \in \{1, 2\}$，$\ell_0 = \displaystyle\sum_{i=0}^{0}\frac{1!}{(1-i)! \; i!} = 1$，$\ell_1 = \displaystyle\sum_{i=0}^{1}\frac{1!}{(1-i)! \; i!} = 2$，并且第一个和第 2 个传输机会的组合的概率分别为 $P_{\mathcal{H}_0}^1(P_f^\tau) = P_f^\tau$ 与 $P_{\mathcal{H}_0}^2(P_f^\tau) = (1-P_f^\tau)$。因而，根据式(8-12)可以得到：

$$\mathbb{U}_1(P_f^\tau) = P(\mathcal{H}_0)\left(1-\frac{\tau}{T}\right)(1-P_f^\tau) \qquad (8\text{-}13)$$

这也是普通 FTSS 方案次用户的频谱利用率。因而，普通 FTSS 方案是我们所提的 TASS 方案在 $F=1$ 时的特例。为了便于讨论，定义：

$$P_0^F(P_f^\tau) = 1 - \frac{1}{F}\sum_{\mathcal{F}=1}^{F}\mathcal{F}\sum_{\ell=\ell_{\mathcal{F}-1}+1}^{\ell_{\mathcal{F}}}P_{\mathcal{H}_0}^\ell(P_f^\tau) \qquad (8\text{-}14)$$

为等效的频谱机会检测失败概率。根据式(8-14)的定义，式(8-12)可以重写为：

$$\mathbb{U}_F(P_f^\tau) = P(\mathcal{H}_0)\left(1-\frac{\tau}{T}\right)\left(1-P_0^F(P_f^\tau)\right) \tag{8-15}$$

这在形式上类似于式(8-13)。从本质上看，式(8-15)中次用户的频谱利用率反映了次用户检测频谱机会的能力。因而，$\mathbb{U}_F(P_f^\tau)$的值越大越好。

8.4.3 次用户可获得的吞吐量

为不失一般性，我们假设次用户采用与主用户类似的传输方案，且在带宽 W 上的额定功率为 $\dot{\sigma}_s^2$。在理想的场景中，当主用户信号未出现且感知判决为 $\mathcal{D}_0$ 时，次用户在主用户的授权频带上传输数据时不受主用户信号干扰。在时间 $T-\tau$ 内，次用户归一化的吞吐量为：

$$\mathbb{C}_{\mathcal{H}_0}^{\mathcal{D}_0} = \left(1-\frac{\tau}{T}\right)\ln\left(1+\frac{|\hbar_{tr}|^2\dot{\sigma}_s^2}{\dot{\sigma}_w^2}\right) \tag{8-16}$$

其中，$\hbar_{tr} = \sqrt{\mathcal{K}(d_0/d_{tr})^\varepsilon}\, h_{tr}$，$\dot{\sigma}_n^2$ 为次用户接收机的噪声功率。令 $\gamma_{tr} = |\hbar_{tr}|^2\dot{\sigma}_s^2/\dot{\sigma}_w^2$ 表示次用户的信噪比（SU SNR，SSNR）。相应地，我们得到瑞利衰落信道中 γ_{tr} 的 PDF，即：

$$f_{\gamma_{tr}}(x) = \frac{1}{\mathcal{K}}\left(\frac{d_{tr}}{d_0}\right)^\varepsilon \frac{\dot{\sigma}_w^2}{\dot{\sigma}_s^2}\exp\left[-\frac{x}{\mathcal{K}}\left(\frac{d_{tr}}{d_0}\right)^\varepsilon \frac{\dot{\sigma}_w^2}{\dot{\sigma}_s^2}\right] \tag{8-17}$$

其中，$x \geq 0$。用式(8-17)对式(8-16)求平均，我们获得了瑞利衰落信道中归一化的次用户吞吐量的均值，即：

$$\overline{\mathbb{C}}_{\mathcal{H}_0}^{\mathcal{D}_0} = \left(1-\frac{\tau}{T}\right)\int_0^\infty f_{\gamma_{tr}}(x)\ln(1+x)\,\mathrm{d}x \tag{8-18}$$

该值高度依赖于具体的部署场景。

在实际中，次用户可能没有检测到实际上已经出现的主用户信号，并错误地认为存在传输机会。在没有正确地检测到主用户信号出现的情况下，由于并不知道判决结果存在错误，次用户仍然在主用户的授权频带上传输数据。在这种情况下，次用户归一化的吞吐量可以表示为：

$$\mathbb{C}_{\mathcal{H}_1}^{\mathcal{D}_0} = \left(1-\frac{\tau}{T}\right)\ln\left(1+\frac{|\hbar_{tr}|^2\dot{\sigma}_s^2}{|\hbar_{pr}|^2\sigma_s^2+\dot{\sigma}_w^2}\right) \tag{8-19}$$

显然，式(8-19)中的 $|\hbar_{pr}|^2\sigma_s^2$ 表示来自主用户发射机的干扰功率。定义 $\gamma_{pr} = |\hbar_{pr}|^2\sigma_s^2/\dot{\sigma}_w^2$ 为干扰噪声比（interference to noise power ratio，INR），则在瑞利衰落信道中 γ_{pr} 的 PDF 可以表示为：

$$f_{\gamma_{pr}}(x) = \frac{1}{\mathcal{K}}\left(\frac{d_{pr}}{d_0}\right)^{\varepsilon}\frac{\dot{\sigma}_w^2}{\sigma_s^2}\exp\left[-\frac{x}{\mathcal{K}}\left(\frac{d_{pr}}{d_0}\right)^{\varepsilon}\frac{\dot{\sigma}_w^2}{\sigma_s^2}\right] \tag{8-20}$$

利用式(8-17)与式(8-20)对式(8-19)求平均，得到在 $\mathcal{H}_1$ 假设下次用户归一化吞吐量的均值，即：

$$\overline{\mathbb{C}}_{\mathcal{H}_1}^{\mathcal{D}_0} = \left(1-\frac{\tau}{T}\right)\int_0^{\infty}\int_0^{\infty} f_{\gamma_{tr}}(x)f_{\gamma_{pr}}(y)\ln\left(1+\frac{x}{y+1}\right)\mathrm{d}x\mathrm{d}y \tag{8-21}$$

不同于式(8-12)中的频谱利用率，次用户不仅在正确检测到主用户空闲时获得吞吐量，也在错误地检测到主用户空闲时获得吞吐量。次用户归一化的吞吐量与频谱感知的性能密切相关，定义为：

$$\mathbb{T}_F(P_f^{\tau},\ \overline{P}_d^{\tau}) = P(\mathcal{H}_0)\mathbb{T}_{\mathcal{H}_0,F}^{\mathcal{D}_0}(P_f^{\tau}) + P(\mathcal{H}_1)\mathbb{T}_{\mathcal{H}_1,F}^{\mathcal{D}_0}(\overline{P}_d^{\tau}) \tag{8-22}$$

其中，$P(\mathcal{H}_1) = 1-P(\mathcal{H}_0)$ 是主用户占用其授权频带的概率；$\mathbb{T}_{\mathcal{H}_0,F}^{\mathcal{D}_0}(P_f^{\tau})$ 是在 $\mathcal{H}_0$ 的假设下次用户归一化的吞吐量，其值为：

$$\mathbb{T}_{\mathcal{H}_0,\ F}^{\mathcal{D}_0}(P_f^{\tau}) = \frac{1}{F}\sum_{\mathcal{F}=1}^{F}\mathcal{F}\sum_{\ell=\ell_{\mathcal{F}-1}+1}^{\ell_{\mathcal{F}}}P_{\mathcal{H}_0}^{\ell}(P_f^{\tau})\ \overline{\mathbb{C}}_{\mathcal{H}_0}^{\mathcal{D}_0} \tag{8-23}$$

其中，$\overline{C}_{\mathcal{H}_0}^{\mathcal{D}_0}$ 由式(8-18)定义；$\mathbb{T}_{\mathcal{H}_1}^{\mathcal{D}_0}(\overline{P}_d^{\tau})$ 为 $\mathcal{H}_1$ 假设下次用户归一化的吞吐量，其值为：

$$\mathbb{T}_{\mathcal{H}_1,\ F}^{\mathcal{D}_0}(\overline{P}_d^{\tau}) = \frac{1}{F}\sum_{\mathcal{F}=1}^{F}\mathcal{F}\sum_{\ell=\ell_{\mathcal{F}-1}+1}^{\ell_{\mathcal{F}}}P_{\mathcal{H}_1}^{\ell}(\overline{P}_d^{\tau})\ \overline{\mathbb{C}}_{\mathcal{H}_1}^{\mathcal{D}_0} \tag{8-24}$$

其中，$\overline{\mathbb{C}}_{\mathcal{H}_1}^{\mathcal{D}_0}$ 由式(8-21)定义。根据式(8-14)，式(8-23)可以简化为：

$$\mathbb{T}_{\mathcal{H}_0,F}^{\mathcal{D}_0}(P_f^{\tau}) = [1-P_0^F(P_f^{\tau})]\overline{\mathbb{C}}_{\mathcal{H}_0}^{\mathcal{D}_0} \tag{8-25}$$

此外，为了便于讨论，定义：

$$P_1^F(\overline{P}_d^{\tau}) = 1 - \frac{1}{F}\sum_{\mathcal{F}=1}^{F}\mathcal{F}\sum_{\ell=\ell_{\mathcal{F}-1}+1}^{\ell_{\mathcal{F}}}P_{\mathcal{H}_1}^{\ell}(\overline{P}_f^{\tau}) \tag{8-26}$$

为等效检测概率。根据式(8-26)，式(8-24)可以简化为：

$$\mathbb{T}_{\mathcal{H}_1,F}^{\mathcal{D}_0}(\overline{P}_d^{\tau}) = [1-P_1^F(\overline{P}_d^{\tau})]\overline{\mathbb{C}}_{\mathcal{H}_1}^{\mathcal{D}_0} \tag{8-27}$$

为了降低对主用户的有害干扰，式(8-27)中在 $\mathcal{H}_1$ 假设下获得的吞吐量越小越好。

根据式(8-22)，在 $F=1$ 时可以得到：

$$\mathbb{T}_1(P_f^\tau, \bar{P}_d^\tau) = P(\mathcal{H}_0)\mathbb{T}_{\mathcal{H}_0,1}^{\mathcal{D}_0}(P_f^\tau) + P(\mathcal{H}_1)\mathbb{T}_{\mathcal{H}_1,1}^{\mathcal{D}_0}(\bar{P}_d^\tau) \qquad (8\text{-}28)$$

其中，$\mathbb{T}_{\mathcal{H}_0,1}^{\mathcal{D}_0}(P_f^\tau)$ 是在 $\mathcal{H}_0$ 假设下的归一化吞吐量，$\mathbb{T}_{\mathcal{H}_1,1}^{\mathcal{D}_0}(\bar{P}_d^\tau)$ 是在 $\mathcal{H}_1$ 假设下的归一化吞吐量。将 $F=1$，$\ell_0=1$，$\ell_1=2$，以及 $P_{\mathcal{H}_0}^2(P_f^\tau)=(1-P_f^\tau)$ 代入式(8-23)，可以得到：

$$\mathbb{T}_{\mathcal{H}_0,1}^{\mathcal{D}_0}(P_f^\tau) = (1-P_f^\tau)\,\overline{\mathbb{C}}_{\mathcal{H}_0}^{\mathcal{D}_0} \qquad (8\text{-}29)$$

此外，将 $F=1$，$\ell_0=1$，$\ell_1=2$ 以及 $P_{\mathcal{H}_1}^2(\bar{P}_d^\tau)=(1-\bar{P}_d^\tau)$ 代入式(8-24)，可以得到：

$$\mathbb{T}_{\mathcal{H}_1,1}^{\mathcal{D}_0}(\bar{P}_d^\tau) = (1-\bar{P}_d^\tau)\,\overline{\mathbb{C}}_{\mathcal{H}_1}^{\mathcal{D}_0} \qquad (8\text{-}30)$$

把式(8-29)与式(8-30)代入式(8-28)，可以得到 $F=1$ 时 TASS 方案的归一化吞吐量。这也是普通 FTSS 方案的归一化吞吐量。因此，普通 FTSS 方案的归一化吞吐量也是我们提出的 TASS 方案的归一化吞吐量在 $F=1$ 时的特例。

8.4.4　理论性能界限

理想的性能上界相应于次用户无误地检测到主用户的活动状态时的性能。然而实际中的非理想因素使得理论性能上界不可能实现。需要指出，这里所谓的理论性能上界是指不能被超越的性能边界。因此，对于检测概率而言，性能上界为 1，而对于虚报概率而言，性能上界为 0。

对于图 8-1 所示的系统模型，当 $P_f^\tau \to P_f^T$ 且 $\bar{P}_d^\tau \to \bar{P}_d^T$，或几乎整个帧的时间 T 被用于频谱感知时，相应的性能接近其上界。令 $\vartheta_{\mathcal{H}_0}(P_f^\tau, \mathcal{F}) = \sum_{\ell=\ell_{\mathcal{F}-1}+1}^{\ell_{\mathcal{F}}} P_{\mathcal{H}_0}^\ell(P_f^\tau)$ 且 $\vartheta_{\mathcal{H}_1}(\bar{P}_d^\tau, \mathcal{F}) = \sum_{\ell=\ell_{\mathcal{F}-1}+1}^{\ell_{\mathcal{F}}} P_{\mathcal{H}_1}^\ell(\bar{P}_d^\tau)$。由于 $\ell_{\mathcal{F}} - \ell_{\mathcal{F}-1} = C_F^{\mathcal{F}}$，可以得到：

$$\lim_{P_f^\tau \to P_f^T} \vartheta_{\mathcal{H}_0}(P_f^\tau, \mathcal{F}) = C_F^{\mathcal{F}}(1-P_f^\tau)^{\mathcal{F}}(P_f^\tau)^{F-\mathcal{F}}$$

$$\lim_{\bar{P}_d^\tau \to \bar{P}_d^T} \vartheta_{\mathcal{H}_1}(\bar{P}_d^\tau, \mathcal{F}) = C_F^{\mathcal{F}}(1-\bar{P}_d^\tau)^{\mathcal{F}}(\bar{P}_d^\tau)^{F-\mathcal{F}} \tag{8-31}$$

基于式(8-31)，可以进一步得到：

$$\lim_{P_f^\tau \to P_f^T} \sum_{\mathcal{F}=1}^{F} \mathcal{F}\, \vartheta_{\mathcal{H}_0}(P_f^\tau, \mathcal{F}) = F(1-P_f^\tau)$$

$$\lim_{\bar{P}_d^\tau \to \bar{P}_d^T} \sum_{\mathcal{F}=1}^{F} \mathcal{F}\, \vartheta_{\mathcal{H}_0}(\bar{P}_d^\tau, \mathcal{F}) = F(1-\bar{P}_d^\tau) \tag{8-32}$$

(1) 次用户频谱利用率

在 $P_f^\tau \to P_f^T$ 时，可以获得次用户频谱利用率的理论性能上界。定义次用户频谱利用率的理论性能上界为：

$$\hat{\mathbb{U}}_F \triangleq \lim_{P_f^\tau \to P_f^T} \mathbb{U}_F(P_f^\tau) \tag{8-33}$$

根据式(8-12)与式(8-32)，式(8-33)所定义的频谱利用率性能上界可以表示为：

$$\mathbb{U}_F = P(\mathcal{H}_0)\left(1-\frac{\tau}{T}\right)(1-P_f^T) \tag{8-34}$$

其中，$\tau \to T$。根据式(8-13)，可以得到：

$$\lim_{\bar{P}_f^\tau \to P_f^T} \mathbb{U}_1(P_f^\tau) = P(\mathcal{H}_0)\left(1-\frac{\tau}{T}\right)(1-P_f^T) \tag{8-35}$$

其中，$\tau \to T$。需要指出，根据式(8-35)，次用户频谱利用率总是小于 $P(\mathcal{H}_0)$。换言之，次用户频谱利用率 $P(\mathcal{H}_0)$ 意味着主用户所留下的所有空闲频谱资源均被次用户正确捕获并利用。比较式(8-34)与式(8-35)可以发现，我们提出的 TASS 方案与普通的 FTSS 方案的频谱利用率上界相同。

(2) 次用户吞吐量

将式(8-32)代入式(8-23)与式(8-24)，可以分别得到：

$$\lim_{P_f^\tau \to P_f^T} \mathbb{T}_{\mathcal{H}_0,F}^{\mathcal{D}_0}(P_f^\tau) = (1-P_f^T)\bar{\mathbb{C}}_{\mathcal{H}_0}^{\mathcal{D}_0}$$

$$\lim_{\bar{P}_d^\tau \to \bar{P}_d^T} \mathbb{T}_{\mathcal{H}_1,F}^{\mathcal{D}_0}(\bar{P}_d^\tau) = (1-\bar{P}_d^T)\bar{\mathbb{C}}_{\mathcal{H}_1}^{\mathcal{D}_0} \tag{8-36}$$

定义次用户归一化吞吐量的理论性能上界为：

$$\hat{\mathbb{T}}_F \triangleq \lim_{P_f^\tau \to P_f^\mathcal{T}, \bar{P}_d^\tau \to \bar{P}_d^\mathcal{T}} \mathbb{T}_F(P_f^\tau, \bar{P}_d^\tau) \qquad (8\text{-}37)$$

基于式(8-22)与式(8-36)，式(8-37)中定义的吞吐量性能上界为：

$$\hat{\mathbb{T}}_F = P(\mathcal{H}_0)(1-P_f^\mathcal{T})\bar{\mathbb{C}}_{\mathcal{H}_0}^{\mathcal{D}_0} + P(\mathcal{H}_1)(1-\bar{P}_d^\mathcal{T})\bar{\mathbb{C}}_{\mathcal{H}_1}^{\mathcal{D}_0} \qquad (8\text{-}38)$$

其中，$\tau \to \mathcal{T}$。根据式(8-28)，可以得到：

$$\lim_{P_f^\tau \to P_f^\mathcal{T}, \bar{P}_d^\tau \to \bar{P}_d^\mathcal{T}} \mathbb{T}_1(P_f^\tau, \bar{P}_d^\tau) = \hat{\mathbb{T}}_F \qquad (8\text{-}39)$$

其中，$\tau \to \mathcal{T}$。式(8-38)与式(8-39)中得到的结果表明，我们提出的 TASS 方案与普通的 FTSS 方案的理论吞吐量性能上界相同。

在实际中，$P_f^\tau \to P_f^\mathcal{T}$ 或 $\bar{P}_d^\tau \to \bar{P}_d^\mathcal{T}$ 意味着 $\tau \to \mathcal{T}$。当频谱感知时间总为 $\tau \to \mathcal{T}$ 时，所有的帧时均被用于频谱感知，而没有时间可用于数据传输。为了充分保护授权用户，并有效利用频谱资源，通常要求检测概率不低于预定的门限 P_d^{th}，即 $\bar{P}_d^\tau \leqslant P_d^{th}$ 且 $\bar{P}_d^\mathcal{T} \leqslant P_d^{th}$。

8.4.5 能量效率

次用户收发机的能量效率取决于多种因素。为分析的简洁起见，我们仅考虑频谱感知与数据传输过程中的能量消耗。令 P_s 与 P_t 分别表示频谱感知与数据传输所耗的功率。那么，在 $\mathcal{H}_0$ 的假设下次用户所耗的能量可以表示为：

$$\mathbb{E}_{\mathcal{H}_0, F}^{\mathcal{D}_0}(P_f^\tau) = \frac{1}{F}P_{\mathcal{H}_0}^1(P_f^\tau)E_A + \frac{1}{F}\sum_{\mathcal{F}=1}^{F}\sum_{\ell=\ell_{\mathcal{F}-1}+1}^{\ell_{\mathcal{F}}} P_{\mathcal{H}_0}^\ell(P_f^\tau)E_{B,0}^\ell(F, \mathcal{F})$$

$$(8\text{-}40)$$

其中，$E_A = [\tau+(F-1)\mathcal{T}]P_s$ 是次用户没有检测到任何频谱机会时的能量开销；$E_{B,i}^\ell(F, \mathcal{F}) = [m_{\mathcal{H}_i}^{F,\ell}\tau+(F-m_{\mathcal{H}_i}^{F,\ell})\mathcal{T}]P_s + \mathcal{F}(\mathcal{T}-\tau)P_t$ 是在第 ℓ 个传输机会组合中有一个及以上传输机会时的能量开销；$m_{\mathcal{H}_i}^{F,\ell} \in \{0, 1, \cdots, L\}$ 是在连续的 F 帧内感知时间长度为 τ 的帧数。类似地，我们可以得到在 $\mathcal{H}_1$ 的假设下次用户所耗的能量：

$$\mathbb{E}_{\mathcal{H}_1, F}^{\mathcal{D}_0}(\bar{P}_d^\tau) = \frac{1}{F}P_{\mathcal{H}_1}^1(\bar{P}_d^\tau)E_A + \frac{1}{F}\sum_{\mathcal{F}=1}^{F}\sum_{\ell=\ell_{\mathcal{F}-1}+1}^{\ell_{\mathcal{F}}} P_{\mathcal{H}_1}^\ell(\bar{P}_d^\tau)E_{B,1}^\ell(F, \mathcal{F})$$

$$(8\text{-}41)$$

根据式(8-40)与式(8-41)，我们提出的 TASS 方案的能量开销可以表示为：

$$\mathbb{E}_F(P_f^\tau, \ \bar{P}_d^\tau) = P(\mathcal{H}_0)\mathbb{E}_{\mathcal{H}_0,F}^{\mathcal{D}_0}(P_f^\tau) + P(\mathcal{H}_1)\mathbb{E}_{\mathcal{H}_1,F}^{\mathcal{D}_0}(\bar{P}_d^\tau) \qquad (8\text{-}42)$$

由于能量效率被定义为速率与能量开销之比，根据式(8-22)与式(8-42)，我们提出的 TASS 方案的能量效率 $\mathbb{R}_F(P_f^\tau, \ \bar{P}_d^\tau) = \mathbb{T}_F(P_f^\tau, \ \bar{P}_d^\tau)\mathcal{T}/\mathbb{E}_F(P_f^\tau, \ \bar{P}_d^\tau)$ 为：

$$\mathbb{R}_F(P_f^\tau, \ \bar{P}_d^\tau) = \frac{\mathcal{T}[P(\mathcal{H}_0)\mathbb{T}_{\mathcal{H}_0,F}^{\mathcal{D}_0}(P_f^\tau) + P(\mathcal{H}_1)\mathbb{T}_{\mathcal{H}_1,F}^{\mathcal{D}_0}(\bar{P}_d^\tau)]}{P(\mathcal{H}_0)\mathbb{E}_{\mathcal{H}_0,F}^{\mathcal{D}_0}(P_f^\tau) + P(\mathcal{H}_1)\mathbb{E}_{\mathcal{H}_1,F}^{\mathcal{D}_0}(\bar{P}_d^\tau)} \qquad (8\text{-}43)$$

其中分子包含 $\mathcal{T}$，这是因为式(8-22)中的 $\mathbb{T}_F(P_f^\tau, \ \bar{P}_f^\tau)$ 是归一化值。

为了便于比较，我们考虑 $F=1$ 的特殊情形。将 $F=1$，$\ell_0=1$，$\ell_1=2$，$P_{\mathcal{H}_0}^1(P_f^\tau) = P_f^\tau$，$P_{\mathcal{H}_0}^2(P_f^\tau) = 1-P_f^\tau$，以及 $m_{\mathcal{H}_0}^{1,2}=1$ 代入式(8-40)，我们得到：

$$\mathbb{E}_{\mathcal{H}_0,1}^{\mathcal{D}_0}(P_f^\tau) = \tau P_s + (1-P_f^\tau)(\mathcal{T}-\tau)P_t \qquad (8\text{-}44)$$

此外，将 $F=1$，$\ell_0=1$，$\ell_1=2$，$P_{\mathcal{H}_1}^1(\bar{P}_d^\tau) = \bar{P}_d^\tau$，$P_{\mathcal{H}_1}^2(\bar{P}_d^\tau) = 1-\bar{P}_d^\tau$，以及 $m_{\mathcal{H}_1}^{1,2}=1$ 代入式(8-41)中，可以推导出：

$$\mathbb{E}_{\mathcal{H}_1,1}^{\mathcal{D}_0}(\bar{P}_d^\tau) = \tau P_s + (1-\bar{P}_d^\tau)(\mathcal{T}-\tau)P_1 \qquad (8\text{-}45)$$

将式(8-44)与式(8-45)代入式(8-42)，我们得到：

$$\mathbb{E}_1(P_f^\tau, \ \bar{P}_f^\tau) = \tau P_s + [P(\mathcal{H}_0)(1-P_f^\tau)] + P(\mathcal{H}_1)(1-\bar{P}_d^\tau)(\mathcal{T}-\tau)P_t \qquad (8\text{-}46)$$

将式(8-29)，式(8-30)，以及式(8-46)代入式(8-43)，我们得到了 TASS 方案在 $F=1$ 时的能量效率 $\mathbb{R}_1(P_f^\tau, \ \bar{P}_d^\tau)$，即：

$$\mathbb{R}_1(P_f^\tau, \ \bar{P}_d^\tau) = \frac{\mathcal{T}[P(\mathcal{H}_0)(1-P_f^\tau)\bar{\mathbb{C}}_{\mathcal{H}_0}^{\mathcal{D}_0} + P(\mathcal{H}_1)(1-\bar{P}_d^\tau)\bar{\mathbb{C}}_{\mathcal{H}_1}^{\mathcal{D}_0}]}{\tau P_s + [P(\mathcal{H}_0)(1-P_f^\tau) + P(\mathcal{H}_1)(1-\bar{P}_d^\tau)](\mathcal{T}-\tau)P_t} \qquad (8\text{-}47)$$

这也是 FTSS 方案的能量效率。

8.5　仿真结果

在仿真中，我们考虑主用户连续传输的场景，即主用户在 F 个连续的帧内保持忙或者空闲。如果没有特殊说明，我们假设 $P(\mathcal{H}_0) = 0.7$，$P(\mathcal{H}_1) = 1 - P(\mathcal{H}_0) = 0.3$，频谱感知带宽为 $W = 10\text{MHz}$，每帧的时间长度为 $\mathcal{T} = 10\text{ms}$。此外，我们假设主用户的保护门限为 $\bar{P}_d^\tau = \bar{P}_d^T = P_d^{th} = 0.9$。由于频谱感知的功率 P_s 通常小于数据传输的功率 P_t，我们假设频谱感知消耗单位功率，而数据传输的功率为频谱感知功率的五倍。我们在 AWGN 信道以及瑞利衰落信道中进行仿真。在 AWGN 信道中，假设 $h_{pr} = h_{pt} = h_{tr} = 1$。在瑞利衰落信道中，假设 h_{pr}，h_{pt}，h_{tr} 在各帧内是不变的，而在不同帧内是变化的。

8.5.1 感知性能

图 8-4 显示了我们提出的 TASS 方案在不同衰落信道中的频谱感知性能。对于 FTSS 方案，虚报概率由式(8-8)中的 P_f^τ 给定，而对于 TASS 方案，等效的虚报概率由式(8-14)中的 $P_0^F(P_f^\tau)$ 给定。频谱感知性能的上界通

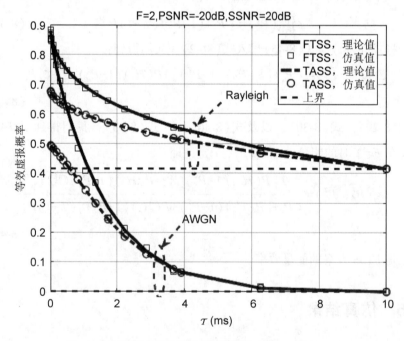

图 8-4　在不同衰落信道中的频谱感知性能，其中 $F = 2$

过将式(8-8)中的τ替换为T获得，相应于将所有的帧时间用于频谱感知。从图中可以看到，仿真结果与理论分析结果一致。相对于普通的 FTSS 方案，我们提出的 TASS 方案能够有效地降低虚报概率。这主要是因为基于我们所提的 TASS 方案，平均每帧的有效频谱感知时间大于τ。此外，随着τ的增加，虚报概率P_f^τ与等效虚报概率$P_0^F(P_f^\tau)$都迫近P_f^T，这是因为几乎所有的帧时间都被用于频谱感知。最后，由于衰落信道对主用户信号造成的畸变，在瑞利衰落信道中的频谱感知性能比在理想 AWGN 信道中的频谱感知性能差。然而，相对于已有的 FTSS 方案，我们所提的 TASS 方案的性能优势并没有发生改变。

图 8-5 显示了在瑞利衰落信道中，参数 F 对 TASS 方案频谱感知性能的影响。为了便于比较，我们也给出了 FTSS 方案的频谱感知性能。FTSS 方案的频谱感知性能相应于 TASS 方案的频谱感知性能在 $F = 1$ 时的特例。FTSS 方案的理论虚报概率由式(8-8)给定，而我们提出的 TASS 方案的理

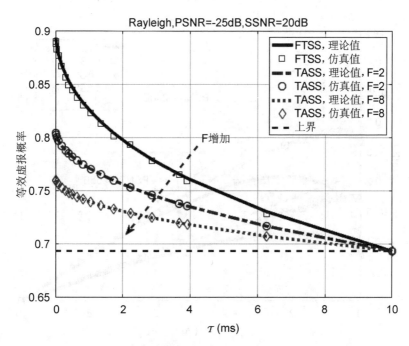

图 8-5　在瑞利衰落信道中 F 的值对频谱感知性能的影响

论性能由式(8-14)给出。从图中可以看到，仿真结果与理论结果一致。在实际应用中，参数τ的值通常被标准化为一个固定的值，以便不同系统之间的交互。对于任意给定的τ值，等效的虚报概率随着F的增加而下降。这主要是因为，在普通的 FTSS 方案中，在虚报事件中原本用于数据传输的时间被浪费了，然而在我们所提的 TAS 方案中，这种时间被用于频谱感知。然而，由P_f^T划定的频谱感知性能上界不能通过增加F的值来超越。

8.5.2 频谱利用率

图 8-6 显示了 PSNR 对 TASS 方案频谱利用率以及 FTSS 频谱利用率的影响。FTSS 方案的理论性能由式(8-13)给定，而 TASS 方案的理论性能由式(8-15)给定。我们根据式(8-35)得到频谱利用率的性能上界。从图中可以看出，仿真结果与理论分析结果一致。首先，我们提出的 TASS 方案的频谱利用率大于普通 FTSS 方案的频谱利用率。这主要是因为，TASS 方案

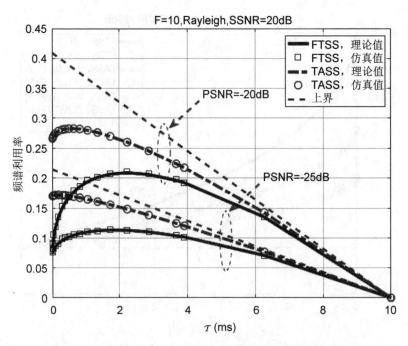

图 8-6　在瑞利衰落信道中，PSNR 对次用户频谱利用率的影响

的频谱感知结果更加可靠，从而次用户可以利用更多的频谱机会。其次，频谱利用率随 PSNR 的增加而增加，因为更大的 PSNR 意味着更好的频谱感知性能。再次，对于 TASS 与 FTSS，均存在使次用户频谱利用率最大的最优感知时间 τ_{opt}。这是因为，在 τ 的值很小的时候频谱感知结果不可靠，而在 τ 的值很大的时候可用于数据传输的时间非常少。

图 8-7 显示了在瑞利衰落信道中参数 F 对 TASS 方案频谱利用率的影响。为了方便比较，图中也给出了 FTSS 方案的频谱利用率以及频谱利用率的上界。从图中可以看到，仿真结果与理论分析结果一致。对于任意预先确定的 τ 值，TASS 方案的频谱利用率总是大于 FTSS 方案的频谱利用率。此外，次用户频谱利用率随着 F 值的增加而提升。这主要是因为，随着 F 值的增加，在主用户保护约束下（即 P_d^{th}），等效的虚报概率下降。换而言之，随着 F 值的增加，次用户有更高的概率正确地检测并利用频谱机会。需要指出的是，图中所示的频谱利用率首先随着 τ 值得增加而增加，然后

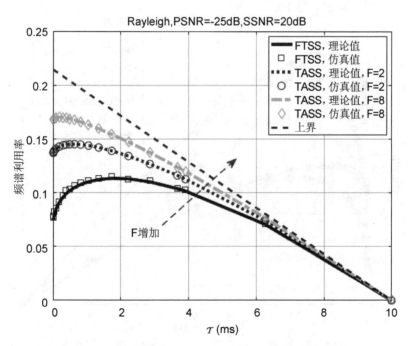

图 8-7 在瑞利衰落信道中 F 值对次用户频谱利用率的影响

随 τ 值得增加而减小。根据式（8-15），在前一种情况下，$1-\tau/T$ 的下降速度慢于 $1-P_0^F(P_f^\tau)$ 的增加速率，而在后一种情况下，$1-\tau/T$ 的下降速度快于 $1-P_0^F(P_f^\tau)$ 的增加速度。

图 8-8 显示了瑞利衰落信道中主用户信道占用因子对 TASS 方案频谱利用率的影响。从图中可以看到，对于每个给定的 $P(\mathcal{H}_0)$ 值，TASS 方案的性能优势未变。这是因为，对于给定的 $P(\mathcal{H}_0)$ 值，TASS 方案能够更加有效地利用时频资源。从图中还可以看到，$P(\mathcal{H}_0)$ 的值越大，频谱利用率越高。这是因为，$P(\mathcal{H}_0)$ 的值越大，频谱机会越多。此外，当 τ 趋于零的时候，TASS 方案相对于 FTSS 方案的性能改进增加。这是因为，随着 τ 值的减小，基于固定频谱感知时间 τ 的 FTSS 方案的频谱感知结果变得更加不可靠。因而，频谱机会的浪费更加严重，导致频谱利用率更低。相比之下，TASS 方案能够根据上一次频谱感知的判决结果将频谱感知时间从 τ 调为 T，以获得更加可靠的频谱感知结果，使得次用户能够更加充分地利用频谱机会。

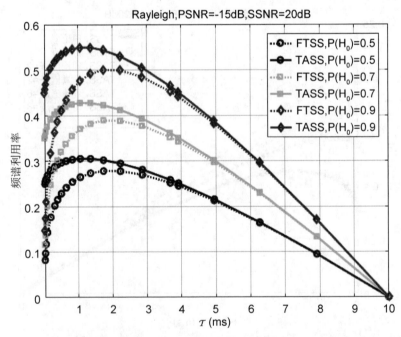

图 8-8　在瑞利衰落信道中 $P(\mathcal{H}_0)$ 的值对次用户频谱利用率的影响

8.5.3　归一化吞吐量

图 8-9 显示了瑞利衰落信道中，频谱感知带宽对 TASS 方案吞吐量性能的影响，以及式(8-38)中的吞吐量性能上界。对于固定的带宽，吞吐量性能首先随着 τ 的增加而提升，然后随 τ 的增加而降低。这主要是因为，在起始阶段，τ 的值越大频谱感知的性能越好。然而，随着 τ 值的进一步增加，可用于数据传输的时间越来越少。因而，在系统设计时应该选择适当的 τ 值，而不是单纯地增加或者减小 τ 值。对于固定的 τ 值，吞吐量性能一般随着带宽的增加而增加。这主要是因为，基于奈奎斯特采样速率，更大的带宽意味着更大的时间与带宽乘积，进而显著地提升频谱感知的性能。然而，更大的带宽需要更快的模数转换器。从图中可以看出，为了保障某一吞吐量服务质量水平，存在不同的频谱感知时间与系统带宽选项。

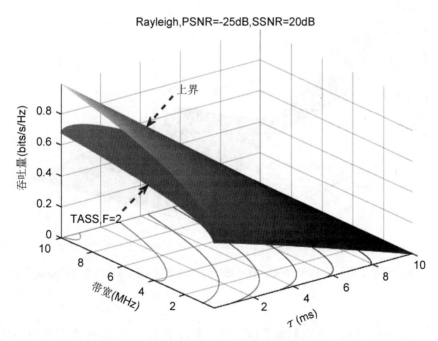

图 8-9　频谱感知带宽 W 对吞吐量性能的影响

图 8-10 显示了在 $F=2$ 时，TASS 方案相对于 FTSS 方案的归一化吞吐量性能改进量。我们提出的 TASS 方案的归一化吞吐量由式（8-22）获得，而普通 FTSS 方案的归一化吞吐量由式（8-28）获得。从图中可以看出，τ 值越小，吞吐量增益越大。这主要是因为，τ 值较小的 FTSS 方案的虚报概率高，导致频谱机会数量明显下降。通过利用我们提出的 TASS 方案，在虚报时未被 FTSS 方案利用的帧时间被重新用于感知主用户信号。从图中也可以看到，随着 W 的增加，最大的吞吐量改进量增加。这意味着我们提出的 TASS 方案更适用于感知带宽更大的主用户信号。然而，对于固定的 τ 值，吞吐量的改进量随 W 增加的速度逐渐下降。

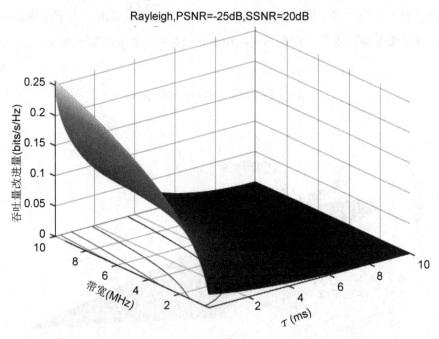

图 8-10　相对于普通的 FTSS 方案，我们提出的 TASS 方案归一化的吞吐量性能改进量

图 8-11 显示了在瑞利衰落信道中，参数 F 的值对 TASS 方案对归一化吞吐量改进量的影响。具体而言，图中的归一化吞吐量改进量定义为

$\mathbb{T}_8(P_f^\tau,\ \bar{P}_d^\tau)-\mathbb{T}_2(P_f^\tau,\ \bar{P}_d^\tau)$，其中$\mathbb{T}_F(P_f^\tau,\ \bar{P}_d^\tau)$由式（8-22）定义。从图中可以看到，归一化吞吐量随F的增加而增加。而且，在τ值很小且W值很大时，吞吐量改进量更显著。在实际中，参数F的值自然地随着时间的增加而增加。虽然$\mathbb{T}_F(P_f^\tau,\ \bar{P}_d^\tau)$随着$F$的增加而增加，吞吐量增加的速度随着$F$的增加而逐渐下降，并且$\mathbb{T}_F(P_f^\tau,\ \bar{P}_d^\tau)$受式（8-37）中性能上界的约束。显然，TASS方案的性能增益主要源于更充分的时频资源利用。此外，TASS方案不需要对现有的基于周期频谱感知的方案进行显著的修改。

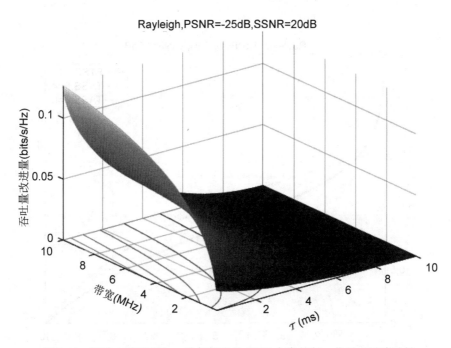

图 8-11　随着F值的增加，我们提出的 TASS 方案的归一化吞吐量改进量

8.5.4　能量效率

图 8-12 比较了 TASS 方案与 FTSS 方案的能量效率。其中，TASS 方案的能量效率根据式（8-43）获得，而 FTSS 方案的能量效率根据式（8-47）获得。从图中我们可以看到，对于 FTSS 以及 TASS，能量效率在τ值接近零时

最高，而在 τ 值接近 T 时最低。这是因为，当 τ 值接近零时，用于频谱感知的能量非常小，而在 τ 值接近 T 时用于数据传输的能量非常小。从图中也可以看到，在 τ 值较小时，FTSS 方案的能量效率大于 TASS 方案的能量效率，而当 τ 值较大时，情况刚好相反。这主要是因为，τ 值越小，频谱感知的结果越不可靠，次用户需要更加频繁地使用长度为 T 的时间感知主用户的活动状态。然而，当 τ 值较大时，频谱感知所付出的能耗的代价被吞吐量的增加量所补偿。总体而言，只要选择合适的 τ 值，我们提出的 TASS 方案的能量效率高于 FTSS 方案的能量效率。

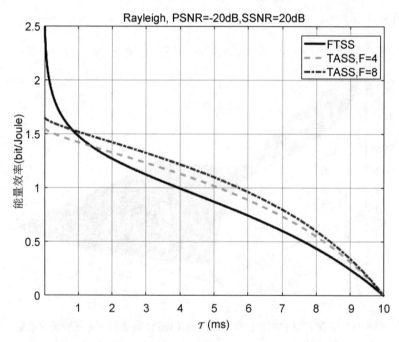

图 8-12　在瑞利衰落信道中不同 F 值对应的能量效率

8.6　结论

在本章中，我们提出了一种判决驱动的时间自适应频谱感知方案。当主用户信号与噪声均服从高斯分布时，我们推导出了最优的 MLR 检测器。根据前一帧的频谱感知判决结果，TASS 方案自适应地调整当前帧的频谱感知时间并充分利用观测到的频谱机会。我们用一个包含四个不同状态的状态转移链来描述 TASS 方案。我们分析了 TASS 方案的频谱感知性能、频谱利用率性能、归一化吞吐量性能，以及能量效率。我们推导出了相应性能的理论上界。我们提出的 TASS 方案不需要对现有基于固定感知时间的周期性频谱感知的认知无线电系统做明显的修改，而且更适用于在低信噪比环境中提升频谱感知时间短、系统带宽大的次用户系统性能。仿真结果与理论分析结果一致，并且证明相对于 FTSS 方案，我们提出的 TASS 方案有显著的性能增益。

参 考 文 献

[1] R. Routledge. A popular history of science [M]. G. Routledge and Sons, 1881.

[2] A. Bell. Improvement in transmitters and receivers for electric telegraphs" [P]. US Patent 161,739: USA, 1875.

[3] J. Maxwell, T. Torrance. A dynamical theory of the electromagnetic field [M]. Wipf & Stock pub, 1996.

[4] H. Hertz. Electric waves: Being researches on the propagation of electric action with finite velocity through space [M]. New York: Dover Publications, 1962.

[5] P. Bondyopadhyay. Guglielmo Marconi-The father of long distance radio communication-An engineer's tribute[C].25th European Microwave Conference, 1995, pp. 879-885.

[6] R. Rouleau, I. Hodgson. Packet radio [M]. Tab Books, 1981.

[7] F. Kuo, N. Abramson. The ALOHA system [R]. Defense Technical Information Center, 1973.

[8] V. Garg. Wireless communications and networking [M]. Amsterdam, Boston: Elsevier Morgan Kaufmann, 2007.

[9] Radiolinja. Radiolinja's history [OL]. http://www.elisa.com/on-elisa/corporate/history/radiolinjas-history/, 2004.

[10] Narang. 2G Mobile Networks [M]. McGraw-Hill Education (India) Pvt Limited, 2006.

[11] C. Smith, D. Collins. 3G wireless networks [M]. McGraw-Hill, 2001.

[12] A. Mishra. Cellular technologies for emerging markets [M]. 2G, 3G and beyond. Chichester, WS: Wiley, 2010.

[13] A. Osseiran, J. Monserrat, W. Mohr. Mobile and wireless communications for IMT-advanced and beyond [M]. Wiley: Chichester, West sussex, U. K., Hoboken, N. J., 2011.

[14] J. Mitola. Cognitive radio architecture [M]. John Wiley & Sons, 2006.

[15] X. Sun, L. Dai. Towards fair and efficient spectrum sharing between LTE and WiFi in unlicensed bands: Fairness-constrained throughput maximization[J]. IEEE Trans. Wirel. Commun., vol. 19, no. 4, pp. 2713-2727, 2020.

[16] Y. Chen, H. S. Oh. A survey of measurement-based spectrum occupancy modeling for cognitive radios[J]. IEEE Commun. Surv. Tutorials, vol. 18, no. 1, pp. 848-859, 2016.

[17] M. Höyhtyä, A. Mämmelä, M. Eskola, et al. Spectrum occupancy measurements: A survey and use of interference maps [J]. IEEE Commun. Surv. Tutorials, vol. 18, no. 4, pp. 2386-2414, 2016.

[18] P. Cheng, Z. Chen, M. Ding, et al. Spectrum intelligent radio: Technology, development, and future trends[J]. IEEE Commun. Mag., vol. 58, no. 1, pp. 12-18, 2020.

[19] Y. Zou. Physical-layer security for spectrum sharing systems[J]. IEEE Trans. Wirel. Commun., vol. 16, no. 2, pp. 1319-1329, 2017.

[20] C. Sexton, N. J. Kaminski, J. M. Marquez-barja. 5G: Adaptable networks enabled by versatile radio access technologies[J]. IEEE Commun. Surv. Tutorials, vol. 19, no. 2, pp. 688-720, 2017.

[21] S. H. Chae, C. Jeong, K. Lee. Cooperative communication for cognitive satellite networks[J]. IEEE Trans. Commun., vol. 66, no. 11, pp. 5140-5154, 2018.

[22] T. Xu, T. Zhou, J. Tian, et al. Intelligent spectrum sensing: When rein-forcement learning meets automatic repeat sensing in 5g communications [J]. IEEE Wirel. Commun., vol. 27, no. 1, pp. 46-53, 2020.

[23] H. Chen, L. Liu, H. S. Dhillon, et al. QoS-aware D2D cellular networks with spatial spectrum sensing: A stochastic geometry view [J]. IEEE Trans. Commun., vol. 67, no. 5, pp. 3651-3664, 2019.

[24] X. Zhang, K. An, B. Zhang, et al. Vickrey auction-based secondary relay selection in cognitive hybrid satellite-terrestrial overlay networks with non-orthogonal multiple access [J]. IEEE Wirel. Commun. Lett., vol. 9, no. 5, pp. 628-632, 2020.

[25] W. Liang, S. X. Ng, S. Member, L. Hanzo. Cooperative overlay spectrum access in cognitive radio networks [J]. vol. 19, no. 3, pp. 1924-1944, 2017.

[26] C. Zhai, H. Chen, Z. Yu, et al. Cognitive relaying with wireless powered primary user [J]. IEEE Trans. Commun., vol. 67, no. 3, pp. 1872-1884, 2019.

[27] J. Yang, S. Xiao, B. Jiang, et al. Cache-enabled unmanned aerial vehi-cles for cooperative cognitive radio networks [J]. IEEE Wirel. Commun., vol. 27, no. 2, pp. 155-161, 2020.

[28] H. Ding, Y. Fang, X. Huang, et al. Cognitive capacity harvesting net-works: Architectural evolution toward future cognitive radio networks [J]. IEEE Commun. Surv. Tutorials, vol. 19, no. 3, pp. 1902-1923, 2019.

[29] M. Clark, K. Psounis. Optimizing primary user privacy in spectrum sha-ring systems [J]. IEEE/ACM Trans. Netw., vol. 28, no. 2, pp. 533-546, 2020.

[30] O. H. Toma, M. Lopez-Benitez, D. K. Patel, et al. Estimation of primary channel activity statistics in cognitive radio based on imperfect spectrum sensing [J]. IEEE Trans. Commun., vol. 68, no. 4, pp. 2016-2031,

2020.

[31] Z. Qin, X. Zhou, L. Zhang, et al. 20 years of evolution from cognitive to intelligent communications[J]. IEEE Trans. Cogn. Commun. Netw., vol. 6, no. 1, pp. 6-20, 2020.

[32] J. Mansukhani, P. Ray. Censored spectrum sharing strategy for MIMO systems in cognitive radio networks[J]. IEEE Trans. Wirel. Commun., vol. 18, no. 12, pp. 5500-5510, 2019.

[33] F. Rezaei, A. R. Heidarpour, C. Tellambura, et al. Underlaid spectrum sharing for cell-free massive MIMO-NOMA[J]. IEEE Commun. Lett., vol. 24, no. 4, pp. 907-911, 2020.

[34] A. Patel, H. Ram. Robust cooperative spectrum sensing for MIMO cognitive radio networks under CSI uncertainty [J]. IEEE Trans. SIGNAL Process., vol. 66, no. 1, pp. 18-33, 2018.

[35] S. Lagen, L. Giupponi, S. Goyal, et al. New radio beam-based access to unlicensed spectrum: Design challenges and solutions[J]. IEEE Commun. Surv. Tutorials, vol. 22, no. 1, pp. 8-37, 2020.

[36] G. I. Tsiropoulos, O. A. Dobre, M. H. Ahmed, et al. Radio resource allocation techniques for efficient spectrum access in cognitive radio networks [J]. IEEE Commun. Surv. Tutorials, vol. 18, no. 1, pp. 824-847, 2016.

[37] A. Garcia-rodriguez, G. Geraci, L. G. Giordano, et al. Massive MIMO unlicensed: A new approach to dynamic spectrum access[J]. IEEE Commun. Mag., no. June, pp. 186-192, 2018.

[38] K. Ben Letaief, W. Zhang. Cooperative communications for cognitive radio networks[J]. Proc. IEEE, vol. 97, no. 5, pp. 878-893, 2009.

[39] Z. Qin, Y. Gao, M. D. Plumbley, et al. Wideband spectrum sensing on real-time signals at sub-nyquist sampling rates in single and cooperative multiple nodes[J]. IEEE Trans. Signal Process., vol. 64, no. 12, pp. 3106-3117, 2016.

[40] A. Roostaei, M. Derakhtian. Diversity-multiplexing tradeoff in an interweave multiuser cognitive radio system[J]. IEEE Trans. Wirel. Commun., vol. 16, no. 1, pp. 389-399, 2017.

[41] L. Zhang, G. Zhao, W. Zhou, et al. Primary channel gain estimation for spectrum sharing in cognitive radio networks[J]. IEEE Trans. Commun., vol. 65, no. 10, pp. 4152-4162, 2017.

[42] C. Liu, H. Li, J. Wang, et al. Optimal eigenvalue weighting detection for multi-antenna cognitive radio networks[J]. IEEE Trans. Wirel. Commun., vol. 16, no. 4, pp. 2083-2096, 2017.

[43] K. Khanikar, R. Sinha, R. Bhattacharjee. Cooperative spectrum sensing using quantized energy statistics in the absence of dedicated[J]. IEEE Trans. Veh. Technol., vol. 67, no. 5, pp. 4149-4160, 2018.

[44] C. Liu, J. Wang, X. Liu, et al. Deep CM-CNN for spectrum sensing in cognitive radio[J]. IEEE J. Sel. Areas Commun., vol. 37, no. 10, pp. 2306-2321, 2019.

[45] L. Zhang, Y. C. Liang. Joint spectrum sensing and packet error rate optimization in cognitive IoT[J]. IEEE Internet Things J., vol. 6, no. 5, pp. 7816-7827, 2019.

[46] Q. Cheng, Z. Shi, D. N. Nguyen, et al. Sensing OFDM signal: A deep learning approach[J]. IEEE Trans. Commun., vol. 67, no. 11, pp. 7785-7798, 2019.

[47] I. Akyildiz, L. Won-Yeol, M. Vuran, et al. A survey on spectrum management in cognitive radio networks[J]. IEEE Commun. Mag., vol. 46, no. 4, pp. 40-48, 2008.

[48] A. Ali, W. Hamouda. Advances on spectrum sensing for cognitive radio networks: Theory and applications[J]. IEEE Commun. Surv. Tutorials, vol. 19, no. 2, pp. 1277-1304, 2017.

[49] S. Dikmese, P. C. Sofotasios, M. Renfors, et al. Subband energy based

reduced complexity spectrum sensing under noise uncertainty and frequency-selective spectral characteristics[J]. IEEE Trans. Signal Process., vol. 64, no. 1, pp. 131-145, 2016.

[50] H. Park, T. Hwang. Energy-efficient power control of cognitive femto users for 5G communications[J]. IEEE J. Sel. Areas Commun., vol. 34, no. 4, pp. 772-785, 2016.

[51] M. Jin, Q. Guo, Y. Li, et al. Energy detection with random arrival and departure of primary signals: New detector and performance analysis[J]. IEEE Trans. Veh. Technol., vol. 66, no. 11, pp. 10092-10101, 2017.

[52] H. S. Lee, M. E. Ahmed, D. I. Kim. Optimal spectrum sensing policy in RF-powered cognitive radio networks[J]. IEEE Trans. Veh. Technol., vol. 67, no. 10, pp. 557-9570, 2018.

[53] A. Patel, Z. A. Khan, S. N. Merchant, et al. How many cognitive channels should the primary user share? [J]. IEEE Wirel. Commun., vol. 25, no. October, pp. 78-85, 2018.

[54] R. Duan, X. Wang, H. Yi itler, et al. Ambient backscatter communications for future ultra-low-power machine type communications: Challenges, solutions, opportunities, and future research trends[J]. IEEE Commun. Mag., vol. 58, no. 2, pp. 42-47, 2020.

[55] V. M. Rennó, R. A. A. De Souza, M. D. Yacoub. On the generation of white samples in severe fading conditions[J]. IEEE Commun. Lett., vol. 23, no. 1, pp. 180-183, 2019.

[56] A. Banerjee, S. P. Maity, R. K. Das. On throughput maximization in cooperative cognitive radio networks with eavesdropping[J]. IEEE Commun. Lett., vol. 23, no. 1, pp. 120-123, 2019.

[57] M. F. Hanif, M. Juntti, L. N. Tran. Antenna selection with erroneous covariance matrices under secrecy constraints[J]. IEEE Trans. Veh. Technol., vol. 65, no. 1, pp. 414-420, 2016.

[58] J. Renard, L. Lampe, F. Horlin. Sequential likelihood ratio test for cognitive radios[J]. IEEE Trans. Signal Process., vol. 64, no. 24, pp. 6627-6639, 2016.

[59] W. Xu, W. Xiang, M. Elkashlan, et al. Spectrum sensing of OFDM signals in the presence of carrier frequency offset[J]. IEEE Trans. Veh. Technol., vol. 65, no. 8, pp. 6798-6803, 2016.

[60] E. H. G. Yousif, T. Ratnarajah, M. Sellathurai. A frequency domain approach to eigenvalue-based detection with diversity reception and spectrum estimation[J]. IEEE Trans. Signal Process., vol. 64, no. 1, pp. 35-47, 2016.

[61] M. Jin, Q. Guo, Y. Li. On covariance matrix based spectrum sensing over frequency-selective channels[J]. IEEE Access, vol. 6, 2018.

[62] A. Bishnu, S. Member. LogDet covariance based spectrum sensing under colored noise[J]. IEEE Trans. Veh. Technol., vol. 67, no. 7, pp. 6716-6720, 2018.

[63] A. -Z. Chen, Z. -P. Shi. Covariance-based spectrum sensing for noncircular signal in cognitive radio networks with uncalibrated multiple antennas [J]. IEEE Wirel. Commun. Lett., vol. 9, no. 5, pp. 662-665, 2020.

[64] T. Z. Oo, N. H. Tran, D. N. M. Dang, Z. Han, L. B. Le, C. S. Hong. OMF-MAC: An opportunistic matched filter-based MAC in cognitive radio networks[J]. IEEE Trans. Veh. Technol., vol. 65, no. 4, pp. 2544-2559, 2016.

[65] S. Chaudhari, M. Kosunen, S. Makinen, et al. Performance evaluation of cyclostationary-based cooperative sensing using field measurements [J]. IEEE Trans. Veh. Technol., vol. 65, no. 4, pp. 1982-1997, 2016.

[66] D. Cohen, Y. C. Eldar. Sub-nyquist cyclostationary detection for cognitive radio[J]. IEEE Trans. Signal Process., vol. 65, no. 11, pp. 3004-3019, 2017.

[67] S. Chaudhari, M. Kosunen, M. Semu. Spatial interpolation of cyclostationary test statistics in cognitive radio networks: Methods and field measurements[J]. IEEE Trans. Veh. Technol., vol. 67, no. 2, pp. 1113-1129, 2018.

[68] C. M. Spooner, A. N. Mody. Wideband cyclostationary signal processing using sparse subsets of narrowband subchannels[J]. IEEE Trans. Cogn. Commun. Netw., vol. 4, no. 2, pp. 162-176, 2018.

[69] A. Pries, D. Ramírez, P. J. Schreier. LMPIT-inspired tests for detecting a cyclostationary signal in noise with spatio-temporal structure[J]. IEEE Trans. Wirel. Commun., vol. 17, no. 9, pp. 6321-6334, 2018.

[70] H. Guo, W. Jiang, W. Luo. Linear soft combination for cooperative spectrum sensing in cognitive radio networks[J]. IEEE Commun. Lett., vol. 21, no. 7, pp. 1573-1576, 2017.

[71] I. Hwang, J. W. Lee. Cooperative spectrum sensing with quantization[J]. IEEE Trans. SIGNAL Process., vol. 65, no. 3, pp. 721-732, 2017.

[72] J. Tong, M. Jin, Q. Guo, et al. Cooperative spectrum sensing: a blind and soft fusion detector[J]. IEEE Trans. Wirel. Commun., vol. 17, no. 4, pp. 2726-2737, 2018.

[73] H. Chen, M. Zhou, L. Xie, et al. Cooperative spectrum sensing with M-Ary quantized data in cognitive radio networks under SSDF attacks[J]. IEEE Trans. Wirel. Commun., vol. 16, no. 8, pp. 5244-5257, 2017.

[74] L. Ma. Robust reputation-based cooperative spectrum sensing via imperfect common control channel[J]. IEEE Trans. Veh. Technol., vol. 67, no. 5, pp. 3950-3963, 2018.

[75] K. Wu, M. Tang, C. Tellambura, et al. Cooperative spectrum sensing as image segmentation: A new data fusion scheme[J]. IEEE Commun. Mag., vol. 56, no. April, pp. 142-148, 2018.

[76] J. Wu, Y. Yu, T. Song, et al. Sequential 0/1 for cooperative spectrum

sensing in the presence of strategic byzantine attack[J]. IEEE Wirel. Commun. Lett., vol. 8, no. 2, pp. 500-503, 2019.

[77] W. Ning, X. Huang, K. Yang, et al. Reinforcement learning enabled cooperative spectrum sensing in cognitive radio networks[J]. J. Commun. Networks, vol. 22, no. 1, pp. 12-22, 2020.

[78] P. Jaeok, D. S. M. Van. Cognitive MAC protocols using memory for distributed spectrum sharing under limited spectrum sensing[J]. IEEE Trans. Commun., vol. 59, no. 9, pp. 2627-2637, 2011.

[79] C. Cormio, K. Chowdhury. A survey on MAC protocols for cognitive radio networks[J]. Ad Hoc Networks, vol. 7, no. 7, pp. 1315-1329, 2009.

[80] Y. Liang, Y. Zeng, E. Peh, et al. Sensing-throughput tradeoff for cognitive radio networks[J]. IEEE Trans. Wirel. Commun., vol. 7, no. 4, pp. 1326-1337, 2008.

[81] H. Zheng, C. Peng. Collaboration and fairness in opportunistic spectrum access"[C]. IEEE International Conference on Communications, 2005, pp. 3132-3136.

[82] T. Anh, Y. Liang. Downlink channel assignment and power control for cognitive radio networks[J]. IEEE Trans. Wirel. Commun., vol. 7, no. 8, pp. 3106-3117, 2008.

[83] B. Hamdaoui, K. Shin. OS-MAC: An efficient MAC protocol for spectrum-agile wireless networks[J]. IEEE Trans. Mob. Comput., vol. 7, no. 8, pp. 915-930, 2008.

[84] Y. Kondareddy, P. Agrawal. Synchronized MAC protocol for multi-hop cognitive radio networks"[C]. IEEE ICC, 2008, pp. 3198-3202.

[85] Y. Liang, C. Kwang-Cheng, G. Li, et al. Cognitive radio networking and communications: An overview[J]. IEEE Trans. Veh. Technol., vol. 60, no. 7, pp. 3386-3407, 2011.

[86] M. Cave, C. Doyle, W. Webb. Modern spectrum management[M]. Cam-

bridge University Press, 2007.

[87] L. Won-Yeol, I. Akyildiz. Spectrum-aware mobility management in cognitive radio cellular networks[J]. IEEE Trans. Mob. Comput., vol. 11, no. 4, pp. 529-542, 2012.

[88] W. Jianfeng, M. Ghosh, K. Challapali. Emerging cognitive radio applications: A survey[J]. IEEE Commun. Mag., vol. 49, no. 3, pp. 74-81, 2011.

[89] ITU. Definitions of software defined radio (SDR) and cognitive radio system (CRS)[OL]. http://www.itu.int/dms_pub/itu-r/opb/rep/R-REP-SM. 2152-2009-PDF-E.pdf, 2009.

[90] Z. Qin, Y. Gao, C. G. Parini. Data-assisted low complexity compressive spectrum sensing on real-time signals under sub-nyquist rate[J]. IEEE Trans. Wirel. Commun., vol. 15, no. 2, pp. 1174-1185, 2016.

[91] S. Filin, D. Noguet, J. Doré, et al. IEEE 1900. 7 standard for white space dynamic spectrum access radio systems[J]. IEEE Commun. Mag., vol. 56, no. 1, pp. 188-192, 2018.

[92] S. Filin, H. Harada, H. Murakami, et al. International standardization of cognitive radio systems[J]. IEEE Commun. Mag., vol. 49, no. 3, pp. 82-89, 2011.

[93] F. Granelli, P. Pawelczak, R. Prasad, et al. Standardization and research in cognitive and dynamic spectrum access networks: IEEE SCC41 efforts and other activities[J]. IEEE Commun. Mag., vol. 48, no. 1, pp. 71-79, 2010.

[94] K. Gwangzeen, A. Franklin, Y. sung-Jin, et al. Channel management in IEEE 802. 22 WRAN systems[J]. IEEE Commun. Mag., vol. 48, no. 9, pp. 88-94, 2010.

[95] C. Stevenson, G. Chouinard, L. Zhongding, et al. IEEE 802. 22: The first cognitive radio wireless regional area network standard[J]. IEEE Commun.

Mag., vol. 47, no. 1, pp. 130-138, 2009.

[96] R. Prasad, P. Pawelczak, J. Hoffmeyer, et al. Cognitive functionality in next generation wireless networks: Standardization efforts[J]. IEEE Commun. Mag., vol. 46, no. 4, pp. 72-78, 2008.

[97] M. Sherman, A. Mody, R. Martinez, et al. IEEE standards supporting cognitive radio and networks, dynamic spectrum access, and coexistence [J]. IEEE Commun. Mag., vol. 46, no. 7, pp. 72-79, 2008.

[98] K. Moessner, H. Harada, S. Chen, et al. Spectrum sensing for cognitive radio systems: Technical aspects and standardization activities of the IEEE P1900.6 working group[J]. IEEE Wirel. Commun., vol. 18, no. 1, pp. 30-37, 2011.

[99] M. Murroni, R. Prasad, P. Marques, et al. IEEE 1900.6: spectrum sensing interfaces and data structures for dynamic spectrum access and other advanced radio communication systems standard: Technical aspects and future outlook[J]. IEEE Commun. Mag., vol. 49, no. 12, pp. 118-127, 2011.

[100] M. Mueck, A. Piipponen, Kallioja, et al. ETSI reconfigurable radio systems: Status and future directions on software defined radio and cognitive radio standards[J]. IEEE Commun. Mag., vol. 48, no. 9, pp. 78-86, 2010.

[101] X. Wang, T. Q. S. Quek, M. Sheng, et al. Throughput and fairness analysis of Wi-Fi and LTE-U in unlicensed band[J]. IEEE J. Sel. Areas Commun., vol. 35, no. 1, pp. 63-78, 2017.

[102] Y. Huang, Y. Chen, Y. T. Hou, et al. Recent advances of LTE/WiFi coexistence in unlicensed spectrum[J]. IEEE Netw., vol. 32, no. April, pp. 107-113, 2018.

[103] J. Mitola. Cognitive radio[M]. Stockholm, Sweden: KTH, 2000.

[104] E. Y. Imana, T. Yang, J. H. Reed. Suppressing the effects of aliasing

and IQ imbalance on multiband spectrum sensing[J]. IEEE Trans. Veh. Technol., vol. 66, no. 2, pp. 1074-1086, 2017.

[105] M. Mehrnoush, S. Roy, V. Sathya, et al. On the fairness of Wi-Fi and LTE-LAA coexistence[J]. IEEE Trans. Cogn. Commun. Netw., vol. 4, no. 4, pp. 735-748, 2018.

[106] E. Pei, X. Lu, B. Deng, et al. The Impact of imperfect spectrum sensing on the performance of LTE licensed assisted access scheme[J]. IEEE Trans. Commun., vol. 68, no. 3, pp. 1966-1978, 2020.

[107] A. A. Khan, M. H. Rehmani, M. Reisslein. Cognitive radio for smart grids: Survey of architectures, spectrum sensing mechanisms, and networking protocols[J]. IEEE Commun. Surv. Tutorials, vol. 18, no. 1, pp. 860-898, 2016.

[108] A. Ali, L. Feng, A. K. Bashir, et al. Quality of service provisioning for heterogeneous services in cognitive radio-enabled internet of things[J]. IEEE Trans. Netw. Sci. Eng., vol. 7, no. 1, pp. 328-342, 2020.

[109] S. H. R. Bukhari, M. H. Rehmani, S. Siraj. A survey of channel bonding for wireless networks and guidelines of channel bonding for futuristic cognitive radio sensor networks[J]. IEEE Commun. Surv. Tutorials, vol. 18, no. 2, pp. 924-948, 2016.

[110] C. Cano, D. López-Perez, H. Claussen, et al. Using LTE in unlicensed bands: potential benefits and coexistence issues[J]. IEEE Commun. Mag., vol. 54, no. 12, pp. 116-123, 2016.

[111] K. Mourougayane, S. Srikanth. A tri-Band full-duplex cognitive radio transceiver for tactical communications[J]. IEEE Commun. Mag., vol. 58, no. 2, pp. 61-65, 2020.

[112] T. Li, J. Yuan, M. Torlak. Network throughput optimization for random access narrowband cognitive radio internet[J]. IEEE Internet Things J., vol. 5, no. 3, pp. 1436-1448, 2018.

[113] Y. Ma et al.. Sparsity independent sub-nyquist rate wideband spectrum sensing on real-time TV white space[J]. IEEE Trans. Veh. Technol., vol. 66, no. 10, pp. 8784-8794, 2017.

[114] W. Yin, P. Ren, Z. Su, et al. A multiple antenna spectrum sensing scheme based on space and time diversity in cognitive radios[J]. IEICE Trans. Commun., vol. E94-B, no. 5, pp. 1254-1264, 2011.

[115] R. Tandra, A. Sahai. SNR walls for signal detection[J]. IEEE J. Sel. Top. Signal Process., vol. 2, no. 1, pp. 4-17, 2008.

[116] Y. Zeng, Y. Liang. Spectrum-sensing algorithms for cognitive radio based on statistical covariances[J]. IEEE Trans. Veh. Technol., vol. 58, no. 4, pp. 1804-1815, 2009.

[117] ETSI. Digital Video Broadcasting (DVB): Framing structure, channel coding and modulation for digital terrestrial television[OL]. http://www.dvb.org/technology/standards/index.xml.

[118] ETSI. Digital Video Broadcasting (DVB): Transmission system for hand-held terminals (DVB-H) [OL]. http://www.dvb.org/technology/standards/index.xml.

[119] A. Dandawate, G. Giannakis. Statistical tests for presence of cyclostationarity[J]. IEEE Trans. Signal Process., vol. 42, no. 9, pp. 2355-2369, 1994.

[120] H. Sadeghi, P. Azmi, H. Arezumand. Cyclostationarity-based soft cooperative spectrum sensing for cognitive radio networks[J]. IET Commun., vol. 6, no. 1, pp. 29-38, 2012.

[121] A. Ghasemi, E. Sousa. Spectrum sensing in cognitive radio networks: requirements, challenges and design trade-offs[J]. IEEE Commun. Mag., vol. 46, no. 4, pp. 32-39, 2008.

[122] A. Molisch, L. Greenstein, M. Shafi. Propagation issues for cognitive radio[J]. Proc. IEEE, vol. 97, no. 5, pp. 787-804, 2009.

[123] G. Stuber, S. Almalfouh, D. Sale. Interference analysis of TV-Band whitespace[J]. Proc. IEEE, vol. 97, no. 4, pp. 741-754, 2009.

[124] F. Digham, M. Alouini, M. Simon. On the energy detection of unknown signals over fading channels[J]. IEEE Trans. Commun., vol. 55, no. 1, pp. 21-24, 2007.

[125] S. Atapattu, C. Tellambura, H. Jiang. Analysis of area under the ROC curve of energy detection[J]. IEEE Trans. Wirel. Commun., vol. 9, no. 3, pp. 1216-1225, 2010.

[126] J. Shen, T. Jiang, S. Liu, et al. Maximum channel Throughput via cooperative spectrum sensing in cognitive radio networks[J]. IEEE Trans. Wirel. Commun., vol. 8, no. 10, pp. 5166-5175, 2009.

[127] S. C. Kyung, I. Collings. Spectrum sensing technique for cognitive radio systems with selection diversity[C]. IEEE International Conference on Communications, 2010, pp. 1-5.

[128] Z. Chengshi, K. Kyungsup. Joint sensing time and power allocation in cooperatively cognitive networks[J]. IEEE Commun. Lett., vol. 14, no. 2, pp. 163-165, 2010.

[129] Y. Chen. Analytical performance of collaborative spectrum sensing using censored energy detection[J]. IEEE Trans. Wirel. Commun., vol. 9, no. 12, pp. 3856-3865, 2010.

[130] D. Joshi, D. Popescu, O. Dobre. Gradient-based threshold adaptation for energy detector in cognitive radio systems[J]. IEEE Commun. Lett., vol. 15, no. 1, pp. 19-21, 2011.

[131] A. Sonnenschein, P. Fishman. Radiometric detection of spread-spectrum signals in noise of uncertain power[J]. IEEE Trans. Aerosp. Electron. Syst., vol. 28, no. 3, pp. 654-660, 1992.

[132] K. Hamdi, Z. X. Nian, A. Ghrayeb, et al. Impact of noise power uncertainty on cooperative spectrum sensing in cognitive radio systems[C].

IEEE Global Telecommunications Conference, 2010, pp. 1-5.

[133] H. Urkowitz. Energy detection of unknown deterministic signals[J]. Proc. IEEE, vol. 55, no. 4, pp. 523-531, 1967.

[134] J. Proakis. Digital communications [M]. McGraw-Hill, 1983.

[135] F. Moghimi, A. Nasri, R. Schober. Lp-Norm spectrum sensing for cognitive radio networks impaired by non-Gaussian noise[C]. IEEE Global Telecommunications Conference, 2009, pp. 1-6.

[136] K. Kolodziejski, J. Betz. Detection of weak random signals in IID non-Gaussian noise[J]. IEEE Trans. Commun., vol. 48, no. 2, pp. 222-230, 2000.

[137] J. Miller, J. Thomas. Detectors for discrete-time signals in non-Gaussian noise[J]. IEEE Trans. Inf. Theory, vol. 18, no. 2, pp. 241-250, 1972.

[138] Y. Zeng, Y. Liang. Eigenvalue-based spectrum sensing algorithms for cognitive radio[J]. IEEE Trans. Commun., vol. 57, no. 6, pp. 1784-1793, 2009.

[139] A. Pandharipande, J. Linnartz. Performance analysis of primary user detection in a multiple antenna cognitive radio[C]. IEEE International Conference on Communications, 2007, pp. 6482-6486.

[140] X. Chen, W. Xu, Z. He, et al. Spectral correlation-based multi-antenna spectrum sensing technique[C]. IEEE Wireless Communications and Networking Conference, 2008, pp. 735-740.

[141] Y. Zeng, Y. Liang, R. Zhang. Blindly combined energy detection for spectrum sensing in cognitive radio[J]. IEEE Signal Process. Lett., vol. 15, pp. 649-652, 2008.

[142] P. De, Y. Liang. Blind spectrum sensing algorithms for cognitive radio networks[J]. IEEE Trans. Veh. Technol., vol. 57, no. 5, pp. 2834-2842, 2008.

[143] R. Zhang, J. Teng, Y. Liang, et al. Multi-antenna based spectrum sens-

ing for cognitive radios: A GLRT approach[J]. IEEE Trans. Commun.,
vol. 58, no. 1, pp. 84-88, 2010.

[144] P. Wang, J. Fang, N. Han, et al. Multiantenna-assisted spectrum sens-
ing for cognitive radio[J]. IEEE Trans. Veh. Technol., vol. 59, no. 4,
pp. 1791-1800, 2010.

[145] A. Taherpour, M. Nasiri-Kenari, S. Gazor. Multiple antenna spectrum
sensing in cognitive radios[J]. IEEE Trans. Wirel. Commun., vol. 9, no.
2, pp. 814-823, 2010.

[146] K. Sungtae, L. Jemin, W. Hano, et al. Sensing performance of energy
detector with correlated multiple antennas [J]. IEEE Signal Process.
Lett., vol. 16, no. 8, pp. 671-674, 2009.

[147] ETSI. Digital Video Broadcasting (DVB): Implementation guidelines for
DVB terrestrial services: Transmission aspects[OL]. http://www. etsi.
org/deliver/etsitr/101100101199/101190/01. 03. 0160/tr101190v01030
1p.pdf.

[148] L. Gahane, P. K. Sharma, N. Varshney, et al. An improved energy de-
tector for mobile cognitive users over generalized fading channels[J].
IEEE Trans. Commun., vol. 66, no. 2, pp. 534-545, 2018.

[149] B. Picinbono. On deflection as a performance criterion in detection[J].
IEEE Trans. Aerosp. Electron. Syst., vol. 31, no. 3, pp. 1072-1081,
1995.

[150] S. Kay. Fundamentals of statistical signal processing II: Detection theory
[M]. University of California: Prentice-Hall PTR, 1998.

[151] I. Johnstone. On the distribution of the largest eigenvalue in principal
components analysis[J]. Ann. Stat., vol. 29, no. 2, pp. 295-327, 2001.

[152] E. Adamopoulou, K. Demestichas, M. Theologou. Enhanced estimation
of configuration capabilities in cognitive radio[J]. IEEE Commun. Mag.,
vol. 46, no. 4, pp. 56-63, 2008.

[153] FCC. Notice of proposed rule making: Unlicensed operation in the TV broadcast bands[R]. FCC 04-113, 2004.

[154] U. Technologies H. Sensing scheme for DVB-T[OL]. IEEE Std80222-05/0263r0. https://mentor. ieee. org/802. 22/dcn/06/22-06-0263-00-0000-huawei-sensing-scheme-for-dvb-t.doc, 2006.

[155] S. Chaudhari, V. Koivunen, H. Poor. Autocorrelation-based decentralized sequential detection of OFDM signals in cognitive radios[J]. IEEE Trans. Signal Process., vol. 57, no. 7, pp. 2690-2700, 2009.

[156] T. Sheng-Yuan, C. Kwang-Cheng, R. Prasad. Spectrum sensing of OFDMA systems for cognitive radio networks[J]. IEEE Trans. Veh. Technol., vol. 58, no. 7, pp. 3410-3425, 2009.

[157] Q. Zhi, S. Cui, A. Sayed. Optimal linear cooperation for spectrum sensing in cognitive Radio Networks[J]. IEEE J. Sel. Top. Signal Process., vol. 2, no. 1, pp. 28-40, 2008.

[158] Y. Young-Hwan, K. JoonBeom, S. Hyoung-Kyu. Pilot-assisted fine frequency synchronization for OFDM-based DVB receivers[J]. IEEE Trans. Broadcast., vol. 55, no. 3, pp. 674-678, 2009.

[159] C. Hou-Shin, G. Wen, D. Daut. Spectrum sensing for OFDM systems employing pilot tones and application to DVB-T OFDM[C]. IEEE International Conference on Communications, 2008, pp. 3421-3426.

[160] C. Hou-shin, G. Wen, D. Daut. Spectrum sensing for OFDM systems employing pilot tones[J]. IEEE Trans. Wirel. Commun., vol. 8, no. 12, pp. 5862-5870, 2009.

[161] W. Yin, P. Ren, J. Cai, et al. A pilot-aided detector for spectrum sensing of Digital Video Broadcasting-Terrestrial signals in cognitive radio networks[J]. Wirel. Commun. Mob. Comput., vol. 13, no. 3, pp. 1177-1191, 2013.

[162] ETSI. Digital Video Broadcasting (DVB): Framing structure, channel

coding and modulation for satellite services to handheld devices (SH) be-
low 3 GHz[OL]. http://www.dvb.org/technology /standards/index.xml.

[163] C. F. Lai, Y. M. Huang, J. L. Chen, et al. Design and integration of
the OpenCore-based mobile TV framework for DVB-H/T wireless network
[J]. Multimed. Syst., vol. 17, no. 4, pp. 299-311, 2011.

[164] Y. S. Lu, C. F. Lai, C. C. Hu, et al. Power-aware DVB-H mobile TV
system on heterogeneous multicore platform[J]. EURASIP J. Wirel. Com-
mun. Netw., vol. 2010, no. 1, p. 812356, 2010.

[165] L. Hanzo, Y. (Jos) Akhtman, L. Wang, et al. MIMO-OFDM for LTE,
Wi-Fi and WiMAX: Coherent versus Non-coherent and Cooperative Tur-
bo-transceivers [M]. John Wiley & Sons Ltd, 2011.

[166] J. Zhang, M. Wang, M. Hua, et al. LTE on license-exempt spectrum
[J]. IEEE Commun. Surv. Tutorials, vol. 20, no. 1, pp. 647-673, 2018.

[167] X. Zhang, L. Chen, J. Qiu, et al. On the waveform for 5G[J]. IEEE
Commun. Mag., vol. 54, no. 11, pp. 74-80, 2016.

[168] L. Korowajczuk. LTE, Wimax and WLAN network design optimization
and performance analysis [M]. John Wiley & Sons, 2011.

[169] W. Yin, P. Ren, Q. Du, et al. Delay and throughput oriented continu-
ous spectrum sensing schemes in cognitive radio networks [J]. IEEE
Trans. Wirel. Commun., vol. 11, no. 6, pp. 2148-2159, 2012.

[170] W. Xu, X. Zhou, C. H. Lee, et al. Energy-efficient joint sensing dura-
tion, detection threshold, and power allocation optimization in cognitive
OFDM systems[J]. IEEE Trans. Wirel. Commun., vol. 15, no. 12, pp.
8339-8352, 2016.

[171] H. Zhang, Y. Nie, J. Cheng, et al. Sensing time optimization and power
control for energy efficient cognitive small cell with imperfect hybrid spec-
trum sensing[J]. IEEE Trans. Wirel. Commun., vol. 16, no. 2, pp. 730-
743, 2017.

[172] X. Wang, S. Ekin, E. Serpedin. Joint spectrum sensing and resource allocation in multi-band-multi-user cognitive radio networks [J]. IEEE Trans. Commun., vol. 66, no. 8, pp. 3281-3293, 2018.

[173] A. Ali, W. Hamouda. Spectrum monitoring using energy ratio algorithm for OFDM-Based cognitive radio networks[J]. IEEE Trans. Wirel. Commun., vol. 14, no. 4, pp. 2257-2268, 2015.

[174] S. Dikmese, Z. Ilyas, P. C. Sofotasios, et al. Sparse frequency domain spectrum sensing and sharing based on cyclic prefix autocorrelation[J]. IEEE J. Sel. Areas Commun., vol. 35, no. 1, pp. 159-172, 2017.

[175] M. Jin, Q. Guo, J. Xi, et al. On spectrum sensing of OFDM signals at low SNR: New detectors and asymptotic performance[J]. IEEE Trans. Signal Process., vol. 65, no. 12, pp. 3218-3233, 2017.

[176] K. Cichon, A. Kliks, H. Bogucka. Energy-efficient cooperative spectrum sensing: A survey[J]. IEEE Commun. Surv. Tutorials, vol. 18, no. 3, pp. 1861-1886, 2016.

[177] W. Yin, P. Ren, F. Li, et al. Joint sensing and transmission for AF relay assisted PU transmission in cognitive radio networks[J]. IEEE J. Sel. Areas Commun., vol. 31, no. 11, pp. 2249-2261, 2013.

[178] J. G. Proakis, M. Salehi. Digital communications [M]. Fifth. McGraw-Hill Education, 2007.

[179] A. Lapidoth. A foundation in digital communication [M]. Cambridge University Press, 2009.

[180] W. Wirtinger. Zur formalen theorie der funktionen von mehr komplexen ver"anderlichen[J]. Math. Ann., vol. 97, no. 1, pp. 357-375, 1927.

[181] R. Jain. Channel models: A tutorial[C]. WiMAXForum AATG, 2007, pp. 1-21.

[182] J. Ma, X. Zhou, G. Li. Probability-based periodic spectrum sensing during secondary communication[J]. IEEE Trans. Commun., vol. 58, no.

4, pp. 1291-1301, 2010.

[183] L. Tang, Y. Chen, E. Hines, et al. Effect of primary user traffic on sens-ing-throughput tradeoff for cognitive radios[J]. IEEE Trans. Wirel. Com-mun., vol. 10, no. 4, pp. 1063-1068, 2011.

[184] H. Anh, Y. Liang, Y. Zeng. Adaptive joint scheduling of spectrum sens-ing and data transmission in cognitive radio networks[J]. IEEE Trans. Commun., vol. 58, no. 1, pp. 235-246, 2010.

[185] S. Stotas, A. Nallanathan. Optimal sensing time and power allocation in multiband cognitive radio networks[J]. IEEE Trans. Commun., vol. 59, no. 1, pp. 226-235, 2011.

[186] X. Kang, Y. Liang, H. Garg, et al. Sensing-based spectrum sharing in cognitive radio networks[J]. IEEE Trans. Veh. Technol., vol. 58, no. 8, pp. 4649-4654, 2009.

[187] C. K. Won. Adaptive sensing technique to maximize spectrum utilization in cognitive radio[J]. IEEE Trans. Veh. Technol., vol. 59, no. 2, pp. 992-998, 2010.

[188] S. Akin, M. Gursoy. Effective capacity analysis of cognitive radio chan-nels for quality of service provisioning[J]. IEEE Trans. Wirel. Commun., vol. 9, no. 11, pp. 3354-3364, 2010.

[189] A. El-Sherif, K. Liu. Joint design of spectrum sensing and channel access in cognitive radio networks[J]. IEEE Trans. Wirel. Commun., vol. 10, no. 6, pp. 1743-1753, 2011.

[190] J. S. Soo, J. D. Geun, J. W. Sook. Nonquiet primary user detection for OFDMA-based cognitive radio systems [J]. IEEE Trans. Wirel. Com-mun., vol. 8, no. 10, pp. 5112-5123, 2009.

[191] S. Song, K. Hamdi, K. Letaief. Spectrum sensing with active cognitive systems[J]. IEEE Trans. Wirel. Commun., vol. 9, no. 6, pp. 1849-1854, 2010.

[192] S. Stotas, A. Nallanathan. Enhancing the capacity of spectrum sharing cognitive radio networks[J]. IEEE Trans. Veh. Technol., vol. 60, no. 8, pp. 3768-3779, 2011.

[193] G. Ganesan, Y. G. Li, B. Bing, S. Li. Spatiotemporal sensing in cognitive radio networks[J]. IEEE J. Sel. Areas Commun. vol. 26, no. 1, pp. 5-12, 2008.

[194] H. Li, H. Dai, C. Li. Collaborative quickest spectrum sensing via random broadcast in cognitive Radio systems[J]. IEEE Trans. Wirel. Commun., vol. 9, no. 7, pp. 2338-2348, 2010.

[195] J. Ma, G. Li, J. B. Hwang. Signal processing in cognitive radio[C]. Proc. IEEE, vol. 97, no. 5, pp. 805-823, 2009.

[196] Y. Zeng, Y. Liang, Z. Lei, et al. Worldwide regulatory and standardization activities on cognitive radio[C]. IEEE International Symposium on New Frontiers in Dynamic Spectrum Access Networks, 2010, pp. 1-9.

[197] D. Willkomm, S. Machiraju, J. Bolot, et al. Primary user behavior in cellular networks and implications for dynamic spectrum access[J]. IEEE Commun. Mag., vol. 47, no. 3, pp. 88-95, 2009.

[198] J. Sydir, R. Taori. An evolved cellular system architecture incorporating relay stations[J]. IEEE Commun. Mag., vol. 47, no. 6, pp. 115-121, 2009.

[199] Y. Yang, H. Hu, J. Xu, et al. Relay technologies for WiMax and LTE-advanced mobile systems[J]. IEEE Commun. Mag., vol. 47, no. 10, pp. 100-105, 2009.

[200] K. Loa, W. Chih-Chiang, S. Shiann-Tsong, et al. IMT-advanced relay standards [WiMAX/LTE Update] [J]. IEEE Commun. Mag., vol. 48, no. 8, pp. 40-48, 2010.

[201] C. Hoymann, C. Wanshi, J. Montojo, et al. Relaying operation in 3GPP LTE: Challenges and solutions[J]. IEEE Commun. Mag., vol. 50, no.

2, pp. 156-162, 2012.

[202] G. AmaraSuriya, C. Tellambura, M. Ardakani. Joint relay and antenna selection for dual-hop amplify-and-forward MIMO relay networks [J]. IEEE Trans. Wirel. Commun., vol. 11, no. 2, pp. 493-499, 2012.

[203] W. Tao, L. Vandendorpe. Sum rate maximized resource allocation in multiple DF relays aided OFDM transmission[J]. IEEE J. Sel. Areas Commun., vol. 29, no. 8, pp. 1559-1571, 2011.

[204] R. Vaze, R. Heath. On the capacity and diversity-multiplexing tradeoff of the two-way relay channel[J]. IEEE Trans. Inf. Theory, vol. 57, no. 7, pp. 4219-4234, 2011.

[205] S. Atapattu, C. Tellambura, J. Hai. Energy detection based cooperative spectrum sensing in cognitive radio networks [J]. IEEE Trans. Wirel. Commun., vol. 10, no. 4, pp. 1232-1241, 2011.

[206] Y. Zou, Y. Yao, B. Zheng. A selective-relay based cooperative spectrum sensing scheme without dedicated reporting channels in cognitive radio networks[J]. IEEE Trans. Wirel. Commun., vol. 10, no. 4, pp. 1188-1198, 2011.

[207] C. Dan, J. Hong, V. Leung. Distributed best-relay selection for improving TCP performance over cognitive radio networks: A cross-layer design approach[J]. IEEE J. Sel. Areas Commun., vol. 30, no. 2, pp. 315-322, 2012.

[208] Y. Han, S. Ting, A. Pandharipande. Spectrally efficient sensing protocol in cognitive relay systems [J]. IET Commun., vol. 5, no. 5, pp. 709-718, 2011.

[209] Y. Zou, Y. Yao, Z. Z. B. Y. A cooperative sensing based cognitive relay transmission scheme without a dedicated sensing relay channel in cognitive radio networks[J]. IEEE Trans. Signal Process., vol. 59, no. 2, pp. 854-858, 2011.

[210] A. El-Sherif, A. Sadek, K. Liu. Opportunistic multiple access for cognitive radio networks[J]. IEEE J. Sel. Areas Commun., vol. 29, no. 4, pp. 704-715, 2011.

[211] J. Laneman, D. Tse, G. Wornell. Cooperative diversity in wireless networks: Efficient protocols and outage behavior[J]. IEEE Trans. Inf. Theory, vol. 50, no. 12, pp. 3062-3080, 2004.

[212] A. Goldsmith. Wireless communications[M]. Original Edition, Cambridge University Press, 2005.

[213] N. Beaulieu, Y. Chen. Improved energy detectors for cognitive radios with randomly arriving or departing primary users [J]. IEEE Signal Process. Lett., vol. 17, no. 10, pp. 867-870, 2010.

[214] A. Noel, R. Schober. Convex sensing-reporting optimization for cooperative spectrum sensing[J]. IEEE Trans. Wirel. Commun., vol. 11, no. 5, pp. 1900-1910, 2012.

[215] S. Ahmadi. An overview of next-generation mobile WiMAX technology [J]. IEEE Commun. Mag., vol. 47, no. 6, pp. 84-98, 2009.

[216] B. Jia, M. Tao. A channel sensing based design for LTE in unlicensed bands[C]. IEEE ICC, 2015, pp. 2332-2337.

[217] M. Torlak, W. Namgoong. Sub-nyquist sampling receiver for overlay cognitive radio users[J]. IEEE Trans. Signal Process., vol. 66, no. 16, pp. 4160-4169, 2018.

[218] M. Sun, X. Wang, C. Zhao, et al. Adaptive sensing schedule for dynamic spectrum sharing in time-varying channel[J]. IEEE Trans. Veh. Technol., vol. 67, no. 6, pp. 5520-5524, 2018.

[219] R. Rabiee, K. H. Li. A 1-persistent based spectrum sensing among the stochastic cooperative users in the presence of the statevariable primary user[J]. IEEE Trans. Wirel. Commun., vol. 16, no. 8, pp. 5284-5295, 2017.

［220］P. Wang, B. Di, H. Zhang. Cellular V2X communications in unlicensed spectrum: harmonious coexistence with VANET in 5G systems［J］. IEEE Trans. Wirel. Commun., vol. 17, no. 8, pp. 5212-5224, 2018.

［221］T. H. I. My, C. Chu. Optimal power allocation for hybrid cognitive cooperative radio networks with imperfect spectrum sensing［J］. IEEE Access, vol. 6, pp. 10365-10380, 2018.

［222］C. Politis, S. Maleki, C. G. Tsinos, et al. Simultaneous sensing and transmission for cognitive radios with imperfect signal cancellation［J］. IEEE Trans. Wirel. Commun., vol. 16, no. 9, pp. 5599-5615, 2017.

［223］A. Mariani, S. Kandeepan, A. Giorgetti. Periodic spectrum sensing with non-continuous primary user transmissions［J］. IEEE Trans. Wirel. Commun., vol. 14, no. 3, pp. 1636-1649, 2015.